图1　英国 索尔兹伯里 史前巨石环(约公元前2000~前4000年)

图2　埃及 吉萨 金字塔群(约公元前2650~前2500年)

图 3　雅典 卫城 帕提农神庙（公元前 448~ 前 432 年）

图 4　雅典 卫城 伊瑞克先神庙（公元前 421~ 前 405 年）

图 5 罗马 大斗兽场（公元 70~82 年）

图 6 罗马 万神庙（公元 120~124 年）

图 7　君士坦丁堡 圣索菲亚大教堂
（公元 532~537 年）

图 8　意大利 比萨大教堂群（公元
11~13 世纪）

图 9　德国 科隆大教堂（公元 1248
年始建）

图 10　巴黎　圣母院（公元 1163~1250 年）

图 11　佛罗伦萨　西诺拉广场（公元 13~14 世纪）

图 12　佛罗伦萨　鲜花圣母大教堂（公元 1420~1434 年）

图 13　罗马 圣彼得大教堂（公元 1506~1626 年）

图 14　威尼斯 圣马可广场（公元 14~16 世纪）

图 15　伦敦 圣保罗大教堂穹顶（公元 1615~1716 年）　　　图 16　罗马 圣卡罗教堂（公元 1638~1667 年）

图 17　日本 京都 桂离宫（公元 1620~1645 年）

图 18　西班牙 格拉纳达 阿尔汗布拉宫（公元 1338~1390 年）

图 19　莫斯科 华西里·柏拉仁诺大教堂（公元 1550~1560 年）

图 20　英国 布莱顿 皇家别墅（公元 1818~1821 年）

图 21　巴塞罗那 圣家族教堂（公元 1903~1926 年）

图 22　布鲁塞尔 都灵路 12 号住宅（公元 1893 年）

图 23　德国 德绍 包豪斯校舍（公元 1925 年）

图 24　美国 芝加哥 伊利诺伊州理工学院克朗楼（公元 1950~1956 年）

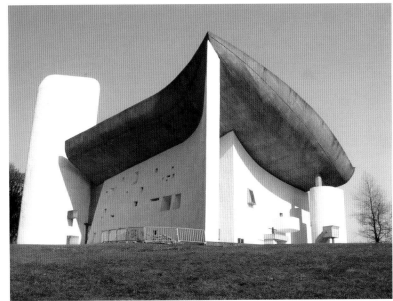

图 25 法国 朗香教堂（公元 1950~1953 年）

图 26 纽约 古根海姆博物馆（公元 1959 年）

图 27 芬兰 帕米欧肺病疗养院（公元 1929~1933 年）

图 28　迪拜 哈里发塔（公元 2004~2009 年）

图 29　纽约 原世界贸易中心双塔（公元 1969~1973 年）

图 30　罗马 小体育宫（公元 1957 年）

图 31　印度 昌迪加尔 行政中心秘书处大楼（公元 1956 年）

图 32　纽约 肯尼迪机场 原环球航空公司航站楼（公元 1956~1960 年）

图33 巴黎 蓬皮杜文化艺术中心（公元 1976~1977 年）

图34 纽约 美国电报电话大楼（公元 1978~1984 年）

图35 伦敦 劳埃德大厦（公元 1978~1986 年）

图 36　西班牙 毕尔巴鄂 古根海姆博物馆（公元 1997 年）

图 37　美国 加州 戴蒙镇高中校舍（公元 2000 年）

图 38　瑞士 格劳宾登州 圣本尼迪克特教堂（公元 2009 年）　　　　图 39　纽约 新当代艺术博物馆（公元 2007 年）

图 40　挪威 格拉西尔 冰川博物馆（公元 1991 年）

普通高等教育"十一五"国家级规划教材
住房城乡建设部土建类学科专业"十三五"规划教材
高校建筑学专业规划推荐教材
教育部2011年度普通高等教育精品教材

A BRIEF HISTORY OF

外国建筑简史

东南大学
刘先觉 汪晓茜 编著

（第二版）

WORLD ARCHITECTURE

中国建筑工业出版社

图书在版编目（CIP）数据

外国建筑简史/刘先觉，汪晓茜编著．—2版．—北京：中国建筑工业出版社，2017.12（2024.12重印）

普通高等教育"十一五"国家级规划教材．住房城乡建设部土建类学科专业"十三五"规划教材．高校建筑学专业规划推荐教材．教育部2011年度普通高等教育精品教材

ISBN 978-7-112-21574-4

Ⅰ.①外…　Ⅱ.①刘…②汪…　Ⅲ.①建筑史－外国－高等学校－教材　Ⅳ.①TU-091

中国版本图书馆CIP数据核字（2017）第289373号

责任编辑：杨　琪　陈　桦
责任校对：关　健

为了更好地支持相应课程的教学，我们向采用本书作为教材的教师提供课件，有需要者可与出版社联系。

建工书院：http://edu.cabplink.com/index

邮箱：jckj@cabp.com.cn　电话：01058337285

教师QQ交流群：1065102626

普通高等教育"十一五"国家级规划教材
住房城乡建设部土建类学科专业"十三五"规划教材
高校建筑学专业规划推荐教材
教育部2011年度普通高等教育精品教材
A BRIEF HISTORY OF WORLD ARCHITECTURE
外国建筑简史（第二版）
东南大学　刘先觉　汪晓茜　编著
*
中国建筑工业出版社出版、发行（北京海淀三里河路9号）
各地新华书店、建筑书店经销
北京雅盈中佳图文设计公司制版
北京圣夫亚美印刷有限公司印刷
*
开本：787毫米×1092毫米　1/16　印张：21¾　插页：8　字数：430千字
2018年2月第二版　2024年12月第十八次印刷
定价：49.00元（赠教师课件）
ISBN 978-7-112-21574-4
　　　　　（31215）

为什么要学点外国建筑史

《外国建筑简史》是一本简明的世界建筑史读物，它强调简明扼要，背景清晰，特征明确，案例突出，力图做到历史感与可读性相结合，哲理性与形象感相呼应，尽量使读者既能了解世界建筑发展的概况，又能掌握世界建筑在各历史时期的特点与典型案例。为此，我们希望能以图文并茂和突出重点的方式来增加读者的印象。

建筑史作为建筑学的一门基础学科，自 20 世纪 20 年代开始已陆续在我国各高校建筑系设立，它为建筑系学生提高修养、丰富建筑知识、激发建筑创作构思、了解建筑技术都起到了积极的作用，并且为培养一代又一代的新型建筑师、学者、管理人员奠定了建筑思想、审美情趣、建造方法的理论基础。在新时代的形势下，建筑史，尤其是外国建筑史又应该承担什么样的使命呢？这不仅是建筑史教师和研究工作者应该思考的问题，也应该是整个建筑学科值得认真对待的问题。由于某些认识方面的片面性，有的学校已把建筑史放在可有可无的位置，教学时数一减再减，建筑史教师也无心研究，而只是处于被动完成任务的局面，致使建筑史教学的效果受到了极大的影响。相比之下，西方和日本一些著名高校的建筑学院（系）则在建筑史的教学与研究方面成果丰硕，通史与专史齐备，必修与选修兼顾，使学生的眼界可以大开，兴趣可以得到充分发挥。有鉴于此，作者拟再赘述一些过去在外国建筑史教学过程中的体会，供读者参考。

一、为什么要学外国建筑史——Why?

这是许多学生经常会提到的问题。不回答这个问题，就会使学生失去学习的目的与兴趣。因为在工科之中只有建筑学专业比较突出建筑史的教学，其他学科则没有放在重要的位置上。

由于建筑学科既有工科的性质，又兼有文化艺术的要求，这就不能不对建筑学子给予建筑历史的教育。其主要目的是为了扩大知识面，提高文化素养，了解建筑发展规律，学习优秀的设计手法，培养审美能力，辨别建筑理论的源流，这既可以为建立正确的建筑观而发挥作用，又能直接为建筑设计作参考。

学习外国建筑史就像是学习基本词汇一样，只有掌握了足够的词汇，才能使作文丰富多彩，不致处于文字干瘪的境界。因此既要学中国建筑史，也要学外国建筑史，我们的知识面才能更加全面和丰富。作文是要讲究文采的，建筑艺术同样也注重它的品质与韵味，设计高雅的建筑就需要有深厚的建筑文化素养作基础，这种文化素养只能从建筑文化遗产的美学品位中获得，只能在不断审美的积淀中提取。

建筑历史是一个不断发展变化的过程，各个不同的历史时期都会有不同的建筑形态，这种形态是社会的反映，是物质技术的表现，只有把建筑形态与社会形态联系起来认识，才能真正理解建筑的发展规律与特点，才能正确对待各种历史时期建筑文化遗产的价值。学习建筑史不仅是知识与审美的教育，同时也是理论的教育，它可以使人们知道建筑思想理论的源泉及其影响，可以了解各种建筑思潮的来龙去脉及其在建筑设计过程中所发挥的作用。

二、外国建筑史教学应该包括些什么内容——What?

外国建筑史内容繁多，由于学时与篇幅有限，往往容易挂一漏万。尽管我们要在有限的时间内重点阐述，但是为了阐明外建史的框架与系统，仍然需要注意在内容上涵盖相应的时间范围、空间范围，还应该注意它的系统性与典型性，同时也应该注意结合设计经验进行分析，只有这样，才能使外国建筑史表现出其真实的面目，才能对专业读者有益。

历史是一面镜子，外国建筑史这面镜子既要回顾过去，也更应该审视现代的潮流与实践，因此，外建史教学中的古今比例应该均衡，基本要做到各占半壁江山为宜。在空间范围上，由于文化发展的不平衡，毋庸讳言是要以西方为重点的，但是东方一些国家的成就与经验特点也应给予足够的评析。这样才不至于把外国建筑史仅仅看成是西方一统天下。因此，我们既要讲希腊、罗马、哥特、欧洲文艺复兴，也应该阐明埃及、两河流域、印度、阿拉伯民族的建筑贡献。

研究建筑史可以有多种方法，可以是断代史，可以是分类史，也可以是国别史，但是通常还是以断代史容易为读者所理解。当然在断代史的前提下，再辅以分类解析也是一种常用的有效方法。

讲历史，难免会平铺直叙，容易产生单调枯燥的感觉，这就需要在内容中突出特点，强调若干重要实例，使读者能够通过具体形象对历史产生深刻的印记。典型实例的评析，不仅可以给读者以深刻的印象，而且还可以供专业工作者在设计实践中作参考，将某些成功的经验进行因地制宜地转化，往往能够具有重要的参考价值。因此，选择典型实例进行剖析是非常重要的。

例如西方古典的圣地雅典卫城建筑群就应该给予特别的关注，它不仅是建筑艺术的典范，而且更是雕刻艺术无与伦比的杰作，也是建筑群规划设计的样板，它的巧妙构思甚至还影响到了现代著名建筑师迈耶设计美国洛杉矶的盖蒂文化艺术中心布局。世界著名建筑大师密斯·凡·德·罗在他74岁高龄之际还专门去访问过雅典卫城这处建筑圣地，为了虔诚，他这次特意起得很早，回来得也很晚，在卫城上足足鉴赏了一整天，并且回来后还在默默地沉思，想着哪些是古典的精髓，想着他的作品如何能体现新古典的精神，这就是一位世界级的大师对待西方古典建筑的态度。西方古典遗产对于我们今天绝不是无用或者过时，问题是要看我们去如何认识和对待。

三、外国建筑史教学如何才能取得较好的效果——How?

外国建筑史教学要取得较好的效果，当然主要是内容起决定作用，但是方法与技巧也是不可忽视的一环。要取得好的效果，应该在方法上注意强调基本概念，联系设计应用，进行中西对比，组织就地考察，选择典型实例剖析，布置绘图作业，安排问题思考与选择提问，这样可以使学生注意外建史中的重点与特点，可以增加学生对外建史的兴趣与深刻印象。

例如有的学生在学完外建史后，连西方古典建筑的概念都不清楚，把西方古代和西方古典混为一谈，把埃及、西亚、哥特都称为西方古典建筑，这的确是很遗憾的事。西方古典建筑是一个特定的概念，是以古希腊、罗马古典柱式为基础构图的一种规范，它可以涵盖欧洲文艺复兴与法国古典主义建筑等方面，但绝不能把哥特也算作是西方古典建筑范畴，否则还有什么是非古典建筑呢？有的学生把巴洛克与洛可可混为一谈，因此讲了许多建筑史的内容，只能使学生头脑中形成一笔糊涂账。因此，讲建筑史，概念是第一位的，概念不清，所有内容都无济于事。

其次是要联系设计手法，进行中西对比评述，这样容易使学生提高兴趣，他们会觉得不仅增加知识，还可以对设计有参考作用，有些过去的设计手法，在总结其成功经验之后，进行灵活的变化应用，同样可以做到事半功倍的效果，用他山之石攻玉，早已是尽人皆知的道理了，我们为什么不乐于采用呢？例如在文艺复兴时期广泛应用的梯形广场，帕拉第奥母题的构图原则，古典柱式的收分卷杀方法都能对现代设计有所启示。如果我们仔细观察的话，就可以看到，天安门广场上的人民英雄纪念碑的碑身就有微微收分和卷杀的处理。

第三是就地考察，在上海、南京、北京、天津、广州、武汉等地都有许多西方古典建筑和现代建筑实例，如果我们能够组织学生就地考察这些建筑，更可以增加学生的感性认识和深刻的记忆。因此在可能条件下予以安排，也可以取得很好的效果。

典型实例剖析与绘图作业的安排，也是加强学生了解建筑史的有效方法，如果一个学生能详细了解帕提农神庙，实际上等于他已经基本上掌握了希腊古典建筑的精神，一般特点就是存在于典型实例之中的，只有认真掌握典型实例的要点，才有可能掌握建筑史的真谛。绘图作业实际上是一个加深印象的过程，不论是实例摹绘、柱式制图、实物测绘还是历史建筑的复原设计，都是加强对建筑历史教育的一种强化训练，更是一种建筑基本功的训练，可以给学生在今后的设计中有很多启示。例如杨廷宝先生就曾经说过："我在学生时代的基本训练对我后来的设计有很多帮助。"但凡每一位成功的大师，他们在青年时代的基本训练都是非常严格的。例如毕加索、柯布西耶等人莫不如此。除此之外，经常给学生提些问题给他们思考也非常有助于他们对理论联系实际、史论结合的兴趣。

四、如何深入外国建筑史的研究——Research

作为一个建筑史的专业工作者来说，要深入外国建筑史的研究当然有许多工作要做，姑且暂时不论。这里只想谈谈作为一般外建史的教师和对建筑史感兴趣的人来说，如何进一步研究才能取得成效呢？实际经验告诉我们，要深入外建史的研究，必须要多阅读西方经典原著，例如 *Fletcher's A History of Architecture*；吉迪翁著的 *Space，Time and Architecture*；*Charles Jencks* 著的 *Architecture Today*；约翰·佩尔著的《世界室内设计史》（译著）；塔夫里与达尔科著的《现代建筑》（译著）；本奈沃洛著的《西方现代建筑史》（译著）等等都应该阅读。除此之外，还应关心最新书刊的动态，才能使我们的知识保持着时代的信息，否则只是看教科书是很不够的。如果我们是外建史教师，知识就像水源，当你给学生一杯水的时候，你自己至少要有一瓶水，这一瓶水就是从这些书刊中获得的。当学生还需要水的时候，我们就可以再给他一点。

在有条件的情况下，最好还能到国外进行实地考察。古人云，"百闻不如一见"，你看了实物，你就会觉得亲临其境是如何的其乐无穷。当然并不是实地考察就可以代替读书，但是"读万卷书，行万里路"的格言却是相辅相成的，只有二者相辅相成，才能把历史读活，才能融历史与设计为一体，才能使历史与理论结合。

Contents

目录

上篇　古代建筑 Ancient Architecture

1　建筑艺术的起源 The Origin of Architecture \ 2

2　古代埃及建筑 Egyptian Architecture \ 7

3　古代西亚的高台建筑 Western Asiatic Architecture \ 19

4　神秘的爱琴文化 Aegean Architecture \ 27

5　西方建筑文化的摇篮 —— 希腊 Greek Architecture \ 33

6　罗马帝国的雄伟建筑 Roman Architecture \ 51

7　古代印度建筑 Indian Architecture \ 69

8　古代美洲的建筑 Ancient American Architecture \ 73

中篇　中古时期建筑 Medieval and Renaissance Architecture

9　融合东西方文化的拜占庭建筑 Byzantine Architecture \ 79

10　欧洲中世纪建筑 European Medieval Architecture \ 86

11　意大利建筑的文艺复兴 Italian Renaissance Architecture \ 108

12　法国的文艺复兴与古典主义 French Renaissance & Classicism Architecture \ 129

13　英国的文艺复兴与古典主义 English Renaissance & Classicism Architecture \ 145

14　变幻莫测的巴洛克和洛可可风格 Baroque and Rococo Style \ 155

15　日本的传统建筑艺术 Japanese Architecture \ 161

16　独树一帜的伊斯兰建筑文化 Islamic Architecture \ 165

17　俄罗斯建筑 Russian Architecture \ 174

下篇　近现代建筑 Modern Architecture

18　近代建筑的新技术与新类型
New Technique & New Types in Architecture \ 184

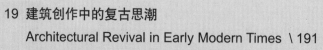

19 建筑创作中的复古思潮
Architectural Revival in Early Modern Times \ 191

20 现代建筑运动 Modern Movement in Architecture \ 198

21 玻璃盒子与流动空间 Glass Building and Flowing Space \ 212

22 居住机器与抽象雕塑 Living Machine and Abstract Sculpture \ 223

23 建筑的诗意 Architectural Poem \ 228

24 建筑人情化 Architectural Humanity \ 235

25 20 世纪末的建筑革命 Architectural Revolution \ 241

26 高层建筑的崛起 High-Rise Building \ 244

27 形形色色的大空间建筑 Long-Span Building \ 253

28 现代主义之后的建筑进展
The Architectural Development after Modernism \ 261

29 21 世纪的普利茨克奖获奖者
The Pritzker Architecture Prize after 2000 \ 275

30 当代建筑文化的发展趋向
The Tendency of World Architecture Development \ 305

主要参考文献 \ 318
插图目录及资料来源 \ 320
后记 \ 339

上篇

古代建筑

Ancient Architecture

　　建筑艺术的成就是人类智慧的结晶，世界各个国家和民族都为人类的建筑艺术宝库作过不同的贡献。众所周知，世界上最早有文化的民族分别在埃及、西亚、希腊、印度和中国，它们被誉为世界文明的摇篮。正是这些地方影响了周围地区建筑艺术的发展，树立了古代建筑艺术的丰碑。被称为古代世界七大奇迹之中就有五处是建筑艺术的成就：埃及的胡夫金字塔，巴比伦的空中花园，小亚细亚的抹苏鲁姆王陵，以弗所的第二猎神庙，亚历山大里亚港口的灯塔。现在除了金字塔之外，其余四处的遗物已不复存在，但从一些历史记载中，我们仍能想象出昔日雄伟壮丽的艺术面貌。西方古代建筑在罗马帝国时期发展到了顶点，取得了史无前例的成就，标志着人类社会智力与技术的巨大进步，也标志着阶级矛盾的扩大。西半球的美洲，古代建筑文化也同样取得了令人震惊的发展，与东半球似有异曲同工之处。

1 建筑艺术的起源 The Origin of Architecture

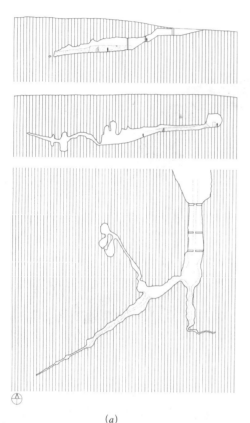

(a)

(b)

图1-1　法国拉斯科洞穴（约公元前1.5万年）
(a) 剖面图和平面图；(b) 洞穴中的原始壁画

1.1　历史背景

在法国南部蒙蒂尼亚郊区的山野里有一个从不被人注意的山洞，1940年的一天，几个孩子钻进这个狭窄的山洞去寻找他们的小狗，忽然发现山洞里面有一个大岩洞，长达180米，洞顶、洞壁上画满了壁画，上面布满红色的、黑色的、黄色的、白色的鹿、牛和奔跑着的野马。这一意外的发现，震惊了当时的考古界，原来这就是埋没了一两万年的原始人的艺术，这个山洞曾是原始人聚居的地方，山洞于是被命名为拉斯科洞窟，闻名世界。

由于人类的祖先在远古的时候，他们没有住房，为了防止风霜、雨雪和猛兽的侵袭，他们只能居住在天然的山洞里或栖居在大树上。正是这些原始人，不仅需要有安身的地方，同时也有了美好的向往，他们需要庆祝狩猎的丰收，也要祈求上天和图腾（动物神）的保佑。于是他们开始装饰他们的居所，壁画便是他们最早使用的方法之一。他们把自己美好的愿望都充分地表现在这些壁画上，这便是艺术的起源。也许当时的画师们认为画在洞壁上的野牛、野马、野鹿有一天就是他们所需要的猎获物，画上刺伤的野兽就能祈求下一次捕猎的成功。这些绘画与祈求丰收有关，与住所的装饰有关，但它毕竟不是生活的纪事，而是一种对于狩猎生活的艺术想象，一种美感的抒发。在拉斯科洞窟中的壁画，规模十分巨大，动物的形象画得非常逼真，轮廓准确，线条粗健有力，有些动物奔跑的动态更是画得栩栩如生，如果不是有亲身的体验和认真的观察是很难画出这些生动场面的。即使是现代的画师，如果没有一定的体验也难以画得那么生动和逼真（图1-1a，b）。

除了拉斯科洞窟之外，在法国还发现有著名的封德哥姆洞，洞内线路迂回复杂，在深长的岩壁上也有原始人绘的壁画，这是旧石器时代的装饰艺术。壁画在洞中断断续续，总长度达到 123 米，其内容与表现方法和拉斯科洞窟颇为相似。另外，在西班牙的山丹得尔省也发现过一个阿尔太米拉山洞，洞顶和洞壁上画满了红色、黑色、黄色和暗红色的野牛、野猪、野鹿等动物，总共有 150 多个，它们形象生动，同属于公元前 15000 年旧石器时代的绘画艺术，它的性质和思想表现与拉斯科洞窟可谓异曲同工。当然，此类的例子在世界许多地方还有发现。

从上述这些山洞壁画装饰中，我们可以看到人类从最早有居所开始，就产生了艺术的要求，装饰艺术就像孪生兄弟一样伴随着建筑的发展，并逐步形成为综合的建筑艺术和空间的艺术。

1.2　居住特点

原始人群在旧石器时代时，冰河未消，工具落后，智力有限，只能住在天然的洞穴中或栖居在大树上——巢居（图1-2）。旧石器时代晚期，冰河渐渐消退，气候转暖，人口日渐增多，在天然洞穴不够用的时候，原始人就挖穴居住——穴居（图1-3）；巢居和穴居一个在高处，一个在地下，都给日常生活带来不便。于是，他们开始使用土块、石块、树枝模仿天然隐蔽物作地面居所，成为早期人类的建筑。在森林地区则出现了用树枝或藤蔓搭成拱形、穹隆形的树枝棚，或者用叠涩石块垒成圆形的蜂巢屋，在游牧地区则出现了初期的帐篷（图1-4~图1-6）。

新石器时代，原始人类在经济上由渔猎、采集逐渐转向原始农牧业生产后，便定居下来。这就产生了修建比较坚固的房屋的要求，土坯应运而生。从使用自然材料到人工制造建筑材料，这是重要的进步，它不仅仅使房屋的质量提高，而且增强了人对环境的适应能力。土坯的制作比琢石头省人工，比树枝涂泥结实，同时它使建筑活动和生产活动的关系更加密切了。

人类在最适宜的地方定居下来后，过着公有制经济的群体生活，在很多地区发现了群体生活的场所——村落的雏形，许多用石块或土坯建成的小屋集中在一起，围成环形（图1-7），房屋内部甚至还有实墙分隔。

在原始社会的晚期，有的地区已经使用了青铜器和铁器。生产工具进步了，生产技术也随之提高，对木头和石头的加工能力增强，在西欧许多地区发现过建造在沼泽地区和湖泊沿岸的高架建筑群——湖居（图1-8）。与此同时，也有了用木桩与梁板结构的造桥技术。

图1-2　马来西亚半岛的巢居

图1-3　法国阿尔萨斯的竖穴居

图1-5　苏格兰的原始蜂巢屋

图1-6　印第安人的帐篷

图1-4　原始的树枝棚

图1-7　基辅特里波里—新石器时代环形村落复原图

图1-8　瑞士的原始湖居复原图

1.3　巨石建筑

　　在原始社会时期，由于原始人对自然现象与社会现象还不能理解，因此便产生了对自然的崇拜，并且可能已有了宗教观念的萌芽，出现了原始的纪念性建筑，如石柱（Monolith，或译为单石）（图1-9），列石（Alignments，或译为石柱群），石环（Stonehenge，或译为石栏）（图

1-10）。同时，为了寄托人们对死者的怀念，也出现了最初的墓葬，并堆起象征永恒和不朽的巨大石块来表示纪念。如石室（Dolmen，或译为石台）（图 1-11）。这些遗迹一般都非常巨大，所以也称之为巨石建筑。

图 1-12 所示是大约公元前 3000 年马耳他岛（Malta）上特有的许多史前庙宇建筑之一，它由两个小庙及圆形前院组成，采用了巨石堆筑。厚重的墙体是由两层石头组成，中间填入泥土和碎石。外墙面是一层当地产的天然珊瑚藻风化石灰岩，外墙石块没有修琢的痕迹，而内墙显然经过修饰。

原始社会末期，由于技术、经济的进步和生活水平的提高，人们不再为吃穿花去全部时间，于是开始有心装饰自己的环境，出现了"作为艺术

图 1-9 法国布列塔尼的原始石柱

(a)

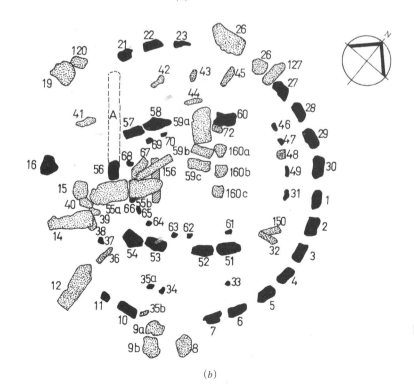

(b)

图 1-10 英国索尔兹伯里的石环
(a) 外观；
(b) 平面

5

图1-11　原始石台

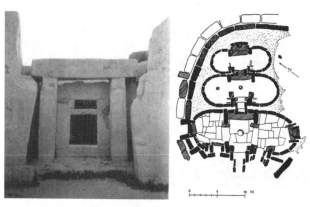

图1-12　马耳他岛原始庙宇遗迹

的建筑术的萌芽"①。有些部落已在建筑物上涂抹鲜艳的颜色，甚至做了相当复杂的装饰性雕刻。这反映了原始建筑不仅有功能的需要，而且开始有了审美的要求。

1.4　结语

从原始社会开始，人们在建筑房屋的时候就离不开功能、技术、形象三方面的因素。首先是房屋必须具备一定的功能，它除了防御风霜雨雪之外，还要适应家庭的组织与社会的生产关系；其次是取决于当时生产力的水平，因为生产工具与技术条件对建造房屋的现实性有直接的关系；第三是在可能条件下满足人们的审美要求，这对建筑的形式与艺术加工的方法有一定的影响，也是人们的意识形态的美学品味在建筑上的反映。

---

① 马克思恩格斯全集．第21卷．北京：人民出版社，1965．第37页．

2 古代埃及建筑 Egyptian Architecture

（公元前 32 世纪 ~ 公元前 1 世纪）

2.1 古代埃及的自然条件与社会背景

　　埃及是世界历史上最古老的国家之一。它位于非洲的东北部，其南部为未开辟的高原，北临地中海、东濒红海、西接干燥不毛的沙漠（图2-1），气候炎热少雨。在尼罗河流域，因每年河水定期泛滥，土地肥沃，它成为古代埃及文化的摇篮。早在公元前 40 世纪，这里的原始公社开始解体，逐渐形成许多奴隶制的国家。在公元前 3500 年左右，埃及曾经成立了两个王国，即上埃及（尼罗河中游）和下埃及（在尼罗河三角洲）。经过长期的战争，终于在公元前 3200 年左右，上埃及灭了下埃及，建立了统一的美尼斯（Menes）王朝，历史上称为第一王朝。首都建于尼罗河下游的孟菲斯（Memphis）。

　　古埃及的建筑创作密切地和社会的历史事件联系着，它的建筑历史大致可以分为四个时期：王国前期与古王国时期（公元前 32 世纪 ~ 前 22 世纪）、中王国时期（公元前 22 世纪 ~ 前 1580 年）、新王国时期（公元前 1580 ~ 前 1150 年）、晚期（公元前 1150 ~ 前 30 年）。

　　埃及气候干燥炎热，一年可分为干湿二季，终年不见霜雪且雨量很少，因此建筑常作平屋顶，人可上去乘凉；为防日晒，建筑物的墙壁与屋顶都做得很厚，窗子很小，门户亦窄，用以躲避酷暑；大片空白的墙面用以雕刻象形文字，记载历史、宗教、法令等。

　　古埃及境内有大片沙漠，几乎没有适合于建筑的木材，因此古埃及人只能用质地细腻的泥土制成坚硬的能够抵抗当地雨水的土坯。石头是埃及的主要自然资源，埃及人在河谷边开采石灰石、砂石、花岗石、玄武石等，用这些石头建造宫殿和庙宇，使人们对石材加工的手工技术发展到

图 2-1　尼罗河及其两岸土地空间影像图

极高水平。

古埃及是政教合一、君主独裁的奴隶制国家。一切行政、军事、司法权力都集中在国王之手，国王被视为神圣不可侵犯，并尊为"法老"（意为宫殿）。

僧侣的地位也很高，是人民的教师、医师、历史学家、艺术家。僧侣以下便是军官、贫民及奴隶。所有贫民都必须按一定的制度征召去为贵族或国王服务，所以埃及建筑不仅在类型和形制上反映了中央集权的奴隶占有制国家的特点，而且在风格上也是沉重、压抑、震慑人心的。

古埃及很早就积累了天文知识，为了预先确定尼罗河水的涨落，产生了埃及天文学。古代埃及历法，把每年尼罗河水开始泛滥定为一年之始。数学特别是几何学知识在古代埃及相当发达，这和对尼罗河的测量密切相关。金字塔建筑的精密计算是埃及数学成就的具体体现。医学也已产生，木乃伊的制作促进了对人体的研究，使埃及人能较正确地认识人体结构。埃及最早的文字是象形文字，后来有些图形文字逐渐变成音节符号和指意符号。此外，古埃及人在施工、运输、管理等方面都已形成十分完善的体系。

古埃及人信奉多神教，他们所敬拜的主要神有太阳神、月神。但最为敬畏的还是死神奥西里斯。因为他们认为人死后灵魂永生，要在千年之后复活，过着比生前更好的生活，灵魂寄于尸体中。因此在古埃及统治阶级的建筑活动中，陵墓占非常重要的地位。

在萨卡拉（Sakkara）第一个完全用石头建成的陵墓——昭赛尔（Zoser）金字塔建于公元前3000年，是6层阶梯式金字塔，高约60米，底边是126米×106米的方形（图2-2）。这是石建筑从模仿开始向创造方面的过渡。其周围还有庙宇和一些附属性的建筑物，也属保存至今最早的一批石建筑。在麦登（Medinet）和达舒尔（Dahshur）还出现了过渡形式的金字塔，后者的外形为两折式，已很接近成熟的金字塔

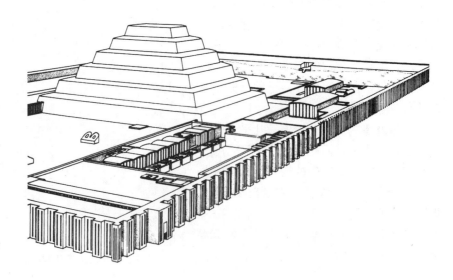

图2-2　萨卡拉的昭赛尔金
　　　　字塔复原图

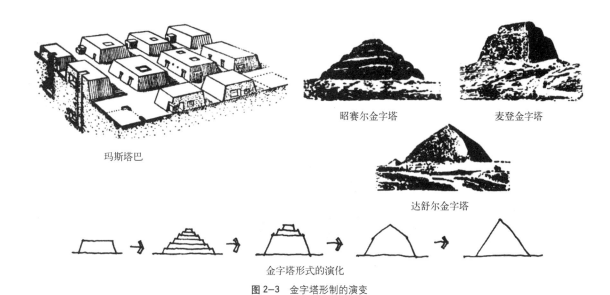

玛斯塔巴

昭赛尔金字塔　　　麦登金字塔

达舒尔金字塔

金字塔形式的演化

图2-3　金字塔形制的演变

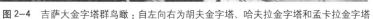

图2-4　吉萨大金字塔群鸟瞰：自左向右为胡夫金字塔、哈夫拉金字塔和孟卡拉金字塔

图2-5　金字塔前的狮身人面像

（图2-3）。后来在尼罗河西岸的吉萨，陆续建造了许多方锥形的金字塔，其中最著名的有第四王朝的胡夫（Khufu）、哈夫拉（Khafra）、孟卡拉（Menkaura）的金字塔（图2-4）。在这金字塔群附近，还有一个巨大的狮身人面像（Great Sphinx），它是旭日神的象征，高约20米，长约45米（图2-5）。

中王国时期，地方和僧侣势力有很大增长，经济生活因国家的统一而有所发展，从而促进了城市的兴建。赛奴西尔特二世曾集中了大量奴隶和农民开发肥沃的绿洲，并在这里建造了依拉汗（Illahun）金字塔，同时在塔旁按规划建成了卡宏城（Kahune）。

随着地方势力的不断增强，中央集权相对削弱，国王的陵墓仍在兴建，但规模已远不及以前；贵族也不再把自己的坟墓建在帝王陵墓的脚下，而是另凿崖墓。后来中王朝迁都底比斯，这一

图 2-6 埃及方尖碑

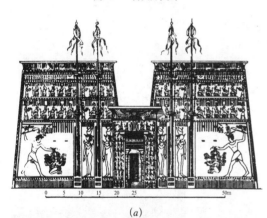

(a)

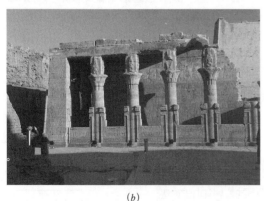

(b)

图 2-7 爱德府的霍鲁神庙
(a) 牌楼门；(b) 神庙多柱厅外观

带没有平坦的开阔地，只有悬崖峭壁，有的国王在这时也采用了崖墓的形制。这些崖墓开天然山岩而成，平面与"玛斯塔巴"（长方形台墓）很相似，内通灵堂及墓室，隧道门外面另加柱、梁、雕刻等装饰，洞内是墓室，为半圆拱形天花。

这时期出现的方尖碑是崇拜太阳神的。其断面呈正方形，上小下大，顶部为金字塔状，一般高和宽的比是 10∶1，用一整块石头制成，并刻有文字和装饰，尖顶上镀金、银或金银的合金（图2-6）。起初摆在建筑群的中心，后来布置在庙宇大门的两侧，现存最高者达 30 米。

新王朝时期，统治阶级为加强中央集权，大力宣扬国王是神之子的教义，以加强对国王的崇拜，并在许多地方兴建神庙。崇拜国王不再在金字塔的祭堂里，而是宫殿和庙宇结合在一起，在神庙的大殿里拜谒国王。这时期的典型例子如卡纳克的阿蒙神庙和月神庙。

除此之外，在宫殿、庙宇的四周还筑有大量的仓库，以贮放粮食和珍宝，也有服务人员和奴隶的用房。整个建筑群连同庙宇、寝宫等用二层很厚的墙围起来，墙外还挖有护城河，设有门楼、吊桥。两层围墙之间驻有兵营。围墙和门楼都是高大厚重的，具有防御性的特点。

埃及庙宇的大门是一堵厚重的高墙，中部凹下处为出入口，上置厚重的石板楣梁，称之为牌楼门。墙身两面向内倾斜，中间留空，内有楼梯可通至门楣。遇到庆典，门楣上可作观礼室或阅兵室。门的两侧紧贴墙身处插长矛及旗杆等装饰物，墙面刻有象形文字及图画（图2-7a）。牌楼门高大雄伟，表达了国王至高无上、神圣不可侵犯的气势。

公元前 1000 年左右，埃及屡受利比亚、埃塞俄比亚、亚述和波斯的侵扰。公元前 332 年马其顿占领了埃及。在埃及晚期的建筑上反映出希腊普化时期的特点。如爱德府的霍鲁神庙（Temple of Horus, Edfu, 公元前 237～前 42 年）多柱厅，向前面的院子敞开着，用列柱代替了高墙，列柱下部用矮墙连接起来。这虽然在建筑处理上采用了一些希腊的手法，但仍保持着埃及传统神庙沉重的风格（图 2-7b）。

在马其顿占领埃及期间，还在尼罗河口建立了著名的亚历山大里亚城，这是同时期马其顿帝国建立的许多同名城市中最大和最繁荣的一个。

2.2　古代埃及的建筑特点

古埃及初期的经济力量还很薄弱，内部也不巩固，主要的建设活动是兴修水利、开渠筑库。

随着古埃及统治者对外发动疯狂的掠夺战争，对内横征暴敛，使财富逐渐集中起来。他们利用大量奴隶和民工大规模兴建宫殿、庙宇、陵墓。一般贫民生活却非常困苦，居住条件更是拥挤破败，住宅都是些简陋的泥屋和草棚，几千年发展变化不大，也更难保留到今天，只是在一些壁画和明器中可以看到部分住宅的大致面貌。如今遗留下来的建筑多是当时统治阶级的宫殿、庙宇和陵墓。这些为统治阶级建造的建筑物往往以惊人高大的体量、简单的轮廓、丰富华丽的雕饰和壁画，造成建筑物的威武神秘、雄伟粗犷的气势，以象征帝王至高无上的权威。

埃及早期的建筑材料，主要是利用土坯、芦苇和纸草，后来有了砖和石料，并最早使用了叠涩拱。

埃及早期的住宅建筑，墙壁很厚，窗洞很小，多用土坯砖砌成，有一层或两层楼高，屋顶是用芦苇或纸草架成的平屋顶，房子前面多半布置有庭院。国王则用石料仿照住宅来兴建他们的宫殿、庙宇。早期的国王陵墓，也是效仿其生前的住宅而建的，占用很大的土地面积，有很多的墓室。陵墓的地上部分大体都是用砖或石块砌成长方形台状，这种台式的陵墓叫做"玛斯塔巴"，反映了当时的建筑材料和施工技术水平（图 2-3）。在这里出现了世界上最早的砖。第一王朝国王的陵墓，大都是用砖砌成的。后来国王们感到这种玛斯塔巴太简陋、不气派，于是陵墓就向着集中的、不朽的、纪念性方向发展，由住宅式的长方形墓，经过阶梯式，过渡到两折式，最后形成方锥形的金字塔。

在宫殿、庙宇建筑中，大量运用了柱子，形成了一套梁柱结构系统。墙体厚重，且底部厚顶部薄，墙身倾斜可以防热及抗震。墙体常以砂石或石灰石砌筑，也有用花岗石砌成的。柱子一般都用石材，体形高大，有的高达 20 余米，甚至多是整块的石料。柱子的式样也很多，常见的有莲花束茎柱式、纸草束茎柱式、纸草盛放柱式（图 2-8）。柱断面有方形、圆形、八角形等，柱高一般是柱径的 5 倍。柱头的形式也很多，有花蕾形、花托形及倒钟形等。柱础为一块圆形的平板，有的柱底脚向内弯曲，底径小。柱间距一般是一个柱径，仅仅在入口处往往稍微加宽一些。檐部变化很少，檐高一般是柱高的 1/5。

在大型建筑的布置上，运用深长的对称轴线。在主轴线上的大道两旁是圣公羊石像和狮身人面石像，石像行列的尽头设置五、六道高大的

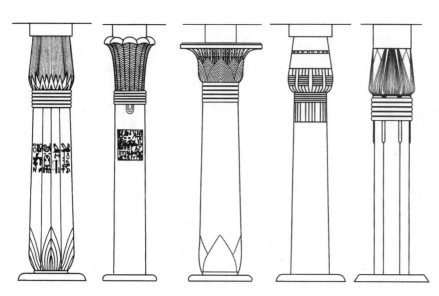

图 2-8
埃及的各种柱子形式

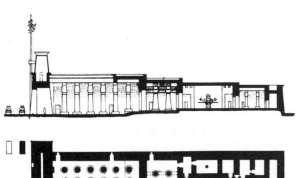

(a)

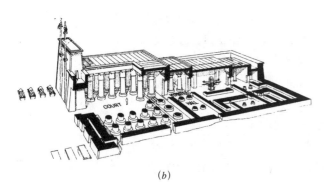

(b)

图 2-9 卡纳克孔斯神庙
(a) 平面和剖面；(b) 剖透视图

牌楼门，门前有方尖碑以增威严。门内是柱廊围绕的大庭院，形成几个大大小小的封闭空间，建筑物一进比一进封闭，室内地坪愈往后愈高，顶棚愈往后愈低，使内部空间愈来愈阴暗、矮小，造成威严神秘的气氛（图 2-9a，b）。

埃及的石雕技艺也有很高的成就，雕刻和建筑很融合。在建筑上常常使用浅浮雕和线刻装饰。在建筑物内常常应用强烈的颜色，如红、黄、蓝等。装饰纹样多属几何形化的植物和人像，尺度很大，有雄伟粗犷的风格。在建筑外使用雕像作为装饰，也是埃及建筑中常用的手法，如狮身人面像、国王像、王后像等，体量都庞大惊人。阿布辛贝勒(Abu Simbel，公元前 1298～前 1235 年)的阿蒙神石窟前的四尊拉美西斯二世的雕像高 20 米（图 2-10），造成雄伟、尊严的艺术效果，以体现帝王的气魄[1]。

---

① 阿斯旺水坝建成后，阿布辛贝勒的雕像已经迁移到比原址高 60 米的山上，1965 年前后完成复原。

图 2—10　阿布辛贝勒拉美西斯二世石窟庙

2.3　古代埃及的典型实例

2.3.1　卡宏城（Kahune，公元前 1900 年）

卡宏城是中王国时期为建筑依拉汗金字塔而专为工人居住的一座城市（图 2—11）。城墙是砖砌的，围成长 380 米、宽 260 米的长方形。城市中用一道厚墙分成东西两部，西部是工人住宅区，仅 260 米 × 108 米的地方就挤着 250 幢用棕榈枝、芦苇和黏土建造的棚屋。该区仅有一条

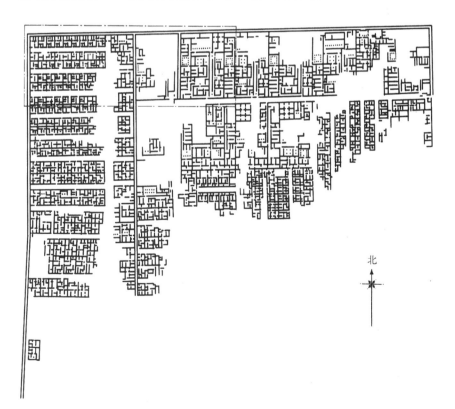

北

图 2—11　卡宏城平面

13

8～9米宽的南北向道路通至南城门。城东则有一条长280米的东西大路将城东分成南北两半。这里道路宽阔整齐并用石条铺筑路面。东西大道的北部为贵族区，在西端有一片用墙围着的建筑群，大概是国王的离宫。路南则是城市的中产阶层，如手工业者、商业和小官吏的住宅，布置比较松散。贵族区中有的府邸占地面积达 60 米 ×45 米，拥有六七十个房间，建筑也较富丽堂皇，与贫民区形成鲜明的对比。从这个城市的遗迹中，可以看到埃及这时候的城市已有规划地进行建设，城市分区明确。为了防御外部侵略和内部的暴动，城外有城墙，内有隔墙，皇宫还有宫墙，表现了奴隶主阶级的内心恐惧，也反映了社会各阶级的差别和阶级矛盾的尖锐。

2.3.2　胡夫金字塔 (Pyramid of Khufu, 公元前 2723 年~前 2563 年)

胡夫金字塔又称之为齐奥普斯 (Cheops) 金字塔，是第四王朝"法老"胡夫的陵墓，也是埃及现存的金字塔中最大的，位于埃及北部开罗近郊吉萨 (图 2-12a,b)。它占地 5.3 公顷，塔高 146.5 米，塔底每边长约 232 米，是一个正方锥体。四个倾斜面与地平的夹角为 52°。全部用 230 余万块巨形石块叠成，估计每块石头约 2.5 吨多重。塔的表面用一层磨光的石灰岩贴面。

金字塔的北面距地 14.5 米处有一个入口，经过入口有狭长的通道与上、中、下三个墓室相连。狭长的通道也用石块砌成，后半段高 8.5 米、宽 2 米 (图 2-12c)，直通上层主室，这是国王的墓室。国王墓室入口处，有 50 吨重的石闸作防卫之用，室内顶部有五层大石块，可能是为了防止下沉或倒塌。室内墙壁上刻有象形文字和花纹，存放着"法老"的石棺。石棺内有木棺，木棺中有裹着沥青和香料的木乃伊。室内共有两条通气洞 (15 厘米 ×20 厘米) 与塔外相通，可能是作为死者灵魂归来的通道。中层则是王后的墓室，另一间则在地下，大概是存放殉葬品的地方。

在塔的西面和南面有许多贵族的长方形墓室和小金字塔，整整齐齐地排列在金字塔的周围，反映着埃及君主专制的奴隶制国家等级制度的

图 2-12　胡夫金字塔
(a) 胡夫金字塔外观

(a)

森严和国王至高无上的权威，象征着他们生前吻"法老"脚下的尘土，死后也得匍匐在他的周围。

塔的旁边还有帝王的庙宇，位置在离金字塔很远的地方。从庙宇到金字塔要穿过门厅后进入一条长达几百米的黑暗通道，通道内有许多凹壁龛，在昏暗中神秘变幻，通道的尽头是几个塞满方形石柱的大厅。厅后是一个露天小院，从黑暗中出来，顿感豁然开朗，迎面正是帝王的雕像，雕像背后则是遮天蔽日、直冲云霄的金字塔的塔顶。在这一望无际的大沙漠的边缘，金字塔以其稳定、简单、庞大的体形屹立在灿烂的阳光下，巍然生辉，给人以雄伟、神秘的气氛，象征着国王的无上权威，令人肃然起敬，顶礼膜拜。

胡夫金字塔的出现是古代世界的奇迹。它不论在体量上或工程技术上都是惊人的，基地每边长度误差只有 0.2 米。据历史记载，为了建造这座金字塔，曾强行征调了 10 万人整整耗费 30 年的工夫。

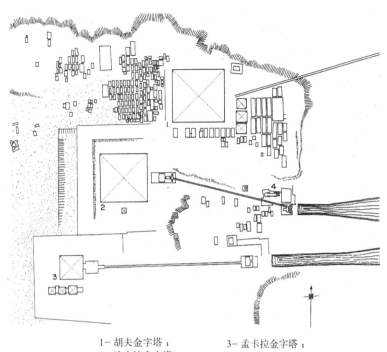

1- 胡夫金字塔；　　　　3- 孟卡拉金字塔；
2- 哈夫拉金字塔；　　　4- 狮身人面像

(b)

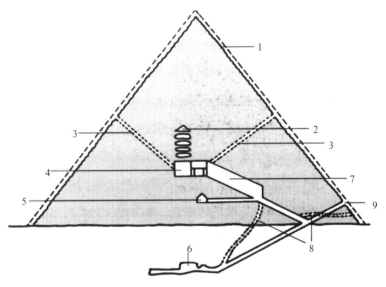

图 2-12　胡夫金字塔续
(b) 吉萨金字塔群总平面；
(c) 胡夫金字塔剖面

1- 原来贴有石块面层的　　4- 国王墓室；　　8- 地道；
　　金字塔轮廓线；　　　　5- 王后墓室；　　9- 主入口
2- 巨型石块；　　　　　　6- 假墓室；
3- 通气孔；　　　　　　　7- 大通道；

(c)

2.3.3 卡纳克的阿蒙神庙（Great Temple of Ammon，Karnak，公元前 1530 ~ 前 323 年）

在埃及的中部尼罗河东岸的卡纳克神庙（图 2-13a），是附近庙宇中最大的一个，经过历代"法老"的扩建和改建，面积达 365 米 × 110 米。它的最大的第一道牌楼门由于社会变化而一直未能完成。

阿蒙神庙的主体长度为 365 米，在这段距离上有六道高大的牌楼门相隔。最前面的牌楼门高 44.3 米，宽 110 米。庙的四周还围有高 6 ~ 9 米的砖墙。庙内有各种不同的庭院和殿堂。最令人吃惊的是它的大殿，面积可达 5000 平方米，宽 103 米，深 52 米，里面密密麻麻地排列着 134 根高大的柱子；中间两排高 20.4 米，直径 3.57 米，共 12 棵支撑着中间的平屋顶，其余两旁的柱子比较矮，柱高 12.8 米，直径 3.60 米，也用的平屋顶，利用屋顶的高差形成侧天窗采光。柱身和梁枋上都满刻着彩色的浮雕和纹样，中央两排高大的柱子的柱头刻成莲瓣纹样的倒钟形，屋顶的天花板涂以蓝色，并画有金色的星星和飞鹰；两侧的矮柱则是布满纹饰的柱身和花蕾式的柱头，柱头上顶着一块方形盖板。这样大面积的柱厅，仅以侧天窗采光，自然光线比较阴暗，加上大厅里石柱如林，无限夸大了幽暗的大殿内部空间（图 2-13b，c），形成非常神秘的感觉。通过中央的柱廊，再穿过一个小柱厅，是一个更为阴暗的空间，这里是祭堂，使人隐隐约约地看到放着的圣舟，更加重了神奇的气氛。

在第三、四道牌楼门之间，由另外四个高大的牌楼门组成一条横向的轴线，门外是一条两旁排着圣公羊雕像的大道，直通缪特庙（Temple of Mut）前。与这条大道平行的是另一条 500 多米长的大道，也对称排列着圣公羊雕像，轴线位置在纵轴线的第一道牌楼门之内。这不仅延长了轴线，把三个庙宇连在一起，更主要的是加深了宗教的神圣气氛，使人们在进入每座庙宇时，步步沉重、步步谨慎、步步紧张，以唤起人们对神权和帝王的崇拜和敬服。

图 2-13
卡纳克阿蒙神庙
(a) 鸟瞰

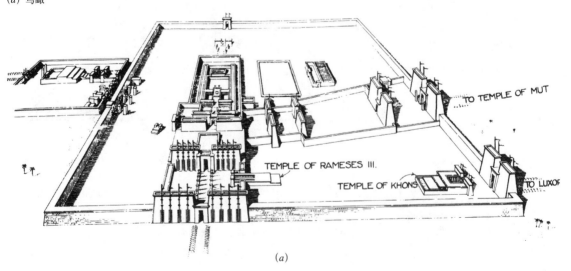

(a)

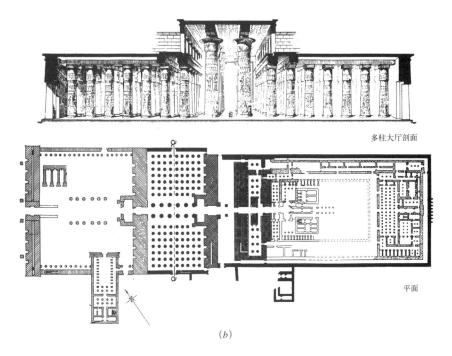

多柱大厅剖面

平面

(b)

图 2-13 卡纳克阿蒙神庙续
(b) 主体平面和剖面；
(c) 多柱大厅室内

(c)

2.3.4　曼特赫特普庙和哈特什普苏庙（Temple of Mentuhotep and Hatshepsut，Dêr el-Bahari，Thebes，公元前 2065~ 前 1520 年，图 2-14a，b，c）

　　这是一组位于底比斯地区巴哈利山谷中的两座帝王陵墓兼神庙。前者建于第十一王朝，约公元前 2065 年，它位于山崖前面开阔平地的左面，下部为二层平台式的岩庙，四周有柱廊环绕，平台上原建有一小型的金字塔，现已不存。它的背后是陡峭的山崖。在它的右面，平行建造了哈特什普苏女王墓，属第十八王朝，约公元前 1520 年，也是台阶式的崖墓和崖庙的结合体。这座女王庙分成两个大平台式的阶梯，远远伸出前面，气势雄浑，表现了一代霸主的性格。因此，这一带也被称之为帝王谷或巴哈利神庙建筑群，是埃及中王朝和新王朝时期最重要的建筑遗迹之一。

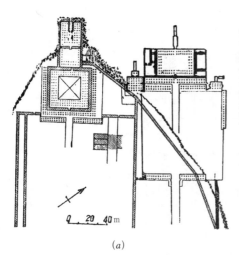

(a)   (b)

图 2—14　曼特赫特普庙和
哈特什普苏庙
(a) 总平面；
(b) 哈特什普苏庙现状；
(c) 曼特赫特普庙复原图

(c)

2.4　结语

（1）古埃及是人类文明最早的摇篮之一，它在建筑史上曾作出了不朽的贡献。雄伟的金字塔和神庙是古埃及最突出的成就，它那庞大的体形，纪念性的形象，至今仍令人折服。

（2）在居住建筑中，埃及人广泛使用庭院式住宅的形制，成为后世独院式住宅的先驱。

（3）古埃及的石建筑技术在当时已有相当水平，并为早期柱式系统奠定了基础。

（4）在建筑艺术上不仅造型雄伟端庄，而且在外墙上还应用了大量的独立雕像和浮雕，在室内也应用了鲜艳的色彩与图案。

（5）古埃及还创造了最早有规划的城市。

3　古代西亚的高台建筑 Western Asiatic Architecture

（公元前 30 世纪~公元前 4 世纪）

3.1　古代西亚的自然条件与社会背景

　　西亚是指亚洲西部地区，包括幼发拉底河和底格里斯河流域及伊朗高原等地区（图 3-1）。

　　两河流域的南部为巴比伦，北部为亚述，气候干燥，上游积雪融化后形成每年的定期泛滥，土质肥沃。早在公元前 4000 年前，苏马连人和阿卡德人在这里创造了灿烂的文化。原始公社解体后形成许多早期奴隶制的城邦国家，但基本上仍是农村公社的自然经济。公元前 3000 年左右才建立了以巴比伦和以亚述为首都的君主集权国家。

　　两河流域地区，木材和石料不多，长期以来使用土坯和芦苇造房子。后来西亚人用优质黏土制成日晒砖、窑砖等，砌砖用的粘结材料，早期用当地出产的沥青，后期用含有石灰质泥土制成的灰浆，这就发展了制砖和拱券技术。在巴比伦建筑中，还发现有彩色琉璃砖的装饰。

图 3-1　现今两河流域局部环境

两河流域地区美索不达米亚平原是两河泛滥淤积而成的低地，夏天炎热，瘴疠与蚊虫扰人；冬季则有从北方山区吹来的寒风，气候潮湿。所以，西亚的建筑大多先筑一座高土台，然后将各种房屋建于土台上，这样可以避免水患和潮湿。土台周围有上下可通的大扶梯。

这里的宗教原来是多神教，但君主制将国王神化了，崇拜国王和崇拜天体结合起来，所以宫殿、星象台和庙宇联系在一起。帝王们往往以大兴土木为荣。在一些石雕中发现，公元前 3000 年的拉迦什国王乌尔·南歇头顶着一筐砖，参加神庙的奠基。在公元前 2300 年，拉迦什国王古地亚的雕像中，可以看到他膝盖上放着建筑设计图，这样的浮雕还不止发现一次。

伊朗高原是古代波斯的发源地，它与两河流域不同，具有丰富的木材与石材，因此发展了杰出的石建筑，在历史上曾受古希腊文化和两河流域文化的双重影响。

3.2　古代西亚建筑的特点

古代的两河流域地区，因为战争比较频繁，对建筑物的破坏极大，加上建筑材料耐久性差，所以当时的建筑物遗留至今的甚少，现在只能从遗迹中得知一个大概。巴比伦及亚述时期的庙宇及皇宫一般都建于一个广阔高大的土台上，用厚厚的土坯墙包围起来。平面布置是房屋围绕几个庭院而建，并不十分规则。房间大小不一，多数为狭长方形，大门两侧有高大的塔楼，墙垣非常厚重，用土夯筑，外表贴砖或用琉璃饰面，组成各种花纹和图案。

公元前 1792 ～前 1750 年，古巴比伦王国国王汉谟拉比重新统一两河流域，是古巴比伦王国的盛期，这时建筑已相当发达。从遗留至今的汉谟拉比法典中，可以证实那时已有了建筑师，并且还明确规定了建筑师的职责，建筑业已很活跃。

公元前 1300 年时，冶炼技术在亚述得到发展，使其在经济和军事上占了优势。经过四五百年的不断对外侵略，建立了包括原来巴比伦在内的亚述帝国，并利用对外掠夺的大量财富和奴隶兴建庙宇和宫殿。

公元前 626 年时，迦勒底人征服亚述后建立了新巴比伦王国，巴比伦成为西亚贸易和文化的中心，又重新繁荣起来。新巴比伦城是当时城市中最富丽的一个。新巴比伦国王为其王后建造的"空中花园"，曾被誉为世界奇迹之一，可惜现在已一无所遗。

位于伊朗高原的波斯在短期内很快兴起，于公元前 525 年先后侵占了两河流域、小亚细亚和埃及等地，成为横跨亚非两洲的奴隶制大帝国。它利用战争掠夺和重税暴敛取得了大量财富，已有可能大兴土木，建造了举世无双的大型宫殿。

由于伊朗高原盛产木材和石料，因此波斯人可以发展自己的梁柱建筑体系，与两河流域的拱券系统不同，但他们却继承了两河流域高台建筑的传统，反映了长期以来文化的交流。

3.3　古代西亚建筑的典型实例

3.3.1　乌尔城观象台（Ziggurat，（公元前 2113 ～前 2096 年），图 3-2a，b）

建于苏马连文化时期，基底长方形 65 米 × 43 米，现高 21 米，内部为实心土坯，外面贴有一层焙烧过的面砖，附有大庭院。它同另外两座庙宇及一座皇宫同建在一高台基上。台基是长方形的，高出地面 5 米多，位于椭圆形城市的中央，成为城市中心。

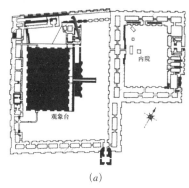

(a)

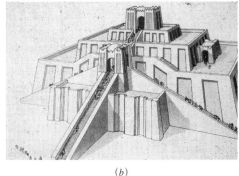

(b)

图 3-2　乌尔城观象台
(a) 遗址平面图；
(b) 遗址复原图

3.3.2　赫沙巴德　萨尔贡王宫（Palace of Sargon，Khorsaabad，公元前 722 ～ 前 705 年，图 3-3a，b，c）

萨尔贡王宫是亚述帝国在各地宫殿建筑遗址中保存得最完整的一个。它位于赫沙巴德城中，宫殿和城市是同时建造的。城近于方形，四个城角朝着东西南北的正方位。宫殿建在西北城墙的中段，有一半凸出到城墙的外面，一半在城内。整个宫殿的地段连同星象台都是建在一个高 18 米，每边长 300 米的方形土台上，土台的外表砌着一层石板。通过大坡道或大台阶可达台上，台上筑有高大的宫墙和宫门。它既要防御外敌，又要防备内部的起义，反映出统治阶级高高在上、耀武扬威的同时，也反映了统治阶级内心的恐惧和空虚。

整个宫殿有 30 多个露天院子，200 多间房子，建筑物有明确的功能分区。房间的跨度小、墙身厚、平面多为狭长形，可能是砖拱结构的原因。

(a)

图 3-3　萨尔贡王宫
(a) 宫门

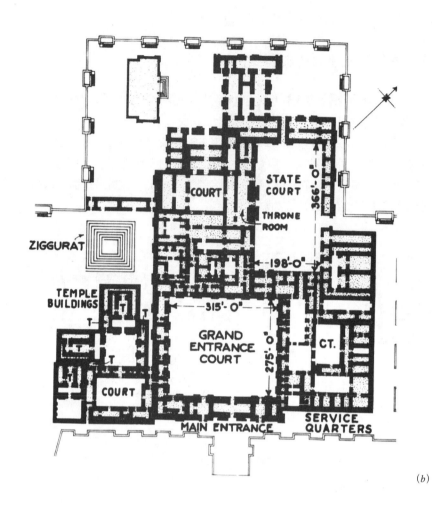

(b)

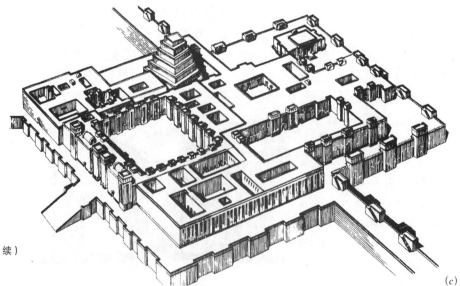

图 3-3　萨尔贡王宫（续）

(b) 平面；

(c) 复原鸟瞰图

(c)

王宫的正门两边是对称的高大塔楼，中间夹着一个圆洞券门，突出了入口。墙的外部贴满彩色的琉璃面砖。城墙的上部有雉堞，城墙的下部贴有石板，正门还有著名的五脚兽的浮雕，浮雕高约4米，象征睿智和壮健的神物在守卫着宫殿。这浮雕的安设，既考虑到人的观赏，又增加建筑物的稳定、坚固和美观的艺术效果。

不难看出，亚述建筑具有体形庞大和严肃隆重的特征。因为建造时使用了大量的奴隶和被掳来的埃及工匠，建筑自然流露出埃及的特征。帝王也以此来炫耀和歌颂自己的武功。

3.3.3 新巴比伦城（New Babylon，公元前7世纪～前6世纪，图3-4a，b，c）

由原来巴比伦城扩建而成，根据希腊历史学家希罗多德的记载，平面22.2公里见方，四周建有城墙，城墙上250个塔楼，有100道铜门，城墙外还有壕沟环绕，甚为壮观，城里规划整齐，路径明确。城市的中央干道是普洛采西大道，它串联着主要的宫殿、庙宇、城门以及郊外庄园。大道中段西侧是马都克神庙和七层高的观象台，大道北端西侧是梯形的皇帝宫殿。伊什达门是城的正门，也应用了彩色琉璃面砖的大幅构图，浮雕的动物形象整齐地排列着，并有华丽的边饰。

城中的空中花园实际上是建筑在"梯形高台"之上的花园，被描述成"披着花木盛装的小山"。据记载，它的平面呈长方形275米×183米，立面为阶梯形，高20多米，每一层平台都被下面的巨柱支撑着。每层在直接受到砖柱支撑的部位排列着石板，其上铺有一层芦苇和沥青的混合物，再上铺着两层窑砖，最后以铅板和泥土覆盖。建筑群中有一根空心柱子从底部直通到顶上，内设唧筒，用来从幼发拉底河抽水，灌溉花园。

3.3.4 波斯波里斯宫（Palaces of Persepolis，公元前518～前460年，图3-5a，b，c，d）

波斯波里斯宫的建筑群建在一个由小山坡削成高15米、宽450米、深300米的大平台上，其中著名的有议政的"百柱大厅""大流士宫""波斯波里斯宫"以及眷属居住的禁宫、多柱厅和大门等。在大平台的入口处有两条对称的、非常宽阔的大台阶，用条石砌成，刻有浮雕装饰，题材是年年秋季臣属波斯的各个国家的首领手捧贡物举行朝贡仪式的情景，一级级走上去连续不断。接着是宫殿的大门，平面为方形，用四根柱子、两堵墙组成，墙面上有门洞可通，全用石块砌成，在门道内侧，刻有大流士的坐像，正在接受大台阶上进贡者的礼拜。这些浮雕与每年的朝贡者形成有机的结合，遥相呼应，使雕刻与建筑物融为一体。大门的檐部采用了埃及建筑的处理手法，墙上饰以彩色琉璃砖，两侧门旁放着仿亚述的双翼人首牛身雕像，外国大使和王侯大臣皆由此出入，以显示波斯帝国的气派。

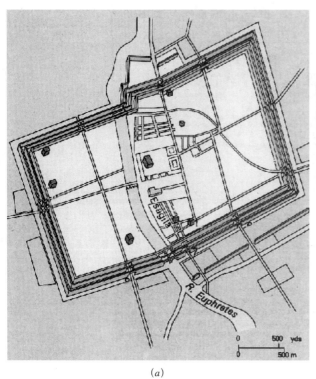

(a)　　　　　　　　　　　　　　　　　(b)

(c)

图 3-4　新巴比伦城

(a) 平面；(b) 城市入口；(c) 空中花园复原想象图

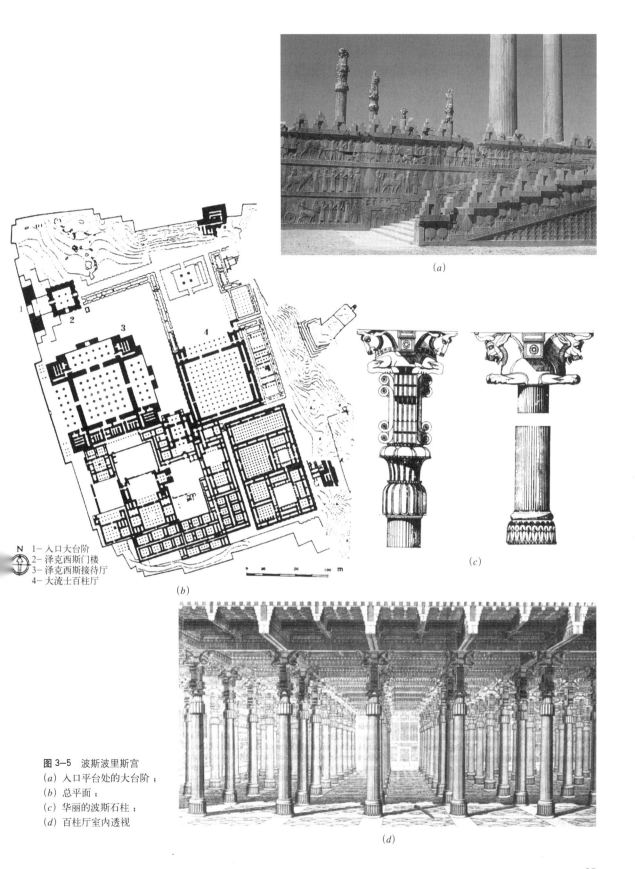

(a)

(b)

(c)

(d)

图 3-5 波斯波里斯宫
(a) 入口平台处的大台阶；
(b) 总平面；
(c) 华丽的波斯石柱；
(d) 百柱厅室内透视

N
1- 入口大台阶；
2- 泽克西斯门楼；
3- 泽克西斯接待厅；
4- 大流士百柱厅

图 3-6　大流士崖墓外观

在大门的轴线上，紧接着是多柱厅（接待厅）。平面是 76.2 米见方的正方形，厅内有 6 排柱子，每排 6 颗，高 18.6 米，大厅两端各有一个塔楼。在这里要接待上千人的朝觐，为了宽畅不遮挡视线，柱径很细，直径是柱高的 1/12，柱间距 8.74 米，表现石结构仿木梁架的特点。

百柱厅基本上是正方形平面，有 10 排柱子，每排 10 颗石柱，共 100 颗高达 11.3 米的柱子，号称百柱厅。大厅三面是墙，只有北面是开敞的柱廊。厅内的柱头和柱础都非常华丽，柱头刻有对牛、涡卷、仰覆莲等，柱础刻有圆线脚和覆莲，柱身刻着凹槽。这些柱子本身造型优美，只是柱头略感纤细脆弱，有仿木柱的迹象。

在波斯波里斯以北 12 公里处，有个大流士的崖墓（图 3-6）。正面呈十字形，中央有四根柱子，有一个门直通窟内。这些柱子的柱头很像小亚细亚一带希腊殖民地流行的爱奥尼柱式。

3.4　结语

（1）古代两河流域因地势低洼，大型建筑一般建造在高台上，是宫殿、庙宇、观象台常用的手法。

（2）由于两河流域缺少木材与石料，因此在建筑材料上发展了早期的土坯砖和烧砖，后来还创造了装饰墙面的彩色琉璃砖。

（3）两河流域最早发明了券、拱和穹顶结构技术，并用沥青为粘结材料。

（4）两河流域的技术与建筑艺术成就对拜占庭与伊斯兰建筑都曾有过深远的影响。

（5）伊朗高原的波斯，继承了两河流域的传统，又发挥了本地建筑石材的优势，并吸收了古埃及与古希腊的建筑文化，融合而成了自己独立的建筑体系，创造了规模巨大、艺术精湛的建筑成就。

4 神秘的爱琴文化 Aegean Architecture

（公元前 3000 ~ 前 1400 年）

4.1　古代爱琴文化的社会背景

古代爱琴文化是希腊上古时代的文化，时间大约在公元前 3000 年到公元前 1400 年之间，中心地域在克里特岛和迈西尼城周围的爱琴海一带。爱琴文化在历史上曾有过高度繁荣的时期，特别在公元前 2000 年左右，与希腊本土、小亚细亚、埃及都有过贸易与文化上的交流，创造了杰出的建筑艺术成就。但在公元前 14 世纪到公元前 12 世纪期间，因这一地区战争频繁与外族入侵，克里特—迈西尼文化受到破坏并湮没，使这一地区的文化成了历史之谜。

爱琴时期的文化在历史上曾有过不少美丽的传说，因此导致了德国考古学家谢里曼在 1870 年首先对小亚细亚沿岸，希腊民族的古代城市与巴尔干半岛的迈西尼城进行了考古发掘，取得了丰富的收获。20 世纪初，英国考古学家伊文思又继续对克里特岛的许多古代城市进行了系统的发掘，也获得了令人震惊的成果。从此之后，湮没了几千年的克里特—迈西尼文化终于得以重见天日，千古之谜终被揭开。

4.2　古代爱琴建筑的特点

古爱琴建筑最早创造了"正室"的布局形式，它成为后来希腊古典建筑平面布局的原型。

在这一时期的建筑中曾创造了史无前例的上大下小的奇特柱式，其形成的原因至今仍是未解之谜。

室内外大量应用鲜艳色彩与壁画，也是这一时期建筑的突出特点之一。

皇宫的集中式庭院与迷宫式布局的特点是安全意识的突出反映。

4.3　古代爱琴建筑的典型实例

4.3.1　米诺斯王宫（Palace of Minos, Knossos, 公元前 1600 ~ 前 1500 年，图 4-1a, b, c, d）

米诺斯王宫位于希腊南端的地中海克里特岛内，北面临爱琴海，是欧、亚、非三洲海上交通的要冲，自然条件优越，物产丰富，从公元前 3000

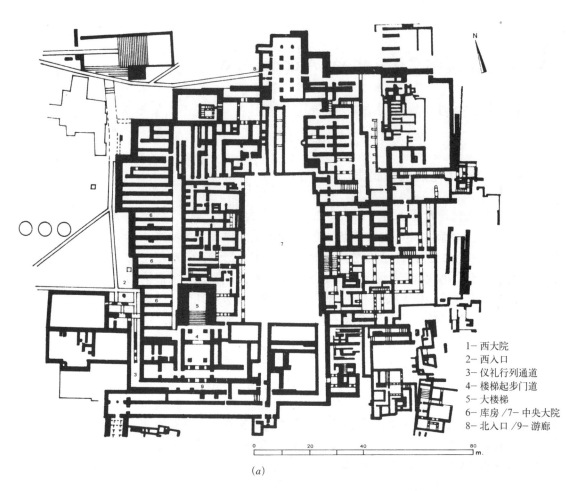

1- 西大院
2- 西入口
3- 仪礼行列通道
4- 楼梯起步门道
5- 大楼梯
6- 库房 /7- 中央大院
8- 北入口 /9- 游廊

(a)

(b)

图 4-1　米诺斯王宫
(a) 平面；(b) 复原鸟瞰图

(c) (d)

图 4-1　米诺斯王宫（续）
(c) 遗址局部现状；
(d) 国王居室"双斧殿"
室内

年起，这里就建立了自己的国家和特有的文化。在整个克里特岛上以诺萨斯城的米诺斯王宫最为著名，从伊文思的考古发掘中可以看到米诺斯王宫由许许多多的房间组成，其遗址规模之大与组合的复杂令人惊讶。希腊传说中曾有这样的故事，说克里特强大的国王米诺斯曾命令巧匠得丹在诺萨斯建造大型的宫殿。宫中有无数大大小小的厅堂、走廊、房间，如果身临其境，很容易使人迷失方向。人们曾把这座宫殿称之为"迷宫"。的确，这座传说中的"迷宫"和发掘出的真正的米诺斯王宫相比较，确有不少相似之处，它那无数的房间布置得如此错综复杂，至今仍使人费解。

米诺斯王宫大约建造于公元前 1600 年至公元前 1500 年之间。王宫依山而筑，中央是一个长方形的大院子，东西宽 27.4 米，南北长约 51.8 米。整个宫殿建筑群的平面范围略呈一个不整齐的正方形，每边大约为 110 米。由于地形的原因，西面房屋和庭院的地平面要比东面房屋高出 2 层。西面建筑为 2 层，东面房屋为 3 层。在建筑群的中部有一条主要大道，贯通南北，是东西两部分之间的主要联系纽带。宫殿的底层房间大部分都做成长条形，主要用墙承重，其中一些厅堂的内部空间则做成方形，中间布置有几根柱子，柱子都是用整块石头做成的，其中绝大多数都是圆柱，柱顶有方形顶板和几层圆形的柱帽，柱下没有柱础，柱身全做成上大下小，这是最令人奇怪的事，正好和后来希腊古典柱式的构图相反，也几乎和古代世界所有地区的建筑都不相同，到底出自何种原因，目前尚待进一步考证。墙下的基座多半用条石砌成，楼板和梁也是用石料做的，因此保存得比较完好。宫殿的楼上部分各种方厅相对较多，厅中都有几根柱子，这可能与当时的结构技术有关。

国王的正殿部分在院子的西北侧，也叫双斧殿，内部十分富丽豪华。双斧是米诺斯王的象征，在双斧殿后面有国王和王后的寝宫、大厅、浴室、库房、天井等等。再西面有一列狭长的仓库。底层与楼层有大楼梯相连。在宫殿的东南有阶梯可直达山下。王宫内部空间高低错落，布局开敞，走道、楼梯、柱廊设计奇特。建筑物内部墙面满布壁画，画中有生动的动物、植物以及人物装饰图案，色彩鲜艳，形象写实，具有很高的艺术水平。大约在公元前 1400 年左右的一次战乱中遭到破坏，现遗址尚存，不少部分仍能看到昔日原貌。

米诺斯王宫的外观全都是用大块石料砌成，房屋顶上有檐部，各层外部都做成空透的柱廊形式。柱子一律上粗下细，外部漆成鲜艳的红色，形象十分醒目。在室内布置上则创造了"正厅"的形式，所谓"正厅"是在入口处两侧墙中间布置两根柱子，退后一个门廊才是主要隔墙和大门。这种布置方式对后来古希腊与古罗马建筑的布置有广泛的影响。此外王宫建筑在注重使用要求的同时，也考虑了审美的需要，使建筑与艺术结合得十分紧密，奏出了一曲令人难忘的古代建筑艺术的颂歌。

在米诺斯王宫外面的山坡上还发现有露天剧场的遗址，建造时间推测在公元前 3000 年到公元前 2000 年左右。剧场是一正方形平面，西、北两面有高墙作背景，东、南两面有踏步式的看台，中间是一块很大的方形舞台，国王和贵族的座位布置在东南一角的方形位置上，这可能就是后来露天剧场最早的雏形。

(a)

(b)

图 4-2　迈西尼卫城
(a) 卫城遗址鸟瞰；(b) 卫城狮子门

4.3.2　迈西尼卫城（Mycenae，约公元前 1400～前 1200 年，图 4-2a，b）

和克里特岛隔海相望的希腊南部城市迈西尼也是爱琴文化的繁荣地区。它的文化和建筑艺术的特征与克里特岛发掘出的非常相像，这证明了荷马史诗《伊利亚特》和《奥德赛》中所叙述的某些方面是可信的。史诗《伊利亚特》特别描述了特洛伊战争的过程，说到了迈西尼王作为主帅出征特洛伊的故事，其中也对迈西尼城及其建筑作了描述，这便成了后来谢里曼考古发掘的依据。

迈西尼卫城大约建造在公元前 1400～前 1200 年左右，它位于一个高出海平面约 270 米的山坡上，卫城主要是作为国王和贵族的聚居地，周围沿地形布置有自由轮廓的城墙，东西端最长处约为 250 米，南北最长处约为 174 米。城墙用大石块干砌而成，砌法有条石与乱石两种，根据不同部位的重要性而有所区别。卫城内部也是地形起伏，王宫和庙宇布置在地势最高处，从城外远处望去，形象十分壮观。一般民居则布置在卫城外围和山下。

在卫城的西北角有一个主要的城门，号称狮子门，它是迈西尼的著名建筑遗物。建造时间大约在公元前1250年左右。门高约为3米，两边有直立的石柱承托着一根石梁，长约5米，梁的中部较厚，约有90厘米，可能是考虑到中部受力的原因。梁上用叠涩方法砌成一空三角形，高约3米，内嵌一暗棕色石板，板前中央刻一半圆柱，也是做成上粗下细，柱上有厚重的柱头，柱下有一大基座，和克里特岛发掘的建筑形式基本相同，说明了这时期文化的相互交流。在柱子的两旁，刻出一对跳立状的狮子，两只前腿放在台基上，造型十分生动。

4.3.3　亚特鲁斯宝库（Treasury of Atreus，约公元前1325年，图4-3a，b）

迈西尼卫城之外，还发现有一个亚特鲁斯地下宝库，建造时间大约在公元前1325年左右。由于在这里发掘出大量的黄金宝物，故而得名。其实，经过后来考证，有些专家认为这就是早期迈西尼国王阿格米农的坟墓。墓室的顶部结构是叠涩的尖形穹顶，直径15米，高15米。墓室前有一甬道引至墓门，宽约6米，长约35米。在墓室一边还有一个方形内室存放宝物。墓室的墙体都用条石砌成，表面还护有一层铜板，接缝处用黄金花朵作装饰。墓中各门楣上都有一个三角形的空档。门的两旁都有两根柱子，也是上粗下细，和爱琴时期其他建筑物具有共同的特点。

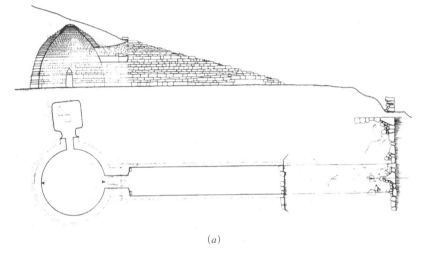

(a)

图4-3　亚特鲁斯宝库
(a) 平面和剖面；
(b) 入口现状

(b)

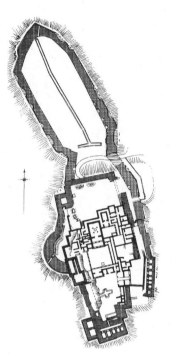

图4-4 梯林斯卫城平面

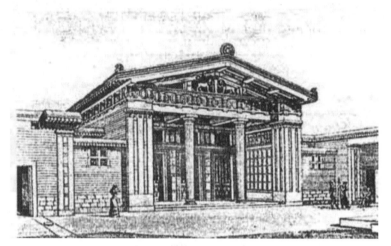

图4-5 梯林斯卫城正厅外观

4.3.4 梯林斯卫城（Tiryns，约公元前1300年，图4-4，图4-5）

在希腊南部的梯林斯山坡上也发现有宫殿的卫城，建造的时间大约在公元前1300年左右，城堡依山而筑成一长条形，内部的宫殿做成明显的正厅形式，在宫殿建筑群的北面是防御性的城堡。宫殿的正厅做得比较典型，入口正中有两根圆柱，具有爱琴时期共同的特点，也是上粗下细。在石柱的两侧是端墙，它们的上面有檐部和三角形山花和屋顶，完全是希腊古典建筑的雏形。

神秘的克里特—迈西尼文化终于被世人揭开了面纱，它的建筑艺术和城市艺术已重见天日，为世界艺术宝库增添了一份异彩，也为我们揭示了西方古典建筑艺术的渊源。

4.4 结语

（1）古爱琴建筑是古希腊建筑的雏形。

（2）在古爱琴建筑文化圈中已孕育了希腊卫城布局的原型。

（3）上大下小的奇特柱式构图和鲜艳的装饰都为后来希腊古典建筑的兴起开辟了道路。

5 西方建筑文化的摇篮 —— 希腊 Greek Architecture

（公元前 1200 ~ 前 146 年）

5.1 古希腊的自然条件与社会背景

古希腊文化是古代世界文化史上光辉灿烂的一页，是古典文化的先驱，是欧洲文化的种子。它的范围不仅包括黑海、地中海附近地区，还通过伊朗高原和帕米尔高原传向东方。古希腊在建筑上具有很高的成就，是古代建筑的辉煌时代。

在地理上，古代希腊主要以巴尔干半岛和爱琴海为中心，周围达到小亚细亚西部、黑海沿岸和南意大利及西西里岛等地区（图 5-1），分布着一群奴隶制的国家。

在气候上，希腊属于亚热带的国家，平均温度差不超过 17℃，很适宜于人的户外生活，当时运动盛行，体育建筑随之得到很大的发展。

在地质上，希腊多山，盛产举世闻名的大理石与精美的陶土。这种大理石色美质坚，适宜于各种雕刻与装饰，给希腊建筑的发展创造了优越的条件。而陶贴面则有重大的装饰意义，易于制作精细的花纹和线脚，为精美的希腊建筑提供了物质基础。

希腊本土的文化是从公元前 12 世纪发展起来的，在古代历史上分为四个时期：荷马时期（公元前 12 世纪 ~ 前 8 世纪）；古风时期（公元前 7 世纪 ~ 前 6 世纪）；古典时期（公元前 5 世纪 ~ 前 4 世纪）；希腊普化时期（公元前 3 世纪 ~ 前 2 世纪）。其中古典时期是古希腊文化与建筑的

图 5-1 古代希腊时期兴建的圣地建筑群

黄金时代，这个时期的建筑是古希腊建筑的代表。

在希腊本土逐渐形成的许多奴隶制的城邦国家中，比较著名的有雅典、斯巴达、亚各斯、科林斯等。公元前 479 年，以雅典为首的希腊城邦，取得了反抗波斯帝国侵略战争的胜利，使希腊的奴隶制进入了一个新阶段。奴隶主的民主共和政体使雅典的奴隶社会高度繁荣起来，在经济、政治、文化、科学、艺术等各方面，雅典都超过了其他城市，成为邻邦的先导。

公元前 338 年，希腊北部城市马其顿兴起，到公元前 330 年统一了希腊全境，逐步成为横跨欧、亚、非三洲的庞大帝国。从此，希腊的历史进入了普化时期。城市经济与建设活动因战争掠夺而繁荣起来，希腊建筑也随着帝国势力而伸展到各地。这时期的建筑创作领域空前扩大，建筑的类型大为增加，建筑艺术的表现手法在某种程度上融入了东方的特点。

希腊的宗教观念与埃及有很大的不同。希腊虽然也是信奉多神教，反映对自然现象的崇拜，但希腊的神是幻想的人，是永生不死的超人，而不是残酷无情的主宰。希腊的神表现有超人的能力和智慧，他们成了各行各业的保护神。所以在希腊各地庙宇盛行，它不仅是宗教的场所，也是建筑群和公共活动的中心，成为城邦繁荣的标志，表现了希腊建筑的成就。

5.2 古希腊的建筑特点

古希腊是一群奴隶制的城邦国家，它所发展起来的奴隶主的民主制，带有原始的人文主义色彩，在建筑上有明显的反映。

古风时期与古典时期的城市都是在卫城周围自发形成的，居住街坊混乱地挤塞在一起。这时期的城市一般规模不大，中等城市通常为5000 ~ 7000 人，也有少数大城市如雅典达到 10 万人。古希腊城市建设的特点是善于利用地形。公元前 5 世纪，希波丹姆（Hypodam）规划了米利都城（Miletus），采用方格网城市规划理论（图 5-2）。在城市中

图 5-2　米利都城平面图

心设立广场，成为商业集会中心，广场逐渐取代卫城的地位。广场周围有庙宇、商店、会议厅和学校等。广场往往在城市最宽的两条道路的垂直交叉点上，在海滨城市里，它靠近船埠以利于贸易。

晚期广场普遍设敞廊，如阿索斯城（Assos）广场（图5-3a，b），平面为梯形，于较宽的一边建造神庙，两侧柱廊互不平行，柱列开间一致、形象完整，两层高的敞廊采用叠柱式。这种广场布局反映了希腊普化时期手工业和商业发达的经济特点，对后来的罗马广场有一定影响。

希腊的建筑类型比东方奴隶制国家丰富多了，除了住宅、陵墓与庙宇之外，在希腊出现了大量的公共性建筑与纪念性建筑，如剧场、议事厅、运动场、体育馆、商场、图书馆、音乐纪念亭、风塔等。其中露天剧场的设计有很高的成就，是现代同类型建筑的先驱。

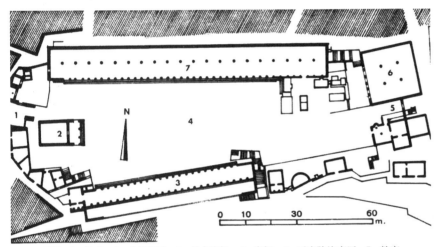

1- 西门；2- 神庙；3- 上层浴室；4- 城市广场；5- 东门；6- 元老院议事厅；7- 敞廊

(a)

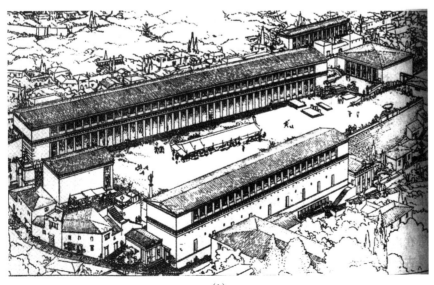

图5-3　阿索斯城广场
(a) 平面；(b) 鸟瞰

(b)

希腊的神庙也不像埃及那样森严、神秘，而是具有雄伟、庄严、简洁、明快的风格。希腊古典时期的庙宇多半采用周围柱廊式的造型（图5-4，图5-5），它的正面和侧面柱数的比常常是 n：2n+1。

希腊建筑中的柱式是逐渐发展完善起来的。古风时期的柱式还没有完全成熟，早期由于对石头的性能还不熟悉，而且艺术经验还不够丰富，所以柱式的比例和细部做法还有很多变化，但变化是遵循着一个确定的方向——追求优美的比例，追求构件和谐、匀称、端庄的形式。于是，石建筑物的各个构成部分——檐部、柱子、基座之间，以及各个构件本身的处理逐渐形成定型做法。这种有特定做法的梁柱结构的艺术形式，叫做柱式。在希腊建筑中最先创造了三种古典柱式，即：多立克柱式、爱奥尼柱式、科林斯柱式（图5-6）。除了以上三种古典柱式外，还创造了用人像雕刻来代替柱子的两种形式，即：亚特兰大（男像柱）和卡立阿提达（女像柱）（图5-7）。

古希腊建筑在造型艺术上的一个重要特点是能考虑视差校正问题，这是科学技术与艺术结合的成就。它表明了希腊人不受束缚的思想，把高度的数学精确性与适应人的直观美感有机地结合起来。具体手法有水平线中间升起，柱子有侧角、收分，角柱加粗等（图5-8）。

希腊的雕刻与装饰是建筑的重要组成部分。除了在山花、屋顶、滴水、檐部、柱头、柱础、门窗线脚等处有丰富的雕饰外，另外还有神像、人像、群像、双马车像及四马车像等独立的雕刻，并且善于利用大理石的天然色彩配置到雕刻物的适当部位上。在建筑的外表上还常常涂有各种鲜艳的色彩，使希腊的建筑艺术更为华美绚丽（图5-9）。

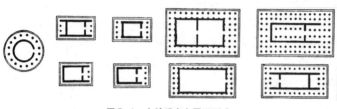

图5-4 古希腊庙宇平面形式

图5-5 六柱围廊式神庙外观

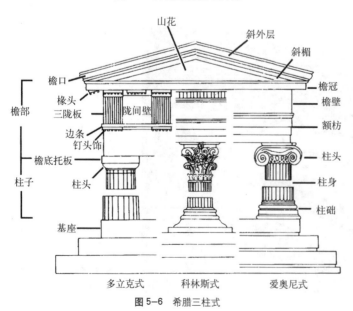

图5-6 希腊三柱式

图 5-7　男像柱和女像柱

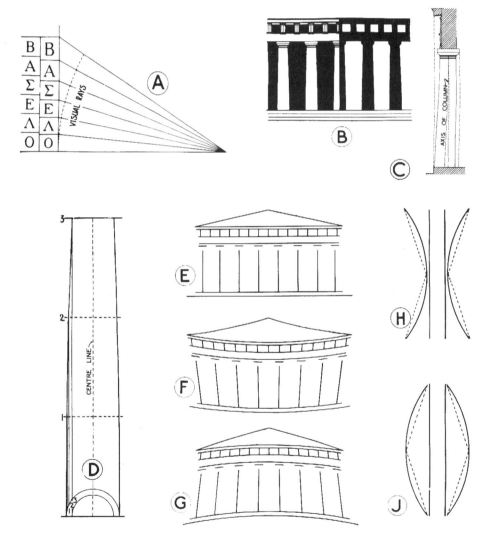

Ⓐ－建筑高处尺寸放大；Ⓑ－明暗引起的视差：左边的柱子要比右边的感觉粗壮，檐部也较有力；

Ⓒ－柱子侧脚、檐部略向内倾；Ⓓ－柱子卷杀做法示意；

Ⓔ－纠正后的效果；Ⓕ－未经视差较正时的效果；Ⓖ－视差校正法抬高水平线条；

Ⓗ－未经视差校正时柱子中部有收缩感；Ⓙ－视差校正法避免中部显细

图 5-8　古希腊建筑的视差校正分析图

图 5-9　古希腊建筑中的雕刻装饰

　　古希腊建筑在技术上的成就，主要是石结构的梁柱系统，它既发挥石材性能，又尽可能使石工技术的精确性满足结构与造型艺术的要求，为创造古典建筑的形式提供了有利的技术条件。

5.3　古希腊建筑的典型实例

5.3.1　雅典卫城（The Acropolis，Athens，公元前 448 ～前 406 年，图 5-10）

　　雅典卫城是希腊古典时期的代表作品，也是世界上最杰出的建筑群之一。从迈西尼时代以来，卫城一直是雅典城的军事、政治和宗教的中心。在反波斯侵略的战争中，原卫城全部被毁。战争胜利后重新建造，为期约 40 年。在这时，卫城的军事意义消失了，它成为雅典当时宗教的圣地和公共活动的场所，同时它也是雅典国家强盛的纪念碑（图 5-10a）。

　　卫城建在一个陡峭的小山顶上，高出地平面约 70 米，东西长约 280 米，南北最宽处为 130 米，平面呈不规则的菱形。建筑物分布在山顶的平台上，山势险要，只有西南面凿有一条上下的通道（图 5-10b）。

　　卫城中最主要的建筑物是献给城邦保护神雅典娜的帕提农神庙（Parthenon，处女宫）。它面朝正东，沐浴着东方第一道曙光。它的北面与路相隔的是伊瑞克先神庙（Erechtheion），这是供奉雅典娜和波赛顿的。卫城的山门在西端。山门的南面有一个小小的胜利神庙（The Temple of Nike Apteros）。

(a)

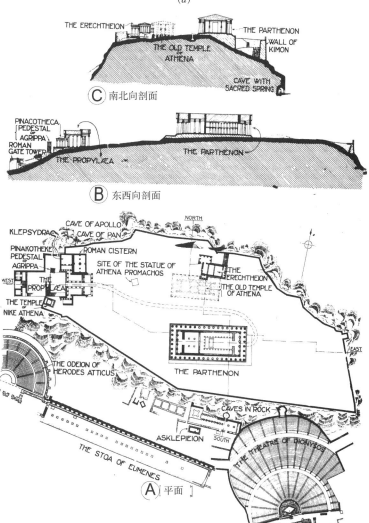

(b)

图 5-10 雅典卫城
(a) 雅典卫城复原远眺图；
(b) 雅典卫城平面和剖面图

卫城中建筑物的布置比较自由，充分地利用了地形，既考虑到从卫城四周看上去都是完整的艺术效果，又考虑了置身其中的美妙感觉。

雅典卫城的设计是和祭祀雅典娜女神的仪典密切相关的。它采用了逐步展开、均衡对比、重点突出的手法，使这组建筑群给人以深刻的印象。每年一度祭祀雅典娜的大典（每4年有一次特大的仪典）的最后一天，全雅典的居民聚集在卫城脚下西北角陶业区的广场上，准备上卫城献祭。献祭的行列，自此出发，经过卫城北面时，伊瑞克先神庙秀丽的门廊俯视着人群，当绕到南山坡时，人们可以隐约地看到帕提农神庙。到了西南角，可见在8.6米高的石灰石砌成的墙基上矗立着的胜利神的庙宇。墙的内侧挂着各式各样的战利品，唤起雅典人对战胜强大的波斯帝国的回忆。队伍行进到卫城的西面，一抬头，山门高高地屹立在山顶的边缘上，峻峭的墙基夹持着一条向上的陡道。

进入卫城大门之后，迎面是一尊高达10米的金光闪闪、手持长矛的雅典娜青铜雕像。这雕像丰富了卫城的景色，统一了卫城建筑的构图，突出了建筑群的主题。雕像注意到建筑形体间的呼应关系，将雕像基座不正对山门轴线，而是向帕提农神庙一方偏斜了一定角度。绕过雕像，地势越走越高，右边呈现出宏伟端庄的帕提农神庙，它立在高高的石阶上，雄伟庄严的列柱，富丽堂皇的色彩和雕刻，体现了雅典人的智慧和力量；向左边可以看到秀丽的女像柱廊，其背后是一片白色的大理石墙面，在阳光下闪烁着亮光。当队伍走到帕提农神庙的东面场地时，宰了牺牲，举行盛大的典礼，把薄纱新衣披在雅典娜神像的身上。典礼完毕，人们就在卫城上载歌载舞，欢度节日。

雅典卫城的建筑群，就是按照这个仪式的全部过程来设计的。要求参加游行的人，在每一段路程中，无论在山下或者在山上，都要看到不同的建筑景象，并且不断地变换着构图。

为了考虑山下人的观瞻，建筑物大体沿周边布置。为了照顾到山上人们的观赏视点，建筑物不是机械地平行或对称布置，而是因地制宜，突出重点，将最好的角度朝向人群。设计师考虑了人们的心理活动，利用建筑群体间的制约、均衡形成丰富统一的外部空间形象。

建筑群突出了帕提农神庙。它的位置是卫城的最高点，体量最大，在建筑群中是唯一的周围柱廊式的建筑，风格庄重宏伟。其他建筑物在整个建筑群中都起陪衬对比的作用。

雅典卫城是希腊古典时期最杰出的作品，历史上曾留下了不少颂美它的记载，它成为人类文化的宝贵遗产。

（1）卫城山门（The Propylea，Athens，公元前437～前432年，图5-11a，b）

卫城山门的位置在卫城西端的陡坡上，平面因地制宜做成不对称形式。山门正立面朝西，主体前后立面都用6根多立克式柱子，中央一跨特别大，净空3.85米，强调了大门的特点。中间横隔墙上开了五个门洞，正中一个是游行队伍的通道，做得又高又宽。

整个建筑为了适应上山坡道的地形，中央横墙以西部分的地平比以东部分低1.45米，在横墙之西做三步台阶，中央门洞则设坡道通过，其余门洞前是踏步。为了使前后两立面一致，屋顶随之分为两段，但无论从山上或山下都看不见屋顶的错落。

山门西部内坡道两侧各有3根爱奥尼式柱子，柱子高为底径的10倍，上面的天花和梁枋也是爱奥尼式的，用鲜艳的颜色画着盾剑饰。由于内柱比立面上的柱子高，如果内柱仍用多立克柱式就会显得过于粗壮。爱奥尼克柱式柔和雅致，比多立克柱式更适合于内部。华丽的内部处理衬托了立面的庄重，山门是两种柱式合用的成功实例之一。

山门的北翼是绘画陈列馆，南翼是个敞廊，它们丰富了山门的构图，并掩蔽了山门侧面。山门的外面没有装饰，十分简洁朴素，白色大理石的建筑立在蓝黑色的基座上，背后是碧澄的天空，效果非常动人。

（2）胜利神庙（The Temple of Nike Apteros, Athens，公元前427～前421年，图5-12a, b）

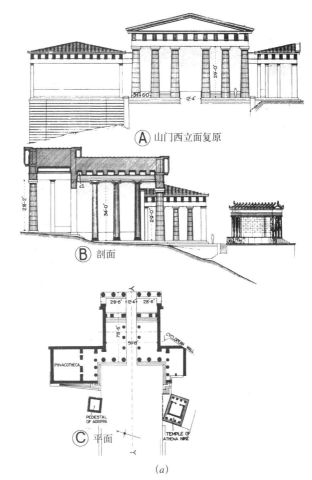

Ⓐ 山门西立面复原

Ⓑ 剖面

Ⓒ 平面

(a)

(b)

图5-11 卫城山门
(a) 平立剖面图；(b) 外观现状

（a）

（b）

图 5-12　胜利神庙
（a）立面和剖面图；（b）外观现状

　　这座神庙的体形很小，紧靠着山门的西南侧，是斜放着的，显得很活泼，与山门组成了一个统一的构图。

　　建筑物的基座面积为 8.135×5.399 平方米。前后各 4 根爱奥尼柱，柱子比例较粗重，可能与神庙的意义以及它所在的险要位置有关。建筑物外部西、南、北三面的檐壁上都刻着希腊人与波斯骑兵作战的故事，东面则刻着观战的诸神。雕刻画面生动逼真，反映了希腊工匠高超的艺术技巧。

　　庙宇高踞在挂着战利品的峭壁上，峭壁上沿有一圈大理石栏板，它上面的浮雕也是古典时期的优秀作品。

　　胜利神庙的出现是纪念希波战争胜利的象征，它也加强了整个卫城的纪念意义、政治意义与宗教意义。

　　（3）帕提农神庙（The Parthenon, Athens, 公元前 447 ～前 432 年，图 5-13a, b, c, d, e）

　　设计人是卡利克拉特（Callicrates）和伊克提诺（Iktinus），雕刻家是菲地亚斯（Pheidias）。

帕提农神庙是卫城中最主要的建筑物，它不仅是宗教的圣地，而且是雅典的国家财库和档案馆。它象征着雅典在与波斯帝国的战争中所取得的胜利。

帕提农神庙采用了周围柱廊式的造型，平面为长方形。它打破了希腊神庙正立面6根柱子的传统习惯，大胆地应用了8根多立克柱子，侧立面是17根柱子，高度为10.4米，台基的面积为30.89米×69.54米，不像别的神庙那样狭长。虽然它的体量很大，但尺度适宜。檐部较薄，柱子刚劲有力（柱高是柱底径的5.47倍），柱间距适当（净空1.26个柱底径），其他各部分的比例也很匀称，使人感觉比较开敞爽朗，不致沉重压抑。它还综合地应用了视差校正的手法，如角柱加粗，柱子有收分卷杀，各柱均微向里倾，中间柱子的间距略微加大，边柱的柱间距适当减小，把台阶的地平线在中间稍微突起等等，以纠正光学上的错误视觉，使建筑的整体造型和细部处理非常精致挺拔。

神庙正殿的内部使用了两排双层迭柱的手法，最后面用三颗柱子连接起来，形成一个围廊，增强了轴线，突出了神像的空间。正殿神像的后面是一堵墙，隔出一个西向的完整空间，这是国家的财库和档案馆，里面用四根爱奥尼柱支撑着屋顶。爱奥尼柱式和多立克柱式在一座建筑中同时使用，这还是希腊建筑中现存的首例。

帕提农神庙周围柱廊内的檐壁上刻着连续不断的浮雕，题材是节日时向雅典娜献祭的行列，雅典娜的浮雕像在东端的正中央。雕刻家使浮雕的人群大队的起点在西南角，分成两路，一群沿南边，一路经过西边、北边而到达东端的雅典娜像前。这些浮雕的人群和真正节日游行的人群遥相呼应，融合一体，是出自雕刻家的艺术构思。另外，东部的山花上雕刻着雅典娜诞生的故事，西部的山花雕刻着波赛顿和雅典娜争夺对雅典保护权的故事。浮雕放弃呆板、对称的布置手法，使雕刻的内容和形式与山花的三角形有机地结合起来，创造了体态多变、构图新颖的画面。

外檐壁的处理，使用三陇板和陇间壁划分成方整规则的小块，其排列和柱子有机地结合起来，三陇板之间的陇间壁上刻着浮雕，题材是拉比斯人和半人半马之战以及希腊人与亚马逊人之战，共有392块浮雕，寓意着希腊人战胜波斯帝国。

帕提农神庙是卫城上的主题建筑，建筑师通过几个方面竭力突出它：把它放在卫城上最高处，距山门约80米，有良好的观赏距离；它是希腊本土上最大的多立克式庙宇，多立克柱式显得刚劲有力；它是卫城上唯一的围廊式庙宇，形制最隆重；它是卫城上最华丽的建筑物，全用白大理石砌成，有大量的镀金青铜饰件并布满生动逼真的雕刻；此外配以浓重的色彩，以红蓝为主，夹杂着金箔的黄色。这样神庙更加宏伟壮丽，具有隆重的节日欢乐气氛。

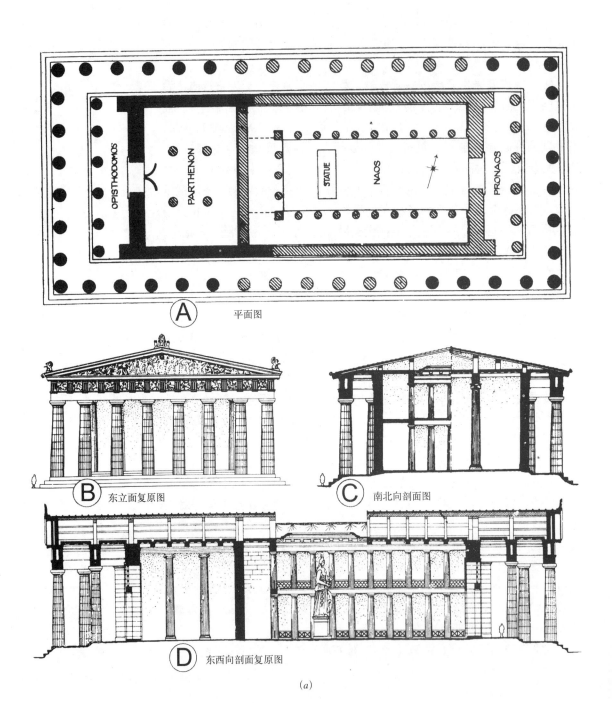

图 5-13 帕提农神庙

(a) 平立剖面图

(b)

(c)

(d)

(e)

图 5-13　帕提农神庙（续）
(b) 东立面外观；
(c) 外观复原图；
(d) 神庙正殿内部复原想象图；
(e) 施彩的帕提农神庙局部复原图

帕提农神庙不仅是建筑史上的里程碑，也是艺术史上的杰作。它是希腊人智慧的表现，是劳动者血汗的结晶。

（4）伊瑞克先神庙（The Erechtheion, Athens，公元前421～前405年，图5-14a，b，c）

位置在帕提农神庙的北面，地势高低不平，起伏很大。根据地形和功能的需要，成功地应用了不对称的构图法，打破了在庙宇建筑上一贯采用严整对称的平面传统，成为希腊神庙建筑中的特例。

神庙的规模不大，由三个部分组成，以东面神殿为最大，北面门廊次之，南面女像柱廊最小。神殿又用矮墙分成三段，东段供奉雅典娜神，中间供奉伊瑞克先和波赛顿神，另一间是前室。

神庙的东立面采用的是爱奥尼柱式，是古典盛期的代表，细长比1∶9.5，涡卷坚实有力，角柱柱头在正面和侧面各有一对涡卷。由于神庙的东部室外地平比西部室外地平高出3.2米，为了处理成一个完整的空间，就在西部建成一个高台基，与东部室外地平取齐，作为西立面的墙基。这样西立面的入口只好采用在北部加设门廊的办法。因北部地平和西部一样，东部和南部一样，所以从东面或西面望去都很匀称。从山下仰望西立面时，这六根爱奥尼柱子也很明显。

伊瑞克先神庙与帕提农神庙隔路相望，如果南立面的处理也用列柱，就显得与帕提农神庙重复，而且景色单调。然而伊瑞克先的规模、体量都不及帕提农，就更显得小而寒碜。所以设计人采用了一大片白大理石的实墙，一方面加重了伊瑞克先的体量和质感，另一方面又与帕提农空透的列柱形成对比，相形之下更为生动活泼。同时，在南部突出部分的矮墙上，用6根女像柱支撑着较薄的檐部。每个雕像都是两手自然下垂，体量都集中在一条腿上，而另一腿的膝盖微曲，脚离开了原来站定的位置，有婀娜欲动之势，神态优美自然，雕刻精致。同时，每个雕像都有一点向中间倾斜，既纠正了视差，又达到了稳定和整体的艺术效果。

整个神庙都是用白大理石建造的。爱奥尼柱式和女像柱在一幢建筑物上同时使用，其比例、结构和谐得体，柱头、花饰、线脚的雕刻非常精细，使这个不大的神庙以其独特的姿态、生动的构图，表现了希腊建筑的高超技艺。

伊瑞克先神庙用小巧、精致、生动的手法，与帕提农神庙的庞大体量、粗壮有力的列柱遥相呼应，形成强烈的对比。这不仅体现了帕提农神庙的庄重雄伟，也表现了伊瑞克先神庙的精致秀丽，避免了重复体形的式样，丰富了建筑群面貌。

5.3.2 埃比道拉斯剧场（The Tholos, Epidaurus，约公元前350年，图5-15a，b）

公元前5～4世纪是希腊戏剧的繁荣时期，在许多城邦里，特别是奴隶主民主制的城邦里，戏剧是宗教节庆的主要项目之一。早期的剧场

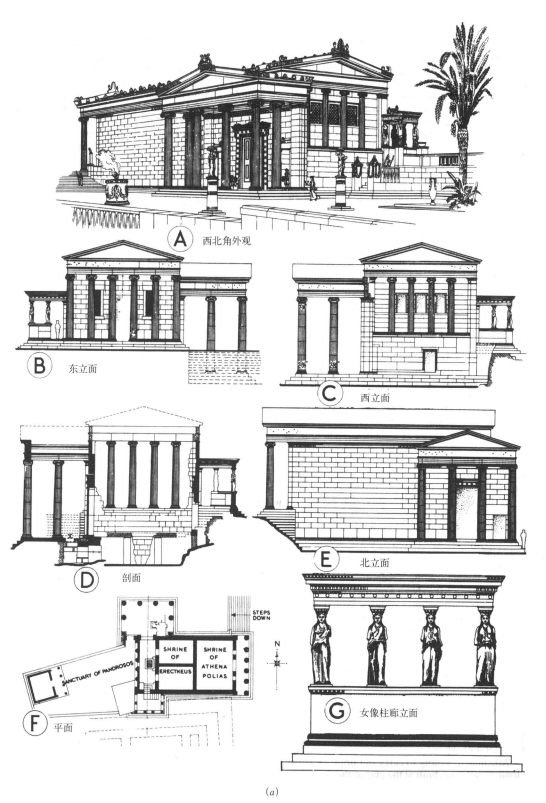

A　西北角外观

B　东立面

C　西立面

D　剖面

E　北立面

F　平面

G　女像柱廊立面

(a)

图5-14　伊瑞克先神庙
(a) 平立剖及复原外观图

(b)

图5-14 伊瑞克先神庙（续）
(b)外观现状；(c)女像柱廊

(c)

只是依山修成几层形状不规则的看台，前面有小小的表演用的平地，埃比道拉斯剧场是比较成熟的作品，它在伯罗奔尼撒半岛上，坐落在群山环抱之中。图5-15a，b所示的中心圆形表演区直径约20米，由夯实的泥土筑成，歌坛前面是建在环形山坡上的看台，它如同一把巨大的"折扇"，直径约113米，有32排座位，以过道相连，分上、下两部分。

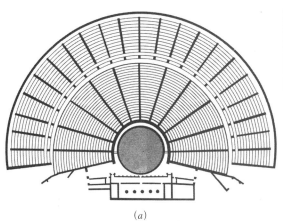

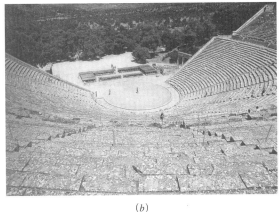

(a)　　　　　　　　　　　　　　　　　　(b)

该露天剧场的设计有很高的成就，它是现代同类型建筑的先驱。这种利用山坡逐排升高，以放射形的纵过道为主、顺圆弧的横过道为辅的手法，成功地满足了视线和交通的特殊要求。

图5-15 埃比道拉斯剧场
(a) 平面；
(b) 剧场现貌

5.3.3 雅典风塔（The Tower of the Winds，Athens，约公元前48年，图5-16a，b，c）

雅典风塔建于雅典中心广场上，是一种观测气象的建筑物，内有滴水式时钟，服务于市民日常生活。风塔的平面为八角形，高21.1米，四面朝向正方位，墙面上部刻着风神、日晷，顶上有风标。东北面和西北面各有一个门廊，门前有两根科林斯柱子，上面有小小的山墙。由于檐部的雕刻尺度过大，建筑物的体形显得有点粗壮。

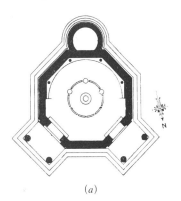

(a)

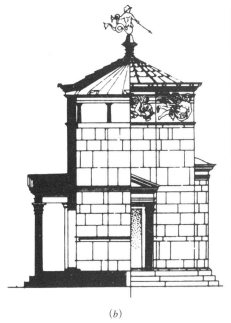

图5-16 雅典风塔
(a) 平面；
(b) 立面和剖面图；
(c) 外观

(b)　　　　　　　　　　　　(c)

图 5-17　列雪格拉德音乐
纪念亭
（*a*）外观现状；
（*b*）平面和立面图

（*a*）　　　　　　　　　　　（*b*）

5.3.4　雅典　列雪格拉德音乐纪念亭（The Choragic Monument of Lysicrates，公元前 334 年）

　　这是希腊人为表彰音乐竞赛而设立的纪念亭，顶上放着得奖的奖杯（图 5-17）。纪念亭全高 10 米多，由下部的方台和上部的圆亭两部分组成。圆亭周围有 6 根科林斯圆柱，紧贴在圆形墙面上。柱子之上是圆形的檐部和缓坡的亭顶，最上面是托盘和奖杯。整座纪念亭秀丽端庄，尤其是科林斯柱头的装饰，表现了希腊早期不定型的特点。

5.4　结语

　　（1）古代希腊的建筑，在当时奴隶制的条件下，已经达到了很高的水平。

　　（2）在古希腊建筑的各项成就中，影响最深的是古典柱式系统。

　　（3）希腊人热爱户外运动，赞美人体，他们注重建筑外部形象及群体效果，创造了明朗、健康的建筑风格。完善而单纯的希腊艺术表现了他们爱美的天性。

　　（4）希腊人在城市建设、建筑物的类型、造型艺术、视觉校正、设计手法、建筑技术等方面，都有很高的成就，这些建筑上的成就曾对欧洲发生过深远的影响。

6 罗马帝国的雄伟建筑 Roman Architecture

（公元前 750 ~ 公元 395 年）

6.1 古罗马的自然条件与社会背景

古代罗马包括今意大利半岛、希腊半岛、小亚细亚、非洲北部、亚洲的西部等地区。同希腊半岛相比，意大利半岛海岸线平直，天然良港不多，海岸线上也缺乏岛屿（图 6-1）。因此意大利半岛不像希腊半岛那样被分隔成相对闭塞的小城邦，而是易于形成统一的国家。

古罗马时代是西方奴隶制发展的最高阶段。古罗马的建筑继承了希腊的成就，并结合了自己的传统，创造出罗马独有的风格。这个风格有鲜明的阶级性、时代性和地方性。

罗马的兴起，最初在意大利境内，到罗马帝国时代，版图则扩大到欧、亚、非三大洲。意大利半岛气候适宜、润泽凉爽、河水满盈、草木茂盛，适宜栽种橄榄和葡萄，盛产谷物。

意大利的地质成分与希腊不同，希腊主要的建筑材料是大理石和陶土，罗马则除大理石、陶土外，尚有一般的石料、砖料、砂子及小卵石，都是上等的建筑材料。特别重要的是意大利的火山灰，是一种最早的天然水泥，用它可以调成灰浆和混凝土，这些灰浆和混凝土从很早的时候起就成为意大利人建筑技术的基础。它的使用是一场革命，完全改变了建筑结构系统，从而改变了建筑面貌。因此罗马有可能建造体量轻、跨度大的建筑，它的记录一直保持到 19 世纪后期。

古罗马的历史大致可以分为三个时期，即：伊特鲁里亚时期（公元

图 6-1 罗马城中心的古代建筑遗址

前 750 ~ 前 500 年）、罗马共和国时期（公元前 510 ~ 前 30 年）和罗马帝国时期（公元前 30 ~ 公元 395 年）。

伊特鲁里亚民族是古罗马最早的有文化的民族，它曾经和埃及、腓尼基、希腊文化相结合，形成罗马文化的萌芽。伊特鲁里亚人是建筑上的能手，这时期的石工技术与拱券结构为罗马建筑的发展创造了有利条件。

罗马共和国时期，由于国家的统一、领土的扩大、财富的集中，城市建设得到很大的发展，罗马的统治者也日益追求豪华奢侈的享受，希腊的富豪成为他们学习的对象，为罗马奴隶主服务的教师、医生、乐师、演员、艺术家和奴仆等几乎全部换成了希腊人，统治阶级的生活和文化迅速希腊化了。在建筑上，罗马也继承了希腊的成就，使用希腊的建筑师。由于政权在贵族手中，这时期的建设项目首先是为加强对全国各地的军事镇压和财富运输所必需的道路、桥梁、城墙及为奴隶主的日常享乐所必须的建筑。

罗马帝国时期，版图更为扩大。在军事掠夺的基础上，使国家的建设繁荣起来，出现了一批规模巨大的城市、广场、宫殿、府邸、法庭（巴西利卡）、浴场、剧场、斗兽场以及市政工程等，同时，以皇帝为代表的统治阶级急于为自己建造纪念碑，也建造了不少凯旋门、纪功柱。这些建筑的遗迹一直保留到现在。

为适应蓬勃发展的建设活动的需要，帝国初年罗马皇帝奥古斯都的御用建筑师维特鲁威（Marcus Vitruvius Pollio）总结了当时的建筑经验，在公元前 1 世纪末写成了一本书，共有十篇，被称为《建筑十书》。内容包括：希腊、伊特鲁里亚和罗马早期建筑创作的经验，从一般理论、建筑教育，到城市选址、选择建筑地段、各种建筑物的设计原理、建筑风格、柱式以及建筑施工和机械等等。这是世界上遗留至今的第一部完整的建筑学的著作，并且最早提出了建筑的三要素：实用、坚固、美观。

帝国晚期，奴隶制社会的种种矛盾更加尖锐，政治和经济开始混乱，农村枯竭，城市衰落，政府处于瘫痪状态。这个时期罗马大部分地区因经济衰退而很少有建筑活动。官吏贪污成风，挥霍浪费无度，只得重税暴敛于民，奴隶的处境更为悲惨。广大的人民群众由于处在水深火热的痛苦之中，不得不把精神生活寄托于上帝，基督教因此得到发展的机会，很快就被广大群众认为是唯一的救世主。起初基督教是受统治阶级迫害的，后来则被统治阶级利用来作为巩固统治的工具了。初期基督教的建筑也随之出现，它成为中世纪欧洲教堂的先驱。

6.2　古罗马建筑的特点

随着罗马版图的不断扩大，罗马的统治阶级到处兴建和扩建城市。典型的例子如作为行政、文化中心的罗马城、雅典城和埃及的亚历山大里亚城；如作为商港的巴尔米拉（Palmyra）和俄斯提亚（Ostia）等。

在许多具有战略意义的地点，还建造了军事营寨城，如阿奥斯塔（Aosta）、兰培西斯（Lambazis）和提姆加德（Timgard）。另外还出现了作为休养城市的庞贝（Pompeii）。

一般罗马城市的人口在 2.5 万 ~ 5 万人之间。有些城市人口很多，如罗马城曾达到 150 万至 200 万居民（图 6-2a）。大城市中，市政工程达到很高的水平，大街宽 20 ~ 30 米，人行道与车行道分开，街道上铺着光滑平坦的大石板。在巴尔米拉、提姆加德、兰培西斯、塔拉斯（Terass）等城市里，干道两侧有长长的列柱，通常立在车行道与人行道之间。在北非多雨和太阳暴烈地区，人行道上有顶子，列柱就变成了柱廊。

在古罗马时期，军事城市较有特色，军事城市是由军队在极短时期内建成的。为了向被征服地区炫耀帝国的军事和经济力量，城市往往有统一的布局规划，按照军队严谨的营寨方式建造。图 6-2（b）所示的提姆加德城有两条相互垂直的主干道，干道丁字式相交，交点旁是城市中心广场，可在此阅兵。城市所有道路全是方格式，街坊形成相同的方块。在主干道的起讫点和交叉处有凯旋门，凯旋门之间用长长的柱廊连接起来，形成雄伟的街景。

在共和国时期，广场与希腊的一样，是居民社会、政治与经济活动的中心，布局比较自由，一般是长梯形平面，房屋比较零乱，常用柱廊

图 6-2　古罗马城市平面
(a) 罗马城中心区平面

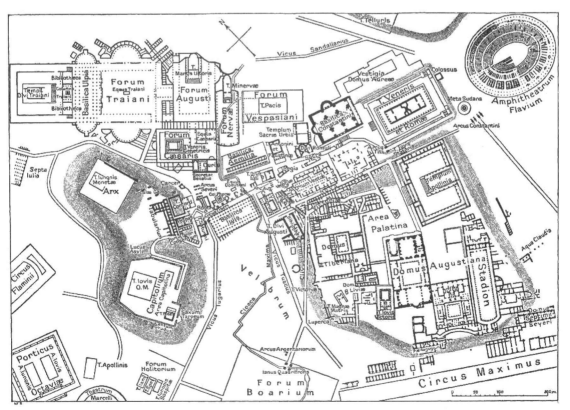

(a)

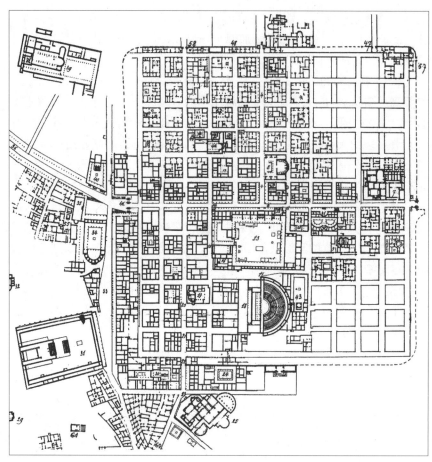

图 6-2　古罗马城市平面(续)

(b) 提姆加德城平面

(b)

来统一周围的建筑物。广场的四周有鱼、肉、纺织品等市场、交易所和法庭等建筑物，表现出一定的自发性。到帝国时期，皇帝的雕像、巨大的庙宇、法庭、华丽的柱廊控制着广场，使广场成为帝王的纪念碑。古罗马城市用水量很大，常常建造工程浩大的输水道，从几十里之外把水源源送入城里，如罗马城就有 11 条输水道。输水道用连续的大石券，甚至是重叠两、三层，绵延数十里。在广阔的原野上，输水道已不再是简单的工程构筑物，而变成具有很强表现力的叙述罗马劳动者精力和才能的纪念性建筑物了。在外省城市里，也有同样的设施，如现在法国境内尼姆城附近的加特桥 (The Pont du Gard，Nimes，A.D.150，图 6-3)，就是雄伟的输水道的遗迹。

　　为了奴隶主阶级政治、经济、军事和生活享乐的需要，在罗马的建筑中出现许多新的类型。如供统治阶级消遣和享受所需要的剧场、浴场、斗兽场等；夸耀帝王威力、炫耀帝王武功、为帝王歌功颂德的广场、凯旋门、纪功柱；为帝王、贵族的世俗生活服务的大规模的宫殿、府邸、别墅、花园；为统治阶级政权服务的巴西利卡、档案馆；为适应商业和

图 6-3　尼姆城的加特输水道

手工业者的需要而出现了大规模的公寓建筑。在帝国晚期，仅罗马城就有公寓 46602 所，建筑的质量也不相同，一般高达五六层，最高的达到八层。为了追求利润，建筑向高空发展；有的高层公寓建筑质量太差，以致造成坍塌。

在大规模的建筑活动中，混凝土得到广泛和大量的应用，积累了丰富的经验，技术上也有新的进步，使拱券结构大为发展，它是罗马建筑最大的特色和最大的成就之一。罗马建筑的空间组合、艺术形式等等都同拱券结构有血肉联系。正是这种出色的拱券技术使罗马宏伟壮丽的建筑有了实现的可能性，使罗马建筑那种空前大胆的创造精神有了根据。这时期出现了筒形拱、交叉拱（图 6-4）和大穹窿顶的形式，施工上则有薄板拱与分格拱的做法，使建筑的空间处理更加丰富，更为复杂。

用赤陶土烧成瓦当、瓦片、滴水、檐口饰面等构件，以及用云石块、小石板、马赛克等作装饰，也有很大的发展。

这时期，希腊的柱式在罗马得到广泛的应用，并有新的发展。除去希腊原有的多立克、爱奥尼、科林斯柱式外，罗马人又创造了塔司干和

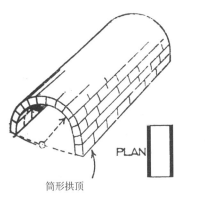

筒形拱顶

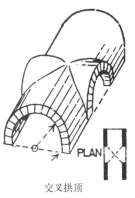

交叉拱顶

图 6-4　罗马拱顶

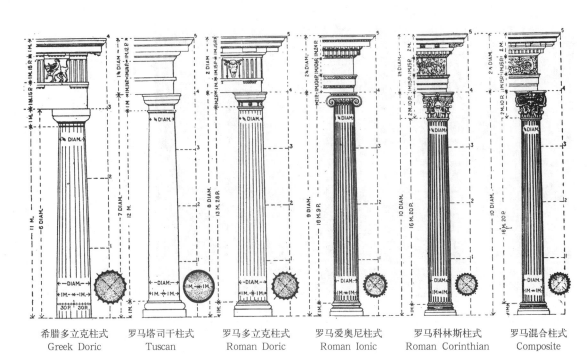

希腊多立克柱式	罗马塔司干柱式	罗马多立克柱式	罗马爱奥尼柱式	罗马科林斯柱式	罗马混合柱式
Greek Doric	Tuscan	Roman Doric	Roman Ionic	Roman Corinthian	Composite

图6-5　罗马五柱式与希腊柱式比较

图6-6　罗马券柱式

混合柱式。对希腊原有的柱式也加以很大的改造，并且程式化了，加上罗马自己创造的两种柱式，形成"罗马五柱式"（图6-5）。

希腊的柱式和罗马的拱券相结合，又出现了新形式。一种是柱式不起结构作用，拱券作承重结构，柱式成为壁柱，只起装饰用途，叫"券柱式"（图6-6）。另一种是柱子起承重作用，券代替了柱子上面的梁，券脚直接落在柱式的柱子上，或在中间垫一小段檐部。多重复连续使用，产生轻巧、活泼的构图，称其为"连续券"（图6-7）。此外还有叠柱、叠券等形式。

除此之外，柱式组合形式也很多。在多层建筑中，把多立克柱式用在底层，中层叠以爱奥尼柱式，上层是科林斯柱式，每层向后稍退进一步，既稳定又美观，形成多层叠柱式。这种多样形式的组合，既丰富了建筑空间，又丰富了公共建筑的处理手法。

罗马建筑的巨大尺度和建筑物的庞大体形，显示出罗马帝国的骄横强大。为了追求虚夸的气魄，建筑物的质量和细部做得非常粗糙。罗马人用线脚和花纹加以装饰，和希腊的精细柔美很不相同，显

图6-7 哈德良离宫内的连续券做法

得豪放浑厚。在材料上，充分利用了金、银、青铜、陶片、大理石和马赛克的色彩和质感，使建筑物装饰得更加富丽堂皇，反映出炫耀武力、好大喜功、唯我独尊的帝国特点。

6.3 古罗马建筑的典型实例

6.3.1 图拉真广场(Forum of Trajan，公元 98 ～ 113 年，图 6-8*a*，*b*，*c*)

图拉真广场位于罗马的市中心，实际上是一组具有纪念性的建筑群。它是为纪念图拉真战胜达奇亚人而建，是罗马帝国最大、最壮丽的广场。

广场的正门是一座凯旋门，进门后是一个用各色大理石铺成 120×90 平方米的广场。广场的两侧各有一个半圆形的柱廊，形成一条横轴线。在横轴线与纵轴线的交点上矗立着图拉真骑马的镀金铜像。后面是一个大巴西利卡厅，大厅两端是半圆形龛，厅的纵轴线和广场的纵轴线相垂直。大厅的入口位于厅的长边，厅长 159 米，深 55 米，内部有两圈列柱，内圈柱用红色花岗石做柱身、白大理石做柱头，外圈柱子为浅绿色。大厅内部墙面用镀金的铜板做贴面，并装饰着无数雕像。大厅后面是小院，两侧是拉丁文和希腊文的图书馆。

在这不过十几米长的小院里，有一个连基座和雕像总高达 43 米的图拉真纪功柱。柱子的底径是 3.70 米，高 29.77 米，柱身刻有长达 200 米的连续浮雕，绕 23 匝，刻有人物 2500 多个，记述了图拉真的两次战绩。柱顶立着皇帝的雕像。柱子的基座有门可入，内有盘旋而上的白大理石楼

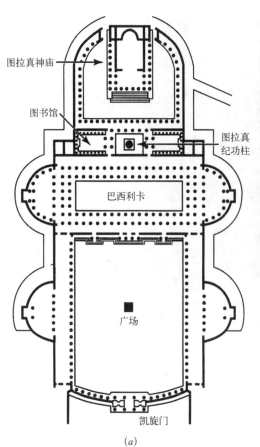

图拉真神庙

图书馆

图拉真
纪功柱

巴西利卡

广场

凯旋门

(a)

(c)

(b)

图6-8 图拉真广场

(a) 平面；(b) 复原外观；(c) 图拉真纪功柱

梯直达柱顶。这个院子很小，柱子却很高，柱子和院子间尺度和体积的对比都异常强烈。巨大的柱子从小小的院落升腾而出，使人油然而生对皇帝的崇拜之情。为了进一步夸张柱子的高度，浮雕带渐上渐窄，下面宽 1.25 米，上面只有 0.98 米。

穿过这个纪功柱的小院，进入另一个庭院，院子的正中立着高大的图拉真祭庙。这个华丽的庙宇是广场的最后一部分。

图拉真广场用一条纵深的轴线，贯穿着大的、小的、开敞的和封闭的空间，以严整的布局及相应的艺术处理，造成一种帝王的神秘威严，以彰显帝国赫赫不可一世的战功。

6.3.2　罗马大斗兽场（Colosseum，Rome，公元 70 ~ 82 年，图 6—9a，b，c，d）

大斗兽场又称之为大角斗场，是罗马所有角斗场中最大者，位于罗马市中心的东南。它始建于帝国初期，其顶层部分是在公元 3 世纪所加。斗兽场平面为椭圆形，长轴径 189 米，短轴径 156 米，场内有 60 排座位，能容纳观众 5 万人。其上下分成五个区，每区都有直接通往场外的楼梯和通道，共有 80 个出入口，人流组织井井有条，上下出入均很方便。

中心有一片长轴 87 米、短轴 54.8 米的椭圆形的平地，是表演区。第一排看台要比表演区高出 5 米。角斗士和野兽从看台底层出场，进行殊死的搏斗，以满足统治阶级凶残、野蛮、血腥的"娱乐"。

斗兽场是混凝土的筒形拱与交叉拱的结构，而且根据结构的构件受力情况，合理选用不同材料。如在基础上用坚硬的火山石混凝土，墙壁用凝灰岩混凝土，拱顶则用轻石混凝土。在混凝土的外面使用灰华石制成的柱子、台阶、檐口和席位等饰面。

斗兽场的外立面可分为四层，总高 48.5 米。下三层用券廊，连续不断绕场一周，每周每层有 80 个券洞，采用券柱式的连续构图。底层是雄健有力的多立克柱式，第二层是秀丽的爱奥尼柱式，第三层是华美的科林斯柱式，顶上一层以科林斯壁柱作结束。这样重复使用一个构图母题，特别夸张了建筑物的宏伟尺度。立面上没有主次，适合于人流均匀分散的实际情况，也有助于加强浑然一体的感觉，使它看起来更坚实、不可动摇。墙面上箍着三层有力的水平檐口，加强了这一感觉。第四层是封闭的墙壁，使它更统一完整。由于虚实、明暗、方圆对比丰富，加上拱券在阳光照耀下明暗变化丰富，所以大斗兽场虽然周圈一色却不单调。

在建筑物第二、三层的每个券洞内，设置着一排排的栏杆，立着 160 尊的雕像。这些雕像既重复，又有姿态和形象不同的变化，配上第四层墙上闪亮的铜盾和迎风飘舞的旗帜，充分表现出罗马统治阶级所追求的骄奢粗野的生活方式，也反映出奴隶制度的残酷无情。罗马的大斗兽场是罗马帝国时期最典型的例子。

(a)

(b)

图 6-9　罗马大斗兽场

(a) 现状鸟瞰；(b) 平面图

1- 多立克式层　2- 爱奥尼柱式层　3- 科林斯柱式层　4- 阁楼层

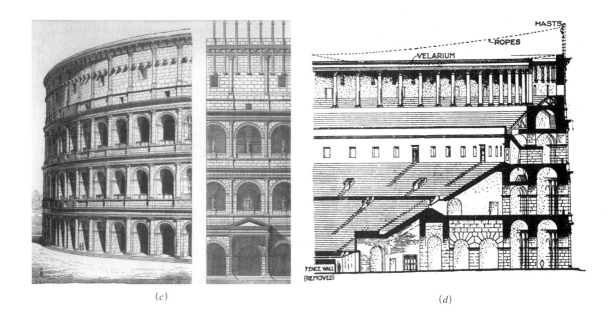

(c)　　　　　　　　　　　　　(d)

6.3.3　卡瑞卡拉浴场 (Thermae of Caracalla，公元 211 ～ 217 年，图 6−10a, b, c)

图 6−9　罗马大斗兽场（续）
(c) 立面复原图；
(d) 剖面局部图

卡瑞卡拉浴场是同类建筑中的一个典型例子。浴场包括主体建筑及四周的建筑在内，总长 375 米，总宽 363 米。主体建筑是这组建筑群的中心，长 228 米，宽 115.8 米，平面近于长方形，是对称式布置。这个浴场可以同时容纳 1600 人沐浴。中央大厅为温水浴室，宽 55.7 米，进深 24 米，长方形平面，采用三个十字拱横向相接；热水浴室为一有穹窿的圆形大厅，穹窿是呈直径 35 米的圆形平面，通过椭圆形的过厅及柱廊与中心温水浴室相连；露天的冷水浴场也是 53 米宽，它与温水浴室有一开间柱廊相连，而且平面类似。露天浴场、温水浴室、热水浴室以及它们之间的过厅构成主体建筑物的中心对称轴线，其他如入口、门厅、更衣室、热水浴的小间、温水浴的小间、按摩室、少年室、柱廊等等大小空间，对称地布置在这条轴线的两侧。

主体建筑物内部用大理石贴面。温水浴大厅用交叉拱顶，热水浴大厅是跨度很大的圆形穹窿顶，所有这些大大小小的厅堂和各式各样方的、扁的、圆的、敞开或封闭空间的墙壁和地面，都用彩色的云石和碎锦石装饰，并且到处点缀着精致的柱式和雕像。除此之外，设备也很考究，室内装有可供调节温度的水管、热水道和烟道，体现出统治阶级追求豪华富丽、舒适享受的特点。

在主体建筑物的周围是花园、绿地和运动场。在场地的四周还有一圈建筑物，包括俱乐部、交谊厅、讲演厅以及图书馆等。在主体建筑的前面是一排两层楼的商业建筑，背后是运动场。迎面是阶梯式看台，看台之后是一个大储水库，用石砌的水道把远处的水源引进浴场。水库的容量达 33000 立方米。

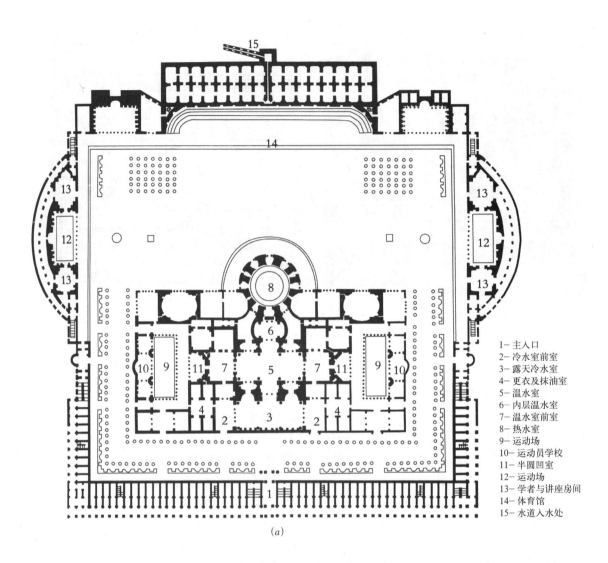

1— 主入口
2— 冷水室前室
3— 露天冷水室
4— 更衣及抹油室
5— 温水室
6— 内层温水室
7— 温水室前室
8— 热水室
9— 运动场
10— 运动员学校
11— 半圆凹室
12— 运动场
13— 学者与讲座房间
14— 体育馆
15— 水道入水处

(a)

(b)

图 6-10　卡瑞卡拉浴场
(a) 浴场平面；
(b) 室内复原图

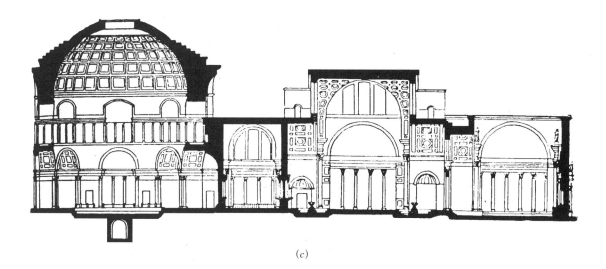

(c)

图6-10　卡瑞卡拉浴场（续）
(c) 浴场主体剖面

浴场建筑是罗马建筑中功能和空间最复杂的一种建筑类型，它的内部空间组织得简洁而又多变，开创了内部空间序列的艺术手法。三个大厅串联在轴线上，以集中式空间结束。两侧的更衣室等组成横轴线和次要的纵轴线，主要的纵横轴线相交在最大的温水浴大厅中，使它成为最开敞的空间。轴线上空间的纵横、大小、高矮、开合交替地变化着，不同的拱顶和穹顶又造成空间形状的变化，空间流转贯通、丰富多变。这种结构的变化彻底改变了建筑的空间效果。浴场建筑的出现反映了当时的设计与技术水平。

公元 2 ~ 3 世纪时，在罗马城里和外省各地都建造了不少这样的浴场。仅在罗马城里，大的浴场就有 11 个，小的竟达 800 个之多，它成为罗马谈买卖、议政治和消磨时间的公共场所。

6.3.4　罗马　万神庙（The Pantheon, Rome, 公元 120 ~ 124 年，图 6-11a，b，c，d）

万神庙是罗马圆形庙宇中最大的一个，也是现代建筑结构出现之前世界上跨度最大的建筑，至今保存得比较完整。神庙面对着广场，坐南朝北。神庙前广场上立着方尖碑，这是从埃及搬来的。神庙的平面可分成两部分。门廊由前面 8 根柱子与后面两排 8 根柱子组成，立在高高的台阶上，宽 33.5 米、深 18 米，后面是圆形的神殿。门廊柱高 14.5 米，16 根柱子是白色大理石的科林斯柱头、红色花岗石的柱身，柱身没有凹槽，用整块石料制成。柱子后面有两个壁龛，放着奥古斯都和阿古利巴的大雕像。

神殿平面为圆形，直径 43.43 米，墙厚为 6.2 米，上面覆盖着半球形的穹窿顶，内部顶端距地也是 43.43 米，正中有一直径 8.9 米的圆形大天窗，是唯一的采光口。穹顶是用叠涩砖和浮石作填料的混凝土混合筑成。基础和墙壁是用凝灰岩和灰华石作填料的混凝土。为了减轻自身

(a)

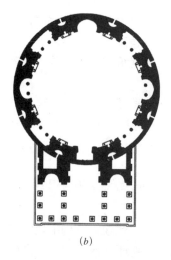

图 6-11 罗马万神庙
(a) 外观；(b) 平面

(b)

的重量，又在圆周的墙体上挖了 7 个壁龛和 8 个封闭垂直的空洞。壁龛 3 个做成半圆形，4 个做成长方形。圆形神殿的内部处理很统一，龛的立面都做成用两根科林斯柱子支撑着檐部的构图，科林斯柱式的檐口上部靠近穹顶还有一层檐，两层檐口把神殿内部墙面水平划分成上小下大的两段，很近于黄金分割的比例。再上是圆形的穹窿顶，用凹陷的方形图案作装饰，不仅减轻了屋顶的自重，而且构成上小下大的五排天花，越向上越小，强调着它的高度。加上顶部采光产生的阴影变化，更加强了室内空间的效果。在神殿墙面的水平划分层内，柱子和神龛线脚成垂直划分，内部墙面和柱子都用大理石装饰，整个室内感觉和谐、宏大。

万神庙的外观比较封闭、沉闷。柱子是从别处拆来的，色泽不一致。柱头、檐部、柱础是白色大理石，柱身是深色的花岗石。门廊的檐部山花原有青铜铸的雕刻，柱廊下的大门包着镀金的铜片，穹窿顶的面层也是镀金的铜片，其余各处也都有这种光亮夺目的装饰物。由于它的富丽多彩，减少了一点封闭沉闷的感觉。

这座神庙是单一空间、集中式构图的典范，它代表着当时罗马建筑的设计和技术水平，无论是体形、平面、立面和室内处理，都成为古典建筑的代表。

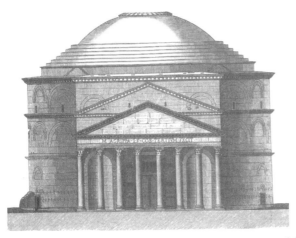

(c)

图 6-11　罗马万神庙（续）
(c) 主立面和剖面；
(d) 西方画家笔下的万神庙内部

(d)

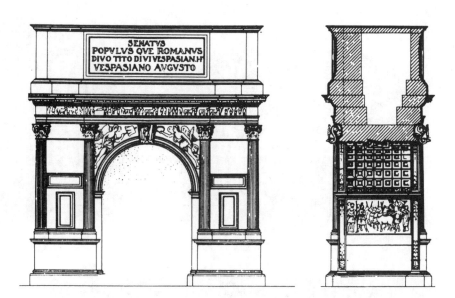

图 6-12　泰塔斯凯旋门

6.3.5　罗马　泰塔斯凯旋门（The Arch of Titus，Rome，公元 82 年，图 6-12）

凯旋门是罗马皇帝的个人纪念碑。泰塔斯凯旋门是单券构图的典型例子。它位于罗马市中心，在罗曼努姆广场到大斗兽场的路上。凯旋门高 14.4 米，宽 13.3 米，深 6 米，中央拱券跨度为 5.35 米，整座建筑虽然体积不大，但因外形略近正方形，相对进深很厚，加上台基和女儿墙很高，给人以沉重、稳定、庄严的感觉。立面上使用半圆形的混合柱式，是罗马现存最早的混合式柱式的例子。凯旋门用白色大理石贴面，檐壁上刻着凯旋时向神灵献祭的行列，券面外刻着飞翔的胜利神，门洞内侧刻着凯旋的仪式。一边刻的是泰塔斯凯旋时坐在得胜车上的浮雕，一边是耶路撒冷庙残物的浮雕，这是用雕刻把皇帝的胜利"永恒"地记载下来。

泰塔斯凯旋门的另一个特点是券面上的拱心石凸出很多，在拱心石上还站着一个神像。女儿墙的中央刻有纪念泰塔斯率领大军镇压犹太人起义、攻陷耶路撒冷城等取得胜利的铭文。凯旋门顶部原来还有四马战车的铜像。整个建筑物造型丰富，比例严谨，表现了统治阶级所追求的威武权势的性格。

6.3.6　潘萨府邸（House of Pansa，Pompeii，公元前 2 世纪，图 6-13a，b）

潘萨府邸位于庞贝城内，是罗马府邸的典型。这个府邸独占庞贝市中心附近一个街坊，南北长 97 米，东西宽 38 米，三面临街，是一个四合院式住宅。

房屋布置在一条轴线上，基本可分成三进，前面两进的房间绕着庭院四周布置，后面是花园。门厅在南部中间，进门后就是一个南北较长的天井院，两侧有会客室、书房和服务用房。院子的中心有一个小水池，与采光口相对。穿过中间的大厅是四周用柱子围绕的第二进庭院。中间也设有水池，水池的四周种有花木。迎面中轴线上是宽敞的接待室，旁边还有卧室和宴客厅等房间。墙壁上不设窗子，用鲜艳的壁画打破封闭沉闷的空间。室内地坪全是碎锦石铺砌，色彩富丽。接待室后是个大花园，约占整个府邸用地的三分之一。

府邸的住房全是两层楼的，外观整齐，楼上房间有小窗。府邸的沿街部分是敞开的店面、面包房和三组住房。店面的室内，有的有楼梯可达楼上房间。这种穿堂式带花园的进深布局，反映着奴隶主追求豪华富丽、讲究排场的生活方式。

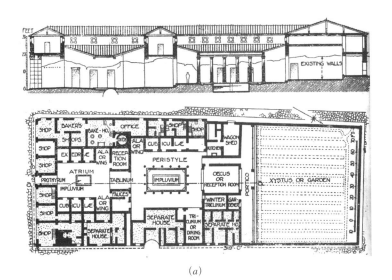

(a)

(b)

图 6-13　庞贝潘萨府邸
(a) 平面和剖面；
(b) 室内复原图

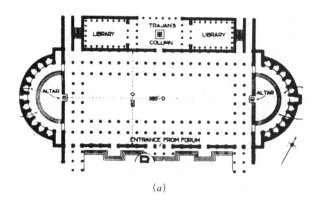

(a)

(b)

图6-14 图拉真巴西利卡
(a) 平面；*(b)* 室内复原图

6.3.7　图拉真　巴西利卡（Basilica of Trajan，公元98～112年，图6-14*a*, *b*）

古罗马的巴西利卡是用作法庭、商业贸易场所或会议厅的大厅。平面是长方形，两端或一端有半圆形龛，主体大厅被两排柱子分成三个空间或被四排柱子分成五个空间，中央比较宽的是中厅，侧廊窄，中厅比两侧高，入口通常在长边。这种建筑容量大、结构简单，后来成为基督教堂的基本形式。

图拉真巴西利卡是一典型例子，厅长159米、宽55米，位于图拉真广场的北端，与广场、图书馆、纪功柱、神庙组合成一建筑群，是广场的主体建筑。

6.4　结语

（1）古罗马是西方奴隶制发展的最后阶段，幅员辽阔、武力强盛是史无前例的。因此，古罗马的建筑具有空前的规模和雄伟的风格。

（2）古罗马的建筑是继承了希腊与西亚等地区的建筑成就，并结合了本民族的特点而发展起来的，它在建设活动、建筑类型、建筑尺度、工程技术，空间组合、构图手法等方面都远远超过了埃及、西亚与希腊，达到了一个新的高峰，对欧洲后来的建筑有很大的影响。

（3）维特鲁威的《建筑十书》，是世界上第一部完整的建筑理论著作，它成为后来复兴古典的蓝本。

（4）古罗马建筑对天然混凝土的使用和拱券结构的应用，为巨大的建筑物提供了有利的技术条件，从而获得了宽广、灵活的内部空间，出现了规模宏大的建筑物。

（5）劳动者创造了这些古代世界最杰出的建筑物，而本身却被轻视。恩格斯说："奴隶制已不再有利，因而灭亡了。但是垂死的奴隶制却留下了它那有毒的刺，即鄙视自由人的生产劳动。于是罗马世界便陷入了绝境：奴隶制在经济上已经不可能了，而自由人的劳动却在道德上受鄙视。"[①]罗马帝国终于覆灭了，古罗马的建筑遗物却永远是历史的见证人。

① 马克思恩格斯全集. 第21卷. 北京：人民出版社，1965. 第170页.

7 古代印度建筑 Indian Architecture

（公元前 3000 年 ~ 公元 7 世纪）

7.1 古代印度的社会背景

印度是世界四大文明古国之一。古代印度位于亚洲南部次大陆，范围包括现在的印度、巴基斯坦和孟加拉等地区（图 7-1）。北部疆域在古代叫做雅利安吠尔陀，即雅利安人的国家。高耸的喜马拉雅山山脉蜿蜒于印度北部，而这个国家的南面则以文底耶山脉为界。这些山脉把雅利安吠尔陀跟印度南部的德干高原隔开。雅利安吠尔陀由印度河与恒河流域构成，这是一块农业的富庶地区。古代印度的文明活动首先是发源于北部，然后逐渐向东部、中部与南部漫延。

公元前 3000 年左右，在印度北部已形成了一些奴隶制的小国家。到公元前 2000 年时，号称为雅利安人的部族征服了印度河流域，并建立了自己的国家。到公元前 1000 年 ~ 前 600 年时，北方的印度居民又自印度河向东面的恒河流域移动，在恒河下游一带建立了许多小国家，伴随着奴隶制国家的出现与壮大，也逐渐形成了等级制度森严的婆罗门教。由于北部摩揭陀国的人民对婆罗门教的压迫感到不满，于是出现了反对婆罗门教的佛教。佛教创始人是释迦牟尼(约公元前 563 ~ 前 483 年),提倡多苦观，教人安于现状，祈求来世幸福，是一种消极的人生观。公元前后这种佛教曾在印度广为流传，并传播到了亚洲各国。到公元前 324 ~ 前 187 年的孔

图 7-1 古代印度城市遗址：谟亨约·达罗城

雀帝国和公元 320 ～ 467 年的笈多帝国时期，印度才形成统一的帝国。经济、文化随之得到了空前的发展，并且具有印度建筑的文化特色。

7.2　古代印度建筑的特点

通过对谟亨约·达罗城的发掘，证实早在公元前 3000 年古印度已具有很高的文化水平，城市和建筑也很发达。特别是整齐的城市道路系统与排水设施，房屋的建造技艺都在当时的世界居于领先水平。

从公元前 1000 年～前 600 年，在印度逐渐形成了婆罗门教和佛教，因此在古代印度建筑中曾出现了大量的婆罗门教和佛教的寺庙，尤其是孔雀帝国和笈多帝国时期，佛教建筑更是在印度盛极一时。当时佛教建筑的主要类型是供奉舍利的佛塔和供佛教僧侣诵经和修行的石窟。这些建筑类型对中国、日本和其他东南亚国家都曾产生过深远的影响。

7.3　古代印度建筑的典型实例

7.3.1　谟亨约·达罗城（Mohenjo Daro，公元前 3000 ～前 2000 年，图 7-2a，b）

图 7-2　谟亨约·达罗城
(a) 平面；
(b) 大厅和浴池建筑复原图

城市的街道是按主导风向排列成南北向，东西则用次要道路联系起

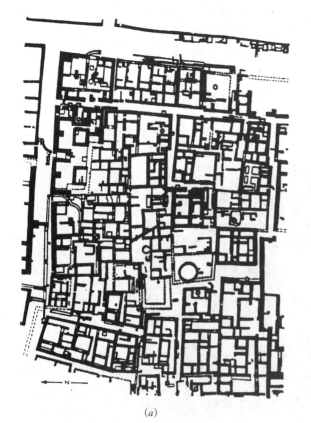

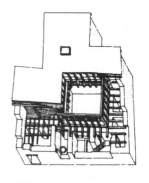

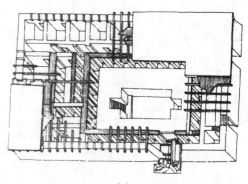

(a)　　　　　　　　　　　　　　　　　(b)

来，非常整齐，拐角处都做成圆角，以便车辆顺利通行。

城市里的建筑物用焙烧过的红砖砌成，大多数是平屋顶。已经有一两层楼房，一般上层为居室，下层是厨房、盥洗室、水井和贮藏室。脏水由砖砌成的排水井流入城市的下水道。

城市的西部有两个特殊的建筑物。一个是每边长 28 米的四方形的大厅，厅内有四排柱子，每排 5 棵砖柱支撑着平屋顶。另一个则是在一个方形的院子中央有一个长 32 米、宽 7 米、深 3 米的水池，用砖砌成，池壁厚达 2 ~ 2.5 米，而且微微向外倾斜。池底铺着几层精致的砖，并敷以不透水的树脂，还有下到水池池底的台阶。水池四周筑有廊子和房间。这些大都是属于贵族使用的建筑物，而广大的平民和奴隶只能居住在泥屋和草棚之中。这是阶级社会的必然现象，是奴隶主和奴隶的矛盾在建筑上的反映。

7.3.2　窣堵坡（Stupa，公元前 270 ~ 前 52 年，图 7-3a，b）

最大的窣堵坡在桑契（Sanchi），大概是阿育王时期建造的。它是一个半球形的坟墓，直径为 32 米，高 12.8 米，坐落在一个高约 4.3 米的鼓形基座上，完全用砖砌成，铺着很厚的灰浆，贴以石板饰面。

窣堵坡的周围有一圈栏杆。在入口处垂直的立柱间用插榫的方法横着三根石条，其横断面为橄榄形，在最上面的一根石料上，还安放着一些雕饰。这些显然都是仿效木栏杆而来的。栏杆表面上饰满了花纹，雕刻精美。在这圈栏杆中，像这样的大门入口共有四个，都高达 10 米，比例也还匀称。

7.3.3　石窟（图 7-4）

石窟有两种。一种是举行宗教仪式的场所，叫支提窟（Chaitya），平面为纵向长方形，以半圆为结束。半圆部分有一个窣堵坡。沿着侧墙

图 7-3　桑契的大窣堵坡
(a) 鸟瞰；(b) 石门

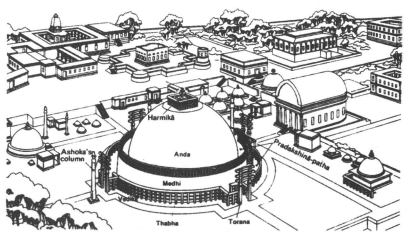

(a)　　　　　　　　　　　　　　　　　　(b)

图 7-5　印度佛陀塔

又有一排柱子，柱子也绕过窣堵坡。另一种是僧侣的禅室，叫精舍，即在一个大的方形石窟的三面，凿许多小方形的禅室，供僧侣静修之用，第四面即为入口，有门廊。精舍和支提窟经常相邻存在。

印度最著名的石窟群在阿旃陀（Ajanta），建于公元前 2 世纪～公元 7 世纪。卡尔里（Karli）石窟建于公元前 78 年。此外，埃列芬丁（Elephanta）的石窟也很著名。石窟艺术曾对中国产生过一定的影响。

7.3.4　佛陀塔（图 7-5）

佛陀塔是印度著名的佛教建筑物。相传在释迦牟尼"悟道"的地方——菩提迦耶（Buddh Gaya）建了一座庙和佛塔，也称菩提迦耶塔。佛塔创建于公元 2 世纪，在公元 14 世纪重建。塔用砖砌成，高 66 米，立于高高的方形台基上。在台基的四角又有相同的四个小塔。塔身的平面为正方形，由下至上逐渐缩小，外轮廓呈饱满的弧线。塔的表面刻满雕饰，无一空白之地，既有丰富的装饰性，又不损塔的轮廓整体，产生了强烈的纪念性效果。

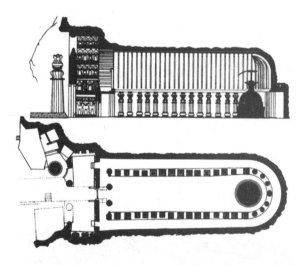

图 7-4　支提窟

7.4　结语

（1）印度古代曾创造了辉煌的建筑成就。在公元前 3000 年就已创造了道路整齐的城市平面和设施完善的排水系统。

（2）古代印度创造了婆罗门教和佛教建筑的类型，曾影响了亚洲各国。

（3）古代印度创造的佛塔与石窟寺曾对中国、日本与东南亚都有过深远的影响。

8 古代美洲的建筑 Ancient American Architecture

（公元前 1500 年~公元 16 世纪）

8.1 古代美洲的社会背景

美洲也是世界文明的发祥地之一，但在时间上相对较迟（图 8-1）。

美洲在地理上可分为北美、中美和南美三部分。美洲的原有居民是印第安人。在北美，直到 15 世纪初都是处于部落联盟状态。居住于中美洲的印第安人中以玛雅人和阿兹特克人的文明程度较高。玛雅人分布于今天墨西哥的尤卡坦半岛和危地马拉、洪都拉斯等地。大约在公元前后，玛雅人居住的地区开始出现了一些城邦。起先是在危地马拉、洪都拉斯一带产生，后来尤卡坦半岛也产生了，其中主要的有尤卡坦半岛现墨西哥境内的奇钦·伊查、马亚潘和乌希马尔等。与此同时，玛雅人已建造了规模雄伟的金字塔式庙宇，还常在各种建筑物上饰以雕刻和绘画。

继玛雅人之后，在今天墨西哥的中部兴起了阿兹特克部落联盟。14 世纪初，阿兹特克人建立了铁诺第兰城（即今天的墨西哥城），以后不断扩展，

图 8-1　古代美洲文明遗址

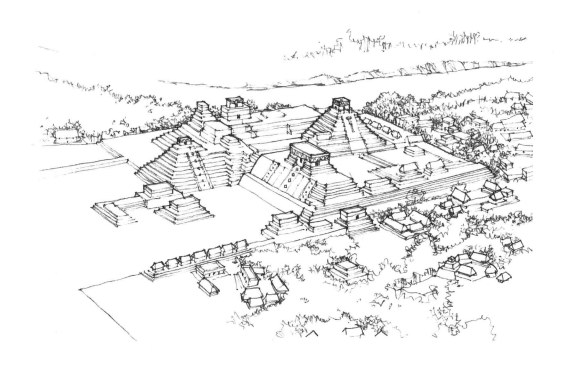

几乎占据了墨西哥盆地。在城内也曾先后建造了许多金字塔式的庙宇。

在南美，古代文化活动主要是集中在居住于安第斯山中部的岐楚亚部落，15 世纪时已形成了以库斯科为中心的印加王国。它的统治范围包括今天的秘鲁、厄瓜多尔、哥伦比亚和智利、阿根廷的一部分。在铁诺第兰和印加王国那里，都先后出现了规模宏大的城市设施，表现出很高的建筑艺术水平。[①]

8.2　古代美洲的建筑特点

古代美洲的建筑文化在 16 世纪发现新大陆之前，主要活动集中在中美洲的墨西哥、危地马拉和洪都拉斯一带，以及在南美洲的秘鲁、厄瓜多尔、哥伦比亚等地域的印加王国。

中美洲的建筑文化是玛雅人和阿兹特克人创造的，其中在墨西哥境内由玛雅人建立的特奥帝瓦坎城和奇钦·伊查城是其典型代表。在南美境内的印加王国最辉煌的建设活动则集中于马楚皮克楚，现在属于秘鲁地域。

中美洲的建筑文化相对发展较早，大约可以分为三个时期：公元前 1500 ~ 公元 100 年左右是文化形成时期，在今洪都拉斯境内曾发现有圆锥形与方锥形土堆金字塔 200 余处，其中有的高达 30 余米；公元100 ~ 900 年是属于古典时期，建设活动主要集中在特奥帝瓦坎城和提卡尔城；公元 900 ~ 1519 年被称之为后古典时期，主要建筑活动在托尔特克人的首府图拉城和在尤卡坦半岛上的奇钦·伊查城。此外，在铁诺第兰城（今墨西哥城）的建设也异常辉煌。在公元 1 世纪之后的中美洲与南美洲的主要建筑活动地区，不仅城市有了发展，砖石建筑与装饰工艺也都已有了相当高的水平，尤其是建造了一批土堆的和石砌的金字塔形的庙宇，这也形成了美洲古代建筑的突出特征。[②]

8.3　古代美洲建筑的典型实例

8.3.1　特奥帝瓦坎的太阳金字塔（约公元 1 世纪，图 8-2a，b）

太阳金字塔是特奥帝瓦坎宗教中心的一部分，位于今墨西哥境内。建于公元 1 世纪左右。金字塔为方锥形，全部由石块砌成，共分成五层，总高 65.5 米，底边宽 219.5 米，其规模可与埃及金字塔相比美。塔的前面有庙宇遗迹，在塔顶设有祭坛，可供祭祀活动。太阳金字塔是中美洲一系列金字塔的典型实例。

在宗教中心里还有月亮金字塔，"城堡"金字塔等宗教建筑与设施。

---

① 参见简明世界史．南京大学历史系编．P.58 ~ 59.
② 参见罗小未主编．外国古代建筑史图说．

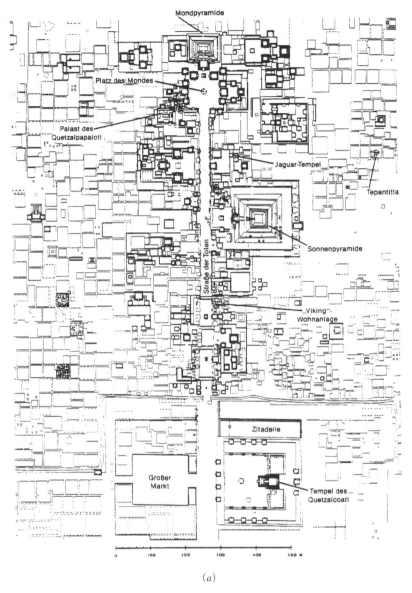

(a)

(b)

图 8-2　特奥帝瓦坎
(a) 宗教中心总平面；
(b) 太阳金字塔

图8-3 奇钦·伊查的卡斯蒂略金字塔庙

图8-4 马楚皮克楚城堡

8.3.2 奇钦·伊查 卡斯蒂略金字塔庙（11世纪，图8-3）

该金字塔庙是中美洲古玛雅文化的典型实例，建于11世纪。塔高约24米，九层正方形，四面对称，中间各有阶梯364级，加上台基共365级（与一年365日相符）。庙宇入口在北面，朝向广场。三个门洞之间各有两根羽毛蛇象柱。在金字塔的顶部设有一座方形的小庙，可供祭祀活动之用，也是金字塔外形的标志。[①]

8.3.3 马楚皮克楚城堡（12～16世纪，图8-4）

该城堡是印加帝国的遗迹，建于12～16世纪，原属居住与宗教中心，也是要塞。城堡内的建筑用大石块密缝砌成，布局随地形高低起伏变化。房屋均为长方形，两坡顶，道路蜿蜒有致，反映了印加人的聪明才智，是世界的重要城堡遗迹之一。

8.4 结语

（1）古代美洲建筑是西半球人类早期建筑文化的代表。

（2）古代美洲的建筑活动主要集中在中美洲的墨西哥和洪都拉斯一带，以及南美洲秘鲁境内的印加帝国范围。

（3）古代美洲建筑的杰出代表是石砌的金字塔庙和布局自然的城堡。

（4）古代美洲在1世纪后已陆续创造了相当规模的城市，道路布局整齐，房屋砌筑严谨灵活，成为后来拉美城市建设的基础。

---

① 参见罗小未主编. 外国古代建筑史图说.

中篇

中古时期建筑

Medieval and Renaissance Architecture

　　人类的文明进入封建社会之后，社会分工更细了，建筑技术更进步了，建筑造型更丰富了，建筑艺术的领域犹如开满魅力花朵的百花园。

　　欧洲的封建社会时期，宗教占有相当重要的地位，因此宗教建筑在这时期的建筑中具有最突出的意义。罗马帝国末期，基督教得到良好的发展机会，它是以永久的和不可思议的天国幸福来麻醉被压迫民众的。公元 313 年，基督教被罗马帝国统治阶级利用，宣布为合法宗教以后，新兴的基督教就开始建造教堂。公元 395 年，罗马帝国分裂为东、西罗马。公元 475 年，西罗马帝国灭亡。

　　东罗马帝国的首都在土耳其境内的拜占庭（君士坦丁堡），故亦称拜占庭帝国，它的兴盛期从公元 395 年一直延续到 1453 年。在封建社会时期中，这是一个重要阶段，建造了不少宫殿、城堡和教堂等。建筑物融合了东、西方的传统，特别是在拱顶结构和造型艺术上有很大的发展。著名的君士坦丁堡的圣索菲亚大教堂和威尼斯的圣马可教堂就是很典型的例子。在西罗马地域内则流行着初期基督教建筑与罗马风建筑。

从7世纪开始，在阿拉伯、中东、北非、西班牙等地区建立了伊斯兰教的国家。在这些国家中，政教是合一的。依从伊斯兰教的宗教信仰，建筑形成了伊斯兰的独特风格。这种风格的建筑在埃及、西班牙表现得最为突出。此外，印度北部地区在中世纪时也曾建立过伊斯兰教的国家，阿格拉的泰吉·马哈尔陵便是伊斯兰风格建筑的著名实例。

在11世纪末12世纪初，法国形成了新的哥特建筑风格，后来在12~15世纪时发展成为欧洲最有影响的建筑体系。它运用了新的结构方法，把尖券和框架有机地结合起来，解决了大跨度拱券的困难，并大大地减轻了建筑物墙壁和屋顶的重量。由于这种风格的教堂经常应用尖塔与垂直线条的装饰，因此表现了基督教崇高与超尘脱俗的感觉。法国巴黎圣母院、意大利米兰大教堂、德国科隆大教堂都是这种建筑风格的著名实例。

15~17世纪，欧洲兴起了文艺复兴运动，它标志着资本主义的萌芽和人文主义思想的抬头，在建筑上则表现为古典风格的复活。文艺复兴时期将古典建筑发展到了一个新的水平，在建筑类型、建筑艺术、建筑技术等方面都取得了杰出的成就，威尼斯圣马可广场便是最突出的代表。

9 融合东西方文化的拜占庭建筑
Byzantine Architecture

（公元 395 ~ 1453 年）

9.1 拜占庭建筑的社会背景

拜占庭建筑是古罗马建筑在东方的继续。它的发展时期大约从 395 年一直到 1453 年。

公元 3 世纪以后，罗马帝国东部的工商业就比西部发达，人口也比较多，许多重要的文化中心都在东方。公元 330 年，罗马君士坦丁大帝为适应统治的需要，将首都从罗马迁至拜占庭，并将地名改为君士坦丁堡（图 9-1）。公元 395 年，罗马帝国分裂为东西两部，东罗马的版图以巴尔干半岛为中心，领土包括小亚细亚、叙利亚、巴勒斯坦、埃及以及美索不达米亚和南高加索一部分。首都君士坦丁堡原是拜占庭旧址，故东罗马帝国又称为拜占庭帝国。

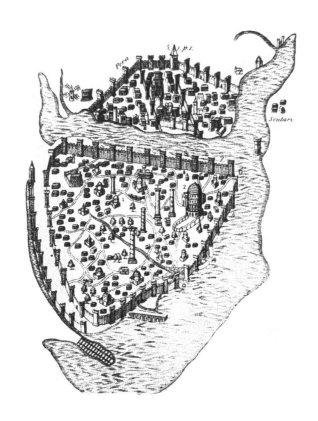

图 9-1　拜占庭首都君士坦丁堡有优越的地理位置

拜占庭帝国地处欧亚大陆交接处，是黑海与地中海间水路的必经之路，又是欧洲和亚洲陆路运输的中心。地理上的优势使拜占庭成为罗马帝国扩张的中心。君士坦丁堡本地并无良好石料，只产砖、粗石、石灰等，大理石由地中海东岸各地输入。

拜占庭帝国版图辽阔，境内大部分地区气候干燥。罗马人考虑了东方的气候特点，采用窗户狭小、庭院四周有游廊的建筑。

拜占庭的文化受希腊影响很大，因为它曾经是希腊的殖民地。拜占庭帝国还和东方各国，如伊朗、阿拉伯、印度、中国都进行过广泛的贸易，在建筑上也表现出受东方的影响。公元 6 世纪查士丁尼大帝时期，国力最盛，到 7 世纪时渐弱。

拜占庭的建筑是在东西方成就的总汇上发展起来的。例如，西方的古典柱式、混凝土技术和一些公共建筑物的类型与形制；东方的在穹窿覆盖下的集中式平面和装饰手法与题材等。拜占庭的建筑在各个地区保持着强烈的地方色彩，反映着地方的建筑传统与生活风尚。

1453 年，拜占庭帝国被土耳其所灭。

9.2 拜占庭的建筑特点

和一切中世纪国家一样，拜占庭建筑中最重要的是宗教建筑。拜占庭的教堂为了适应基督教仪式的需要，并结合当地的传统，形成了自己的特点。

结构：拜占庭建筑的主要成就是创造了把穹顶支撑在 4 个或者更多的独立支柱上的结构方法，解决了方形平面上盖穹顶的承接过渡问题。穹顶向各个方面都有侧推力，为了抵抗之，早期在四面各做半个穹顶扣在 4 个发券上，相应形成了四瓣式平面。有时架在 8 根或者 16 根柱子上，侧推力通过一圈筒形拱传到外面的承重墙上，于是形成了带环廊的集中式教堂，整个教堂的结构联系成一个整体。

空间：作为拜占庭建筑特征的，是利用小亚细亚的经验所创造的新的集中式教堂。拜占庭采用立在独立支柱上的穹窿顶覆盖较大的空间，当有一组这样的穹窿集合在一起时，它们所覆盖的空间就形成宽阔的、多变化的、看起来好像是无穷尽的空间。他们之所以能把穹窿顶立在独立的支柱上，是因为它们使用了帆拱（Pendentive 三角拱）（图 9-2）。拜占庭常使这种集合在一起的几个穹窿顶，其中有一个成为主要的，并把它特别抬高（图 9-3）。这样，一方面更丰富了内部空间，一方面又可以使外部体积构图有中心，无论从构图上或技术上看，都更有组织。

平面：教堂的平面在巴西利卡的基础上发展为十字形平面，即教堂的中央穹顶和它四面的筒形拱成等臂的十字，得名为希腊十字式。在集中式教堂中，已经可以看到希腊

图 9-2 帆拱示意图

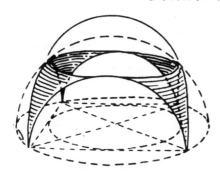

十字形平面的雏形。经过几个世纪的发展之后，从 9 世纪起，希腊十字形平面的教堂成了拜占庭教堂最普遍的形制。它使教堂的内部空间得以最大限度地扩大。因为在基督教以前的古代宗教，仪式是在庙外举行的，那时候的庙宇不需要巨大的室内空间，而基督教的仪式则是在教堂内部举行的。

外观：拜占庭建筑首先着眼于内部空间的组织，建筑物的外观实际上已由内部空间决定。拜占庭建筑的外观总是缺乏表现力的。它们不用柱式，也不用柱廊，外表只有厚厚的墙和不大的窗子，完全是当地传统的式样。后期拜占庭没有重大的建筑活动，各地教堂的规模都很小，但这些小教堂的外形有了改进，穹顶逐渐饱满起来，放在鼓座之上，统率整体而成为中心，真正形成了垂直轴线，完成了集中式构图。外墙面的处理也精致了，用壁柱、券、精致的线脚和图案等作装饰。

内部装饰：与朴素的外观相对比的，是豪华富丽的内部装饰。彩色大理石被用来贴在室内墙面，或在地面上拼镶花纹。墙面和穹窿顶等不便于贴大理石面的地方都有壁画或彩色镶嵌。拜占庭建筑中的镶嵌画达到极高的水平，通常用不平的金色立方体砌成底层，然后在上面用彩色玻璃镶嵌，整个镶嵌画统一在金黄的色调中，闪烁放光，使教堂内部具有高贵的格调。

技术：拜占庭人在罗马混凝土穹窿顶的技术基础上，有了进一步的发展，并具有自己的特色。拜占庭的穹窿顶有许多形式：一种是简式的，即穹窿与帆拱是同一个球面；一种是复式的，即帆拱与穹窿不属于同一个球面，而使顶子的弧线转折上耸，或加鼓座；还有一种是瓜形的，即将穹窿顶分为许多双曲面的瓣。除了混凝土之外，也常用一种长方形的大砖或轻石来砌穹窿顶，甚至用陶罐连续起来砌筑，使顶子重量减轻。墙壁是混凝土的，外面贴面砖而不抹灰，仅靠各种砌工来美化，有时做成带状的装饰。

9.3　拜占庭建筑的典型实例

9.3.1　君士坦丁堡　圣索菲亚教堂（S. Sophia, Constantinople, 公元 532 ~ 537 年，图 9-3a，b，c，d）

这是集中式教堂最著名的例子，是东正教的中心，也是宫廷教堂。它是君士坦丁堡全城的标志，可以从海上清楚地看见它。教堂平面是长方形的，前面有一个很大的院子。

圣索菲亚教堂的一个重要特点是它的复杂而条理分明的结构系统。它的正中是一个直径约 32.6 米的大穹窿顶，穹窿顶的横推力在前后由比它矮的半穹窿顶支承，而这两个半穹窿顶又各有两个更小的半穹窿来抵抗横推力。中央大穹窿的左右两侧的横推力由四片很深的厚墙抵抗。这四片厚墙连接着中央的四个墩子，墩子经由帆拱承托着大穹窿顶。顶子

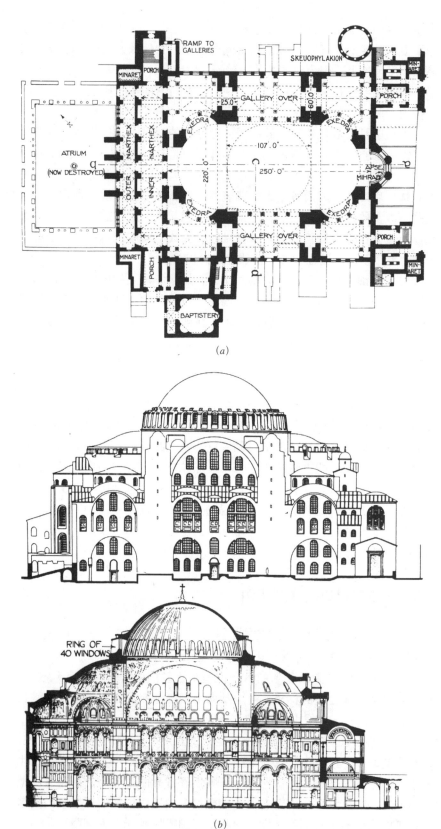

图 9-3　君士坦丁堡圣索菲亚教堂

(a) 平面；(b) 立面和剖面

内部用骨架券作为主要负荷构件而再铺以石板做成。

教堂的另一个特点就是它的集中统一而又丰富多变的内部空间。大穹窿顶点在室内距地面约 54.8 米，覆盖着主要的内部空间，这个空间与前后的半穹窿及更小的半穹窿顶所覆盖的空间融合为一个更大的空间，增大了纵深的空间，比较适合宗教仪式的需要。南北两侧的空间透过柱廊同中央部分相通，空间前后上下相互渗透，使教堂内气象万千。

穹窿顶底部密排着的采光窗口也是拜占庭教堂建筑的特点之一。它使得大穹窿顶有如飘浮在空中，空阔大厅显得非常飘渺。

圣索菲亚教堂的第四个特点是内部非常华丽，用白、绿、蓝、黑、红等彩色斑斓的大理石贴面。帆拱及穹窿顶上有金底的彩色玻璃镶嵌，做成使徒、天使、圣者像，闪烁发光。中央大厅两侧的柱子是深绿色的，布道室的柱子是深红色的。这些豪华的装饰使空间充满了天堂的景象，令人目不暇接。

教堂的外墙很朴素，无装饰，是用陶砖砌成的，灰浆很厚。墩子的下部用石块砌筑，具有早期拜占庭建筑的特点。现存的外观是经土耳其人作为清真寺后改变的，在四角加建了挺拔高耸的光塔，为其沉重的外观增加了表现力。

(c)

(d)

图 9-3 君士坦丁堡圣索菲亚教堂（续）
(c) 外观；(d) 室内

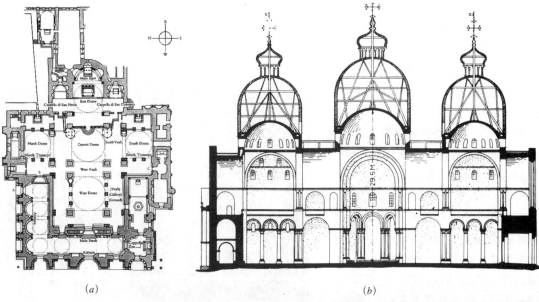

(a)   (b)

(c)   (d)

图 9-4　威尼斯圣马可教堂

(a) 平面；

(b) 剖面；

(c) 穹顶外观；

(d) 室内；

(e) 入口外观

(e)

9.3.2 威尼斯 圣马可教堂（S. Mark，Venice，公元 1042～1085 年，图 9-4*a*，*b*，*c*，*d*，*e*）

圣马可教堂的平面几乎是一个正十字形。在交叉部和四端有 5 个穹窿顶，中央的和前面的较大，直径约 12.8 米，另外 3 个稍小一点。穹窿由柱墩通过帆拱支承，底部有一列小窗。为了使穹顶外形高耸，在原结构上面加建了一层鼓身较高的木结构穹窿。

教堂的内部空间丰富多变，由 5 个被穹窿所覆盖的空间融合为一个统一的空间，而以中央的为构图重点。在它们之间用筒形拱连接，使室内构图显得更多变化。

室内装饰十分华美，拱和穹窿的表面都用金底的或彩色的玻璃镶嵌装饰起来，镶嵌着圣经故事和使徒行迹。

最初它的外貌很朴素，有些沉重，后来经过历年的改建，逐渐趋向于华丽。现在所能见到的圣马可教堂的外貌，是 12～15 世纪间形成的，如冠冕式的顶子、尖塔、壁龛等都是后加的。

圣马可教堂是为纪念威尼斯人摆脱罗马教皇的统治而建造的，威尼斯人为了表示与教皇决裂，接受了支持它独立运动的拜占庭帝国的建筑风格，是拜占庭建筑风格在西方的典型实例。

9.4 结语

（1）拜占庭建筑汇集了罗马建筑的经验与东方建筑的手法，发展了自己独特的建筑风格。在穹窿顶结构方面、复杂的内部空间构图方面和装饰方面都有显著的成就。

（2）在拜占庭建筑中，教堂是一个重点。它的外形简朴，内部复杂，有浓厚的地方特色。结构都用拱券系统，特别是习惯用帆拱解决方形平面或多边形平面上覆盖圆顶的做法。窗子多为集合式的，它不仅成为内部照明的主要光源，而且起烘托作用。室内常用彩色马赛克镶嵌图案装饰。线脚与柱头在古典的基础上有任意的变化。

（3）拜占庭建筑对意大利文艺复兴建筑与俄罗斯建筑都有过一定的影响。

（4）当阿拉伯人建立了伊斯兰教国家之后，直接从拜占庭学到了许多建筑经验，这些经验成为伊斯兰教建筑风格的重要组成部分。

10 欧洲中世纪建筑
European Medieval Architecture

（公元 4 ～ 15 世纪）

10.1 初期基督教建筑与罗马风建筑形成的社会背景
（公元 4 ～ 12 世纪）

在欧洲的封建社会里，教会是封建势力的最高权威，因此基督教建筑在这时期的建筑中具有突出的意义。基督教大约产生在公元 1 世纪初，它的发源地是以色列的耶路撒冷，以后由东向西逐渐传播到叙利亚、小亚细亚和北非，而后到罗马。公元 4 世纪初流行于罗马帝国广大地区。原来基督教在罗马帝国时期作为异教而受到排斥，在君士坦丁大帝颁布"米兰敕令"（公元 313 年），承认基督教合法后，教堂建筑才发展起来，当时仅罗马就建造了 30 余座基督教教堂。建筑史上把公元 4 ～ 9 世纪基督教建筑流行的风格称之为初期基督教建筑风格，9 ～ 12 世纪的建筑风格称为罗马风建筑风格（亦称罗曼风格，Romanesque），12 ～ 15 世纪的建筑风格称之为哥特建筑风格。

图 10-1 圣彼得老教堂
（a）平面；（b）室内复原图

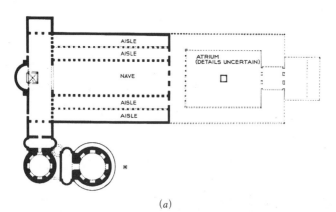

(a)

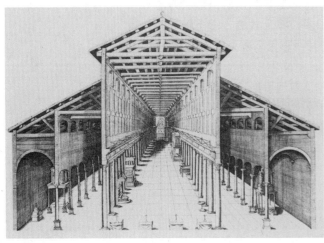

(b)

初期基督教教堂的式样大致有三种类型：巴西利卡式、集中式、拉丁十字式。巴西利卡式教堂最多，因为多半是利用罗马原有的建筑遗物，典型的例子如罗马的圣彼得老教堂（原建于公元 333 年，16 世纪拆除后重建），罗马圣保罗教堂（原建于公元 380 年，19 世纪被毁后重建），罗马圣克里门教堂（原建于 4 世纪，1084 ～ 1108 年重建）等。其中圣彼得老教堂已带有拉丁十字形平面型制，同时在东面入口部分增加了一个前庭，在中央设洗礼池（图 10-1a，b）。这时期建筑物的材料是互相拼凑的，内部柱子往往各不相同，地面做碎锦石铺地，但屋顶已不用拱顶而大多是木屋架的露明构造，墙面上也喜欢用大理石镶嵌，装饰的重点是在圣坛的穹顶下，将基督或圣徒像衬以金色背景，十分醒目。初期基督教堂的型制对后来有很大影响，是后来中世纪基督教堂的原型。

9～12世纪时，罗马风建筑形制开始在欧洲活跃起来。由于基督教会在当时是物质世界和精神世界的领袖，占有社会财富的一半以上，故教堂和修道院以及后来发展的城市住宅成为罗马风建筑的主要类型。它借助于早已式微的罗马建筑技术与艺术手段，吸收拜占庭等东方的影响，力求适应受基督教支配的社会生活与意识形态的需要，流行于除俄罗斯与巴尔干半岛以外的欧洲广大地区。

10.2 罗马风建筑的特点与典型实例

早期罗马风建筑（罗曼风格）承袭初期基督教建筑，并采用古罗马建筑的一些传统做法，如半圆拱、十字拱等，有时也搬用古典的简化柱式与装饰细部。在长期的形式演变过程中，逐渐用拱顶取代了初期基督教堂的木结构屋顶，对罗马的拱券技术不断进行试验和发展，逐渐用骨架券代替厚拱顶，形成了罗马风结构特点的四分肋骨拱和六分肋骨拱（图10-2）。

教堂平面布置仍为有长短轴的拉丁十字平面。长轴为东西向，由较高的中厅和两边侧廊组成，西端为主要入口，东端为圣坛，短轴为横厅。由于圣像膜拜之风日盛，而在东端逐渐增设了若干小祈祷室，平面形式渐趋复杂。在教堂的一侧常附有修道院。

罗马风建筑的外观常常比较沉重，朝西的正立面常冠有1～2个钟楼，有时十字中心上亦有塔楼。墙面利用连列小券及一层层的同心圆线脚组成的券洞门以减少沉重感，这种层层退进的券门常称之为透视门（图10-3）。

罗马风教堂为了适应宗教与社会的需要，中厅越升越高，平面日益复杂，如何减少和平衡高耸的中厅上拱脚的横推力；如何

图10-2
罗马风教堂内的肋骨拱顶

图 10-3　罗马风建筑的透视门

使拱顶适应于不同尺寸和形式的平面；围绕这些矛盾的解决，推动了建筑的发展，最终引出了崭新的哥特建筑形式。

　　罗马风建筑的著名实例首推意大利的比萨大教堂建筑群（Pisa Cathedral，11～13世纪），它是意大利罗马风建筑的主要代表，由教堂（Cathedral，1063～1118年）、洗礼堂（Baptistery，1153～1265年）和钟塔（Campanile，1174～1274年）组成（图10-4a）。洗礼堂位于教堂前面，与教堂处于同一条中轴线上；钟塔在教堂的东南侧，其形状与洗礼堂不同，但体量正好与它平衡。三座建筑的外墙都是用白色与红色相间的云石砌成，墙面饰有同样的层叠的半圆形连列券，形成统一的构图（图10-4b）。

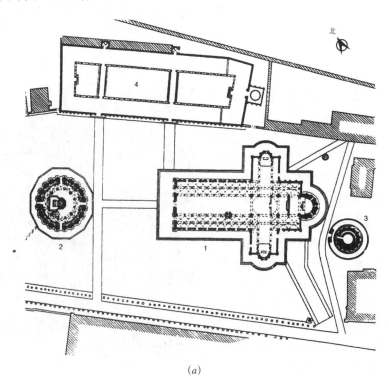

图 10-4　比萨大教堂
(a) 教堂群总平面
1- 主教堂；
2- 洗礼堂；
3- 斜塔；
4- 公墓

(a)

特别值得一提的是钟塔（图 10-4c），高 50 余米，直径 15.8 米，因地基关系倾斜得很厉害，从顶中心垂直线距底中心有 4 米余，故有斜塔之称。由于它的基础在第二层刚建成时就开始向一边下沉，建造者无法纠正倾斜，到第四层时不得不停了下来。60 年以后，倾斜没有增加，于是又加了三层，高度达 45 米。顶层的钟楼到 1350 年才建成。

(b)

(c)

图 10-4 比萨大教堂（续）
(b) 外观现状；(c) 比萨斜塔

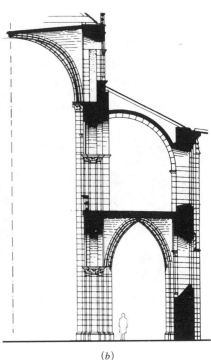

图 10-5
卡昂的圣埃提安教堂
（a）外观；（b）中厅剖面

(a)

(b)

卡昂的圣埃提安教堂（St. Etienne, Caen, 1068 ~ 1115 年）是法国北部最有代表性的罗马风教堂之一（图 10-5a）。该地区因过去受古罗马影响较少，很早就形成了自己的建筑风格。西面入口两旁有一对高耸的钟楼；正面的墩柱使立面有明显的垂直线条；室内的中央通廊很高，上面采用半圆形的六分肋骨拱（图 10-5b）；在圣坛外面还出现了初步的飞扶壁，成为后来哥特建筑结构的原型。

10.3 哥特建筑产生的社会背景

哥特式（Gothic）又称为高直式。它是中世纪欧洲建筑艺术形式发展的一个阶段，这种式样从 12 ~ 16 世纪在欧洲（主要是西欧）各国的建筑艺术中占着统治地位。

"哥特"本是欧洲一个半开化的民族——哥特族的名称，他们原是游牧民族。文艺复兴的艺术家们认为 12 ~ 15 世纪的欧洲艺术是罗马古典艺术的破坏者，因此就把"哥特"这个名字称呼当时的艺术与建筑。其实，这种称呼是不完全公正的。这个时期由于城市的兴起，手工业的发展与进步，在建筑技术与结构方面都有自己的特点和突破性创造，取得了很大的成就，同时随着新的社会生活的需要，也出现了不少新的建筑类型。

哥特式的形成是和西欧封建社会发展的新阶段联系着的，而哥特式建筑的出现也是与封建城市的兴起、手工业与商业的发展、基督教神权的扩大分不开的，哥特建筑就是这三者结合的产物。

11 ~ 12 世纪，随着商品交换的繁荣，在一些交通要道、关隘、渡口及教堂或城堡的附近，逐渐形成了许多以手工业生产为主的、为商业贸易服务的城市。到 12 ~ 13 世纪，由于手工业和商业的繁荣，社会富足，人口逐渐集中到城市里来，这就为建造高大建筑提供了物质基础。在这些城市里，哥特艺术与建筑得到很大的发展，许多哥特式的大教堂和城市管理机关的建筑建立起来，争相夸耀自己城市的财富。

基督教会神权的扩大，使这个时期的教堂自然得到特别有利的发展机会。教堂庞大的体积和超出一切的高度，正反映出当时教会在封建社会中的势力。

10.4　哥特建筑的特点

哥特建筑形式带有浓厚的宗教色彩，高直的形体，玲珑剔透的装饰，表现了崇高、神圣、与天接近、超凡脱俗的效果，成为当时封建统治阶级用神权思想来统治群众的精神工具。这种形式也影响到一般民用建筑上，并反映到建筑内部。

建筑技术：中世纪哥特建筑在结构与施工上的进步，反映了工匠分工的细致，尤其是尖券、飞券、飞扶壁、框架结构与石工技术的发展，充分地反映了当时建筑工匠在前一时期建筑结构的基础上有所改进、有所提高。

建筑类型：新的城市生活与城市趋向独立，除了教堂外还要求许多新的建筑类型的出现，例如市政厅、关税局、基尔特厅（手工业行会会所）、教会附设的学校、医院等都和以前不同。这表明建造已不再是教堂匠师的专利，建筑者是工匠，他们联合成各种行会，在建造新建筑类型时也像建教堂一样运用自己的技艺。

市民住宅和公共建筑物：大多采用木构架，梁、柱、墙、龙骨以及为加强构件的刚性而设的一些构件完全露明，涂成暗色。梁柱之间用砖石填充，有时抹白灰。由于木构件和填充部分区别显著、色彩对比强烈、窗子很大，所以房屋表现出框架结构的轻快性格（图 10-6），这时期城市缺乏规划，房屋拥挤，因此大多数房屋楼层向前挑出，屋顶高耸，里面设有阁楼。住宅的底层通常是店铺或作坊，面阔小而进深大。门窗不强求一律和整齐对称，而是由木构件组成优美和谐的图形，使房屋的体形和立面活泼而又匀称。露明的楼梯、阳台、花架和戴着尖顶的凸窗等，更把住宅点缀得生机盎然。

随着社会的发展，市民们逐渐意识到自己的重要性，开始设法在城市的大广场上建立市政厅，与大教堂并列，因此出现了一种新的建筑类型——市政厅。市政厅建得富丽堂皇，底层往往是商店，上层是一间大会议厅，有的向市中心广场设一个阳台，是市民集会时的主席台。市政厅上也往往挺立着尖顶。

图 10-6
哥特时期的市民住宅外观

　　中世纪城市：大多是自发形成的，故在城市布局上反映出极大的自发性，它的特点是混乱而缺乏规划，街道狭窄弯曲，城市以教堂为标志。教堂在城市形态上扮演了中心角色，高耸的钟塔突出了整个城市的轮廓。教堂旁一般设市场及各种行会，是贸易交换的重要场所（图 10-7）。

　　哥特式教堂：到 12 世纪下半叶，哥特式教堂的富有创造性的结构体系使所有问题迎刃而解。首先，哥特式教堂使用骨架券作为拱顶的承重构件，十字拱成了框架式的，其他的填充围护部分就可减薄，使拱顶大为减轻，节省了材料，侧推力也因此减小。骨架券使多种形状的平面都可以用拱顶覆盖，解决了祭坛外环廊和小礼拜室的拱顶技术困难（图 10-8）。

　　飞扶壁是哥特建筑特有的，它是一种独立的飞券，在中厅两侧凌空越过侧廊上方，在中厅每间十字拱四角的起脚抵住它的侧推力，解决了水平分力问题。飞券落脚在侧廊外侧一片片横向的墙垛上（图 10-9）。从此，侧廊的拱顶不必负担中厅拱顶的侧推力，可以大大降低高度，扩大中厅的侧高窗，外墙也因为卸去了荷载而窗子大开，于是结构进一步减轻，材料进一步节省。它和骨架券一起使整个教堂的结构近于框架式的。

　　教堂中全部使用二圆心的尖券和尖拱（图 10-10a，b）。尖拱和尖券的侧推力比较小，有利于减轻结构，而且使不同跨度的券和拱可以同样高，骨架券的十字拱顶不致隆起，十字拱的间也不必是正方形的。于是中厅两侧大小支柱交替和大小开间套叠的现象消失了，内部的形象因此整齐、单纯、统一（图 10-11）。

　　骨架券、飞扶壁、尖券形成了连续的结构。使哥特教堂的整体性更

图 10-7　哥特时期的市场和行会

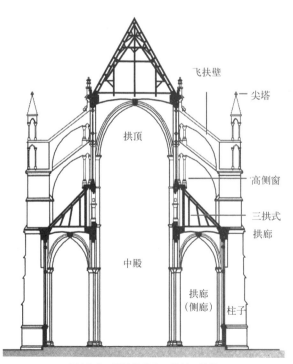

图 10-8　哥特教堂中厅的剖面结构

图 10-9　飞扶壁外观

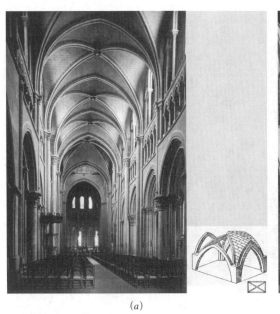

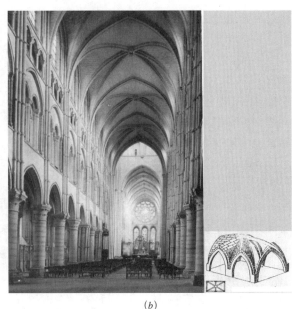

(a) (b)

图 10—10 哥特教堂拱顶形式
(a) 四分尖券肋骨拱顶；(b) 六分尖券肋骨拱顶

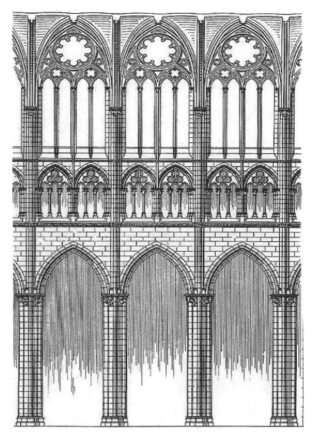

图 10—11 教堂中厅两侧开间立面

强了。因此哥特教堂的结构比罗马风结构更为精练，空间效果更加生动。

新的结构方式直接为教堂的艺术风格带来新的因素，教会力求把它们同神学结合起来。中厅一般不宽，但很长，由于技术的进步，中厅越来越高（一般都在30m以上）。在狭长、窄高的空间里，长排的柱子引向圣坛，给人以神秘感。

拱顶上的骨架券在垂直支承结构上集成一束，从柱头上散射出来，有很强的升腾动势。裸露着的骨架在室内造成的垂直线条，和箭矢形的尖券一起，形成向天国接近的幻觉，有力地体现了超脱红尘的宗教感情。

窗是哥特式教堂最有表现力的装饰部位，窗的面积很大，人们把新约故事用彩色玻璃做成连环画镶在窗玻璃上，称作"傻子的圣经"。光线透过五颜六色、金碧辉煌的窗户，使教堂内部增加了宗教气氛。

哥特教堂的结构在外表也是裸露的。例如，架空的飞券和垂直的墩子等，外貌往往不如内部完整，但是它们的外表也充分表现向上的动势。西面的典型构图是，一对塔夹着中厅的山墙，垂直地分为三部分。水平方向利用栏杆、雕像等，也划分为三部分。上部是连续的尖券。中央是圆形玫瑰窗，象征天堂。下面是三座门洞，都有周围的几层线脚，线脚上刻着成串的圣像。

哥特教堂的外部布满了装饰，这些装饰都服从于建筑物的思想表现——动势向上。为了削弱重量感，有的教堂立面上蒙有一层精巧的、纤细的石质网。而且是越往上划分越细、越多装饰、越玲珑，顶上还有锋利的、直刺苍穹的小尖顶。

哥特式教堂是中世纪欧洲最突出的建筑类型，是教堂建筑的黄金时代。它能获得这样的发展，主要有下列几个原因：

（1）教会势力增长，需要用教堂高大向上的形体来表示神权的尊严、崇高。

（2）城市发展，人口集中，在神权思想占统治地位的中世纪欧洲，需要体积庞大的教堂来容纳做礼拜的教徒。有许多大教堂能容纳一万人以上，如法国巴黎圣母院、意大利米兰大教堂、德国科隆大教堂等。同时，哥特式教堂不仅具有宗教意义，也还具有政治意义与经济意义，如在教堂内进行国会、讲演、商务活动等。

（3）中世纪末期，欧洲的城市经济有很大的发展，教会拥有大量的财富，为建筑高大的教堂提供了物质基础。

（4）由于建筑结构技术进步，发明用尖拱、框架、飞券（飞扶壁）等做法，为哥特式的高大教堂提供了技术上建造的可能。

哥特式建筑起源于法国，后来在弗兰德尔的一些城市中，在德国的莱茵河流域，在英国、西班牙、尼德兰和意大利流行起来。大教堂和世俗性的市政建筑物有时由市民单独建造，有时也和王侯联合起来建造，巨大的教堂在城市建筑中起着主导作用。随着建筑技术的提高，哥特建筑发展得愈来愈高、愈来愈宽阔，教堂内部最高达 48 米，有的塔高达到150 米以上，超过了埃及最大的金字塔。

10.5　哥特式建筑的典型实例

10.5.1　法国哥特建筑

法国是哥特建筑的发源地。这种风格在 12 世纪初开始出现于法国的北部，几十年之内风靡全欧，法国的工匠被各国争相聘用，因而使欧洲的宗教建筑风格逐渐接近起来。

哥特教堂的确是这时期辉煌的纪念碑，是建筑史上大放异彩的奇葩。哥特教堂明确而单纯的结构体系与神秘的空间处理的矛盾，大玻璃窗上新约故事画的内容和它的华丽装饰性的矛盾，力求轻快活泼而又充满宗教幻想的矛盾等，都是自由的工匠和教会的矛盾的具体表现。当然，由于当时封建制度的巩固，宗教力量的强大，以及工匠们不可能有明确的伦理思想体系，所以，矛盾中占优势的还是宗教的气氛。

法国比较著名的哥特教堂如巴黎圣母院（Notre Dame，公元1163～1250年）、夏尔特尔教堂（Chartres Cathedral，公元1194～1260年）、兰斯主教堂（Rheims Cathedral，公元1212～1300年）、鲁昂奥文教堂（S. Ouen, Rouen，公元1318～1515年）等。这时期的教堂由于规模较大，有的建造时间延续达几百年，在造型上也表现了各时期的特点。

（1）巴黎圣母院（Notre Dame, Paris，公元1163～1250年，图10-12a，b，c，d）

巴黎圣母院是法国哥特建筑初期的一个典型例子。它位于巴黎塞纳河中的城之岛上，入口西向，前面广场是市民的市集与节日活动的中心，其内部大约可以容纳一万人。

平面的纵轴线是一微小的折线，中间有四排柱子，分成五个通廊。中央通廊比较宽敞。两翼凸出很小，后面有一大圆龛，周围环绕着祈祷室。教堂的屋顶用尖券肋料构成，中央通廊两旁是联排的尖券集中在下面的圆柱墩上，上部的倚柱较细，直连拱顶。侧通廊上有一层夹楼。正立面朝西，两旁有高大的钟塔。立面上下水平划分为三段，用两条券带作为联系，下面一层券带上是一排犹太历代帝王的雕像。底层有三个入口，或称之为透视门，在门洞的正中都有一根方形柱子。大门的两侧层层退进，上面布满了雕像，因为处理得比较程式化，看起来倒也有整体的效果。在立面的正中有一个大圆窗，又称之为玫瑰窗，直径12.6米，图案精美，是哥特式教堂的重要特征。上面一层券带是装饰性的，主要为了遮蔽后面的屋顶，并与两侧塔楼取得很好的联系，使整个立面和谐悦目、有规律、有节奏，并充分地表达中世纪教会神圣崇高的中心思想。教堂两侧的大玻璃窗是重要的装饰部位，它的彩色玻璃窗花达到极高的艺术水平。在侧立面与背立面有一排飞扶壁（飞券）支撑着屋顶拱券的推力，在外表上也有着统一构图的效果。特别是在屋顶中部屹立着离地90米高的玲珑剔透的尖塔，和西面两个钟塔一起，表现了哥特教堂独特的风格。巴黎圣母院既表现了宗教神权的势力，也反映了匠师艺人的技巧。

图10-12 巴黎圣母院
（a）城之岛鸟瞰

（a）

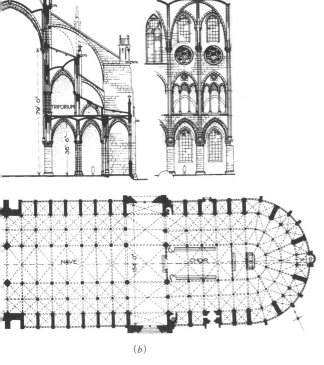

(b)

(c)

（2）兰斯 主教堂（Rheims Cathedral，公元 1211 ～ 1290 年，图 10-13）

兰斯城距离巴黎东面约 150 公里。兰斯主教堂原是法国国王加冕的教堂，造型华丽，形体匀称，装饰纤巧细致，石雕玲珑剔透，是法国哥特教堂中最精致的一座。教堂正面朝西，上下三段的比例划分基本与巴黎圣母院相似，但是其装饰却复杂得多，三个尖券门洞是这座教堂的重点部位。内部圣坛后面是五个圆形祈祷室，除了大型仪典之外，还可以在这些小祈祷室进行小型的礼拜活动。圣坛前面是中厅，东半部有五个通廊，西半部改为三个通廊，是供信徒做礼拜的地方。西立面上两座高耸的钟塔高 80 米，中间的玫瑰窗直径达 12 米，彩色玻璃鲜艳斑斓，更增加了教堂内部的神圣气氛。

(d)

图 10-12 巴黎圣母院（续）
（b）平面、剖面和中厅立面；
（c）入口外观正立面；
（d）巴黎圣母院侧面和背面

图 10-13　法国兰斯主教堂

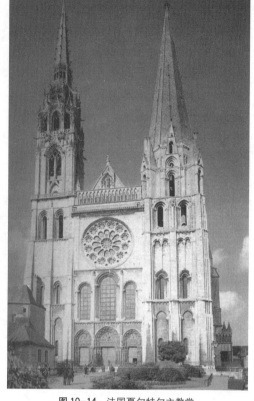

图 10-14　法国夏尔特尔主教堂

（3）夏尔特尔 主教堂（Chartres Cathedral，公元 1194 ~ 1260 年，图 10-14）

夏尔特尔城在巴黎西南约 50 公里处。主教堂的正立面与巴黎圣母院不同，二座钟塔上部加有很高的尖顶，是这座教堂的显著特征。由于社会的原因，北塔完成的时间要比南塔迟 400 年，形式也因此迥异，北塔直到 1507~1514 年才最终完成，是欧洲最美丽的钟塔之一。教堂的外观及内部的尖拱结构简练，是法国早期哥特建筑的重要实例之一。

法国比较好的城市公共建筑物大都建在 15 世纪之末，著名的有部亥日的市政厅、鲁昂的法庭、康半尼的市政厅等。法国中世纪的城市一般都是自发形成的。卡尔卡松（Carcassonne）是 13 世纪法国的典型城市，入口有塔楼、垛墙、吊桥等防御设备，城市的平面近椭圆形，道路系统比较紊乱，这一方面反映了城市建筑的自发性，另一方面也是为了防御的需要（图 10-15）。其他如圣米歇尔城（Mont S. Michel），也是 13 世纪重修的城堡，城市建在一座小山上，主要建筑是教堂，形成这个城堡的中心（图 10-16）。

10.5.2　德国哥特建筑

（1）科隆主教堂（Cologne Cathedral，始建于 1284 年，图 10-17*a*,*b*）

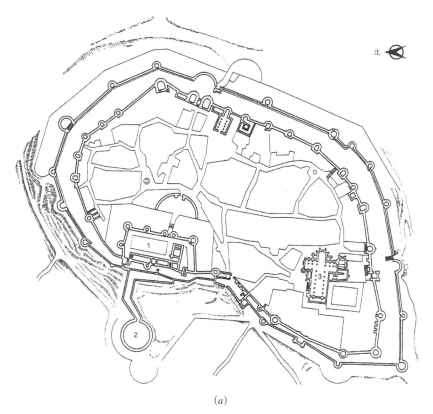

北

图 10-15　卡尔卡松城
(a) 城市平面；
(b) 城市鸟瞰
1- 领主的宫堡；2- 堡垒；
3- 教堂

(a)

(b)

图 10-16　法国圣米歇尔城

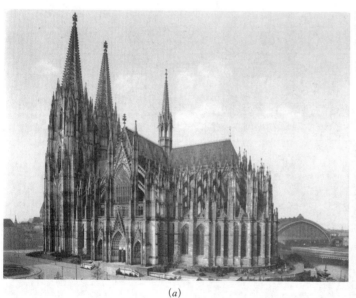

(a)

(b)

图 10-17　德国科隆主教堂
(a) 外观；(b) 室内中厅

科隆主教堂是欧洲北部最大的哥特式教堂（图 10-17）。由于德国哥特建筑是从法国传入的，因此它具有法国北部哥特风格，平面 143 米 ×84 米。西面的一对八角形塔楼建于 1824～1880 年，高达 150

余米，体态硕大、造型挺秀。中厅宽 12.6 米，高 46 米，使用了尖形肋骨交叉拱和集束柱，是哥特教堂室内处理的杰作。独具特色的浮雕、宽阔的歌坛、轻盈通透的飞扶壁以及栩栩如生的圣母彩绘，给人造成一种神秘天国的幻觉。

（2）乌尔姆主教堂（Ulm Cathedral，公元 1377 ~ 1492 年，图 10-18）

乌尔姆是德国南部的一座古城，多瑙河在它的东南方向流过。乌尔姆教堂具有德国哥特教堂风格的特色，它的西立面是一座高耸的尖塔，与法国哥特教堂的成对钟塔不同，入口大门在钟塔之下。主体建筑完成于 14~15 世纪，钟塔上部由于工程量太大，直到 19 世纪才完成。整个教堂均由石头建成，钟塔外部装饰玲珑剔透，尖顶高达 161 米，是当今世界上最高的教堂尖顶，也是乌尔姆城的标志。

图 10-18　乌尔姆主教堂

10.5.3　英国哥特建筑

英国哥特建筑开始比法国约迟 50 年，从 12 世纪末到 16 世纪，共延续约 400 年之久。英国哥特建筑不像法国是从本地建筑中发展起来的形式，它是从法国传入的，所以初期只接受了这种建筑的造型和装饰纹样，哥特建筑有机的结构方法接受得比较迟。

在英国，起初教堂是最主要的，到 15 世纪时，行会大厅、济贫院、学校、旅馆、医院，甚至大学都纷纷建造起来。

哥特教堂：因为中世纪的英国，比较繁荣的地方还是农庄，商业城市不如欧洲大陆地区发展得快，初期教堂都是建立在乡村，建筑物与大自然结合得比较好，能够使田野树丛衬托教堂建筑的秀丽姿态。

英国哥特教堂在结构上比较突出的成就是把拱顶处理得极为富丽，在肋料之间再加上小肋料，构成精美的图案。同时由于肋料增多，拱顶的形式也随之改变，出现了四圆心拱、扇形拱等（图 10-19）。

英国工匠虽然在拱顶上有很精的技巧，但却常用木屋架，木屋架的技术也同样十分精巧，特别到 15 世纪，屋架有许多种形式，装饰性都很强，其中最复杂的一种叫锤式屋架（Hammer Beam）（图 10-20）。露

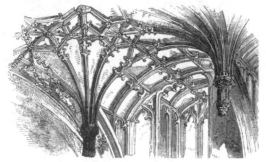

图 10-19　英国哥特教堂的华丽拱顶

图 10-20　锤式屋架

图 10-21　英国索尔兹伯里主教堂

明的屋架是深色，由白色的墙和天花衬托。这种屋顶常用于教区小教堂和世俗建筑中。

英国哥特教堂的典型例子如索尔兹伯里教堂（Salisbury Cathedral，1220～1265 年），伦敦西敏寺（韦斯敏斯特修道院 Westminster Abbey，13～15 世纪），温彻斯特教堂（Winchester Cathedral，137l～1460 年）等。在这些教堂前面，一般都有一个不大的广场。

（1）索尔兹伯里主教堂是英国哥特教堂的典型实例（图 10-21），周围环境开阔，平面呈双十字形，主厅瘦长，东端的圣龛部分呈长方形，西面入口有一对不显著的钟塔。教堂的造型注意结构的明晰性，能表达清晰脱俗的意境。教堂中部的塔楼非常突出，高达 123 米，成为教堂的主要标志。在教堂的西南面有一个修道院，与教堂连成一个整体，是英国大教堂常用的手法。

（2）伦敦韦斯敏斯特修道院（又名西敏寺修道院），它是英国中世纪最重要的建筑（图 10-22a，

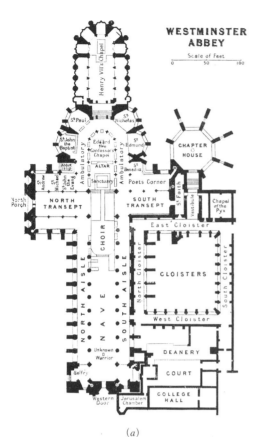

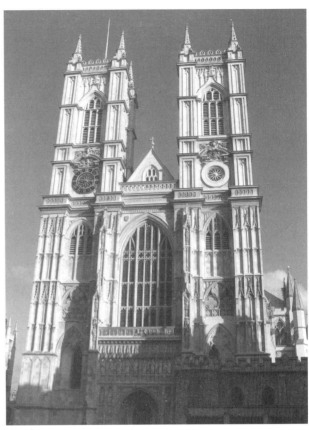

(a)   *(b)*

图 10-22　伦敦韦斯敏斯特修道院
(a) 平面；*(b)* 西立面外观

b），这座修道院与大教堂连成一个整体，始建于 10 世纪，主要部分完成于 13 世纪中期。教堂平面呈明显的拉丁十字形。修道院在大教堂的西南面，周围还有附属建筑。这座教堂是英国国王加冕的教堂，内部装饰豪华，里面还附有国王加冕的宝座。在圣坛的周围还有一圈大小不同的祈祷室，形制与法国相似。在 16 世纪建造的晚期哥特式内部已采用了扇形拱顶的装饰，极尽玲珑剔透之能事，反映了封建统治阶层的奢靡之风。

世俗建筑：在这时期，城市里还建造了一些公共建筑物和住宅。造型比较好的是城市市民的住宅、旅舍、医院、行会大楼，以及市场上或路口上的亭阁等。建筑物有石头的，也有木构架的，房屋在白粉墙上裸露着深色的木构，木构架组织得很好，再加一些装饰性图案处理，非常美观。它们的窗子很大，往往凸出墙外，陡峭的屋顶在山墙上有雕饰精美的封檐板。这些房屋随着内部功能需要而决定体形，常常使体形复杂、不规则，这尤其增加了小房子构图的变化。

(a)

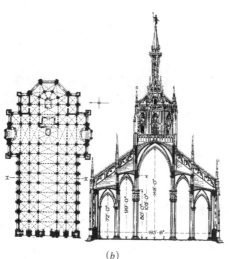

(b)

图 10-23 米兰大教堂
(a) 外观；(b) 平面和剖面

10.5.4 意大利哥特建筑

意大利由古罗马发展而来，有根深蒂固的古典传统，起源于法国的哥特风格传入意大利最迟，而且经过了极大的改造。意大利在这时期只接受了哥特建筑的高直形象和华丽的装饰手法，没能充分吸收哥特建筑的先进结构技术。

哥特教堂：在意大利的教堂建筑中，米兰大教堂（Milan Cathedral，1385～1485年）最接近法国哥特教堂的风格。米兰教堂是欧洲中世纪最大的教堂，内部空间宽阔，大厅宽59米（图10-23a，b）。它仍保留了巴西利卡式的特点，外形雕刻精致。虽有135个尖塔像树林一样刺向天空，但向上感不强。这是因为中央通廊虽高45米，但侧通廊也有37.5米。由于工程装饰复杂，直到19世纪拿破仑时代才全部完工。

世俗建筑：在这时期的意大利，除了教堂之外，城市中的世俗建筑比较丰富，建造了市政厅、宫殿、府邸、钟塔和广场敞廊等。

这一类建筑物中较著名的有佛罗伦萨城的市政厅（Palazzo Vecchio，1298～1514年）、兰兹敞廊（Loggia dei Lanzi，1376～1382年）等。市政厅用粗石块砌成，入口在侧面，窗户很小，顶层既像雉堞又像檐部

似地向外挑出，上面有一座敌楼似的方塔，高 95 米。瘦高的钟塔和严肃
厚重的体积相对比，成为城市中心广场的标志，极具中世纪建筑的庄严
及城堡般坚固的特征（图 10-24）。广场平面不规则，周围房屋格调不一，
反映了中世纪广场主要由于城市生活需要而逐渐形成的特点。14 世纪时，
建立了兰兹敞廊，它位于西诺拉广场南边，正面三个大券洞，每个券洞
的跨度将近 12 米，向广场敞开（图 10-25）。侧面一个券洞朝向乌菲斯
（Uffizi）大街。它与市政厅的封闭墙面相对比，使广场富有变化。文艺
复兴时期又点缀了雕像与喷水池等，使广场有露天博物馆之称（图 10-
26）。

　　最重要的建筑物是威尼斯公爵府（The Doges Palace，9 ~ 16 世纪，
图 10-27a,b）和大运河沿岸的富商府邸。公爵府位于威尼斯海湾的旁边，
是圣马可广场的一个重要组成部分。它的立面处理非常新颖，把上部将
近二分之一的高度做成一片墙面，而下部则做成两层连续券廊，但并没
给人任何不稳定的印象。它的底层券廊的柱子粗壮，强而有力。它的最

图 10-24　佛罗伦萨市政厅

图 10-25　兰兹敞廊

图 10-26　西诺拉广场平面

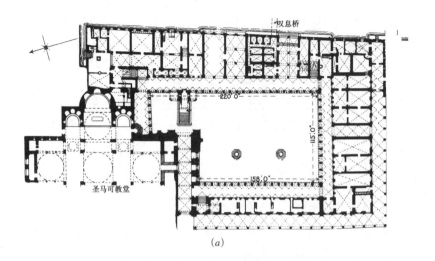

(a)

(b)

图 10-27　威尼斯公爵府
(a) 平面；(b) 面向大运河的侧立面

上层墙面处理很巧，看上去很轻，手法是：墙面用小块的各色大理石镶拼，所形成的方格形图案是斜的，使墙面没有砌筑的感觉；墙面上摒弃了一切作为厚墙标志的线脚或雕刻装饰，窗口窄窄的边框凸出于墙面之外，使光光的平墙显得很薄，像一片绸缎；它的轻而细的檐口，它的转角处的圆柱线脚也都增加了墙面又轻又薄的印象。第二层连续券廊很出色地担当了上下间的联系任务，它的尖券上的一列圆形图案，是完全开敞的连续券廊和完全封闭的墙面间的很顺利的过渡。

公爵府的立面处理别具一格，它在世界建筑遗产中有着重要的地位，同时也反映了在当时社会条件下匠师们的高超技艺。

10.6　结语

（1）4～9世纪欧洲形成的初期基督教建筑风格是过渡时期的风格，这时期遗留下来的实物极少。

（2）9～12世纪时产生的罗马风建筑反映在教堂建筑上有了明显的成就。教堂和修道院成为当时建筑活动的中心，它创造了骨架券的结构体系，代替了厚实的墙体与沉重的拱顶，使建筑朝着框架结构方向迈进了一大步。它在立面上用钟楼的处理手法成为后来哥特教堂立面的原形。

（3）12世纪初，开始在法国形成了一种新的建筑风格——哥特风格，这种风格的发展和基督教有着密切的关系。因为中世纪的欧洲，基督教势力极大，对人民的影响很深，宗教的色彩必然也要影响着建筑风格。巨大的教堂，在中世纪的城市中占有绝对统治的地位。

（4）哥特教堂最显著的特征是结构上采用尖券和骨架券方法，并使用了钟楼、飞扶壁、束柱、花窗棂、透视门等。造型上强调了高耸的构图，玲珑剔透的雕饰，使哥特教堂表现了"向上飞升"与"超尘脱俗"的幻觉，这完全符合封建国家和教会以宗教的观念从精神上影响群众的要求。

（5）哥特式建筑的技术与艺术的成就是很高的。匠师们是勇敢的革新者，他们冲破了种种束缚，在技术与艺术方面脱离了古罗马的影响，开辟了新的天地。这种风格在短期内形成，迅速传至欧洲各地。

（6）晚期的哥特建筑也反映了工匠的城市文化和封建主教会文化的矛盾。这矛盾表现为城市公共建筑物渐渐发展，教堂开始具有公共活动与日常活动场所的气氛，内部装饰渗入了世俗的题材，既理性又神秘，既表现对现实生活的热烈爱好，又表现对天国的虔诚向往。手工匠们毕竟不是无神论者，他们不可能提出新的完整的思想体系来和基督教堂对立，只能把自己对现实生活的兴趣、对教会压迫的反抗，对彼岸生活的怀疑，对来世生活的热爱表现在建筑中。不过，手工业工匠们和小商人，这时候仍然被压制在封建制度之下，享受不到完全的政治权利，他们的住宅虽然有些艺术加工，但仍是简陋的，他们的居住区也还是阴暗污秽和破败的。

11 意大利建筑的文艺复兴
Italian Renaissance Architecture

（公元 15 ~ 17 世纪）

11.1　文艺复兴运动形成的社会背景

　　14 ~ 15 世纪的意大利，是欧洲最先进的国家。大企业的出现，产生了新的阶级——资产阶级，其中包括工业家、银行家、商人。他们相信人的力量，相信人的生活权利。认为人是有理性的、有知觉和抉择力的。主张人生在这个世界，就有权去享受一切、使用一切。他们轻视神的学说，主张首先要认识人和自然界。对他们而言，陈旧的世界观、宗教观和科学命题已经不适用了，在这样的社会情况下，逐渐产生了文艺复兴。

　　意大利是文艺复兴运动的发祥地和最典型的代表。在欧洲，文艺复兴运动从 14 世纪开始，一直延续到 18 世纪。恩格斯曾高度赞扬了这个时代，他说："教会的精神独裁被摧毁了，……这是一次人类从来没有经历过的最伟大的、进步的变革，是一个需要巨人而且产生了巨人——在思维能力、热情和性格方面，在多才多艺和学识渊博方面的巨人的时代。给现代资产阶级统治打下基础的人物，决不受资产阶级的局限。"[①]

　　"文艺复兴"（Renaissance）一词的原意是"再生"的意思。早在文艺复兴时期，意大利的艺术史家瓦萨里（1511 ~ 1574 年）在他的《绘画、雕刻、建筑名人传》中，就用"再生"这个字来概括整个时期的文化活动的特点。实际上这也是反映了当时人们的普遍见解：认为文学、艺术和建筑在希腊罗马的古典时期曾经高度繁荣，而到中世纪时却衰败湮灭，直到他们这时才又获得"再生"和"复兴"。但是，如果把文艺复兴时期看成单纯是或主要是文学、艺术和建筑方面的复兴运动，那就是片面和错误的了。文艺复兴时期的文化，在形式上确实具有采用或恢复古典文化的特点，但它决不单纯是古典文化的"再生"和"复兴"。它是借用古典外衣的新文化，是当时社会的新政治、新经济的反映。因此，文艺复兴实际上就是新兴的资产阶级（或叫市民阶级）和人民群众一道，在思想领域和文化领域中展开的反封建斗争。

　　文艺复兴时期文化上的新思潮就是"人文主义"，它是文艺复兴运动的思想基础。"我是人，人的一切特性我无所不有"，这句话就是人文主义者的口号。人文主义的特征，首先在于它的世俗性质与封建文化的宗

---

①　马克思恩格斯全集. 第 20 卷. 北京：人民出版社，1971. 第 361 页.

教性质完全相反。从事世俗活动而发财致富的新兴资产阶级，反对中古教会的来世观念和禁欲主义。他们的目光注视于现实世界，要求享受现世生活的乐趣。反映这一思想的人文主义者肯定人是生活的创造者和主人，他们提倡发展人的个性，要求文学艺术表现人的思想和感情，科学要为人生谋福利，即要求把人的思想、感情、智慧都从神学的束缚中解放出来。因此，他们提倡人性以反对神性，提倡人权以反对神权，提倡个性自由以反对中古的宗教桎梏。

人文主义者所提倡的人权、人性和个性自由，都是以资产阶级个人主义的世界观为前提的。尽管如此，人文主义思想在当时历史上仍然起了很大的进步作用。它继承了湮没已久的古典文化遗产，动摇教会的权威，打破禁锢人心的封建愚昧，为近代的文学、艺术、建筑等的发展开辟了宽阔的道路。意大利的早期文艺复兴孕育了近代西欧的文化。

唯物主义的发展，维特鲁威著作的发现和出版，促使文艺复兴建筑师再次面对美学问题。他们相信，美客观地存在于建筑物自身，而赏心悦目是人类感知了美的结果。早在古希腊，人们就把和谐当作美的最基本含义，文艺复兴时期的理论家们仍然崇奉这个观点，他们相信客观地存在着的美是有规律的，建筑物的各部分也应该受某些规则的制约。

历史事件：在文艺复兴运动时期，曾经产生了几桩重大的历史事件。

首先是 1453 年，土耳其人占领了君士坦丁堡，大批的东罗马知识分子逃亡到意大利，带来了古典文化的传统。

其次是 15 世纪末，美洲新大陆和环绕非洲的航线被发现，为新兴的资产阶级开辟了新的活动场所，空前刺激了商业、航海业、工业，从而促进了新的资本主义因素的高速发展。

第三是由于人文主义的兴起，引起了 1517 年在德国开始进行的宗教改革，打击了天主教对新文化的束缚。

第四是科学技术的进步，在冶金、铸造、天文等方面都有很大的发展，特别是中国的造纸术和活字印刷术的传入，使 15 世纪中叶书籍普及起来，打破了过去教会长期垄断知识的局面，使知识通俗化，大大地促进了文艺复兴人文主义文化的传播。

建筑活动：这时期的建筑活动有许多新的情况。

首先是在绝大多数地方，教堂建筑已不是唯一主要的建设对象了，大型的世俗性建筑物也成了建筑创作的主要对象。

其次是由于城市市民分化成资产阶级和近代无产阶级的前身，所以，城市建筑也分化了。新兴的资产阶级的房屋讲究起来，它们的重要性超过了前一时期的市政厅、行会大厦、钟塔等。例如佛罗伦萨城当时共有居民 10 万人，其中资产阶级与小资产阶级只占八九千人，其余均为无产阶级与一般市民，但是城市建筑却主要是为这少数人服务的。

第三是在形成了中央集权的君主制国家里，宫廷建筑大大发展起来，而封建地主的大堡垒衰微下去了。

第四是在属于统治阶级上层的建筑物中，古典柱式又成为建筑造型的主要手段，古典建筑成了典范。资产阶级开始在建筑领域中夺取了封建神权的思想阵地。

第五是在文艺复兴时期，建筑师已经开始从中世纪的工匠中分离出来，成了专门的职业。他们有的又是画家、雕刻家。因此，他们往往把建筑看作是一种艺术形式，比注意结构更为重要。于是建筑就常被处理为一张图画，在很大程度上离开了结构的合理性，而着重把建筑变成为一种自由表现的艺术，美观占着统治的地位。

11.2　意大利文艺复兴建筑的发展过程

文艺复兴最早产生于 14 ~ 15 世纪的意大利。

在中世纪的欧洲，意大利一直是以城市繁荣、工商业活跃著称的。中世纪的晚期，意大利北部若干城市因为从事东西方之间的中介贸易而成了经济贸易的中心。14 世纪，除了商业贸易和高利贷之外，还在这些城市里出现了最早的资本主义工业的萌芽。马克思曾经在《资本论》中指出："资本主义生产的最初萌芽，在 14、15 世纪，已经稀疏地可以在地中海沿岸的若干城市中看到。"这里所指的"若干城市"，主要就是指意大利的佛罗伦萨、威尼斯、热那亚和米兰等城。

意大利城市的新兴资产阶级要求在观念形态上反对封建制度的束缚和教会的精神统治，以新的世界观推翻神学、经院哲学以及僧侣主义的世界观。这种新的世界观支配着文学、艺术以及科学技术的发展，乃汇成生气蓬勃的文艺复兴运动。

反封建、反教会教条的斗争使这个时期的资产阶级知识分子转向古代。古典文化中唯物主义哲学、自然科学和"人文主义"的各种因素大大有助于新的进步的斗争。古典的著作和艺术品成了典范，一时引起各行各业知识分子和艺术家的崇拜，蔚然成风。在建筑创作中，对古典古代的崇拜表现为柱式再度成为大型建筑物造型的主要手段。古罗马的建筑遗迹被详细地测绘研究，维特鲁威的《建筑十书》被搜寻出来，成了神圣的权威。

但是，文艺复兴时期是市民分化为资产阶级和劳动人民的时期，城市建筑反映了这种分化。最好的匠师们都被掌权者垄断了去，直接为他们少数人服务。因此，建筑风格也分成了两大类，以柱式为造型基础的建筑只限于社会上层，平民们继承着中世纪房屋的风格。古典柱式并没有对平民们的房屋发生重要的影响，也没有能改变中世纪形成的城市面貌。

从 17 世纪上半叶开始，意大利建筑在晚期文艺复兴追求新奇的、变幻的、动态的基础上，逐渐形成了巴洛克风格（Baroque Style），并风靡一时。

意大利文艺复兴建筑的发展过程大致可分为以佛罗伦萨为代表的早期文艺复兴（15世纪），以罗马为代表的盛期文艺复兴（15世纪末～16世纪初），晚期文艺复兴（16世纪中叶和末期）及17世纪以后的巴洛克时期。

11.2.1　早期文艺复兴建筑

位于意大利中部大平原的佛罗伦萨有着悠久的历史，13世纪时经济比较发达，它的毛纺织品远销欧洲各地，它的银行家从欧洲各地吸取高利贷利润。它不受教皇管制，社会安定而繁荣，是最早产生资本主义生产关系的城市之一。因而作为中世纪向近代资本主义过渡时期，新文化、新思想的文艺复兴的曙光也自然在这里最先升起。无数杰出的人才像灿烂群星，出现在佛罗伦萨，如天才艺术家达·芬奇、艺术巨匠米开朗琪罗、艺术家拉斐尔等都曾在这里做出过杰出的成就。

佛罗伦萨在造就一代天骄的同时，还给世界文化留下价值连城的建筑遗产。著名建筑师伯鲁乃列斯基追求开朗亲切的建筑风格，他设计的圣玛利亚大教堂穹顶、育婴院、巴齐礼拜堂，运用了严谨的古典构图。其中圣玛利亚教堂的红色穹窿顶打破了教会的禁忌。15世纪中期，由于土耳其人在攻陷了君士坦丁堡后，切断了东西方的贸易，佛罗伦萨经济开始衰落。因而资产阶级将资金转向土地与房屋，大量豪华府邸迅速建设起来（图11-1），这些府邸着重正立面设计，发展成"屏风式"立面。屏风式立面的恶果之一就是片面强调比例，忽视了内部使用。但是，它们却丰富了城市的街景。

图11-1
佛罗伦萨鲁切拉府邸

11.2.2　盛期文艺复兴建筑

15 世纪中叶，意大利诸城市对地中海东部的贸易被土耳其人切断后，意大利战争接踵而来，过去的工商业城市遭到严重摧残而凋敝了，公共生活停滞，建筑活动减少。只有罗马城，因为天主教教皇从大半个欧洲收取信徒的贡赋和进行政治投机，所以仍然富足、繁荣、安定。这时关于古罗马帝国的回忆流行起来，在建筑中出现了更精确模仿古罗马帝国的作品，追求帝国建筑的宏伟、刚强、纪念碑式的风格。

对古罗马建筑的兴趣，促进了对罗马柱式的广泛应用，轴线构图到处可见，大多数教堂采用了集中式构图，具有强烈的纪念碑性格。内部放弃了 1000 年来列柱和连续券的纵深构图，代之以宏大宽敞的单一空间，因此宗教的神秘感减弱。典型的代表是罗马圣彼得大教堂和伯拉孟特创作的坦比哀多小教堂（图 11-2）等。

这时期主要建筑师属于教皇权臣，重要建筑往往有条件放在城市广场上而成为一个地区的中心。所以，屏风式立面被抛弃，建筑物的体积构图受到强调，这是和古罗马的趣味相一致的。广场的典型实例是圣彼得教堂前的梯形与椭圆形复合广场、卡比多广场。

15 ~ 16 世纪，威尼斯的东西方之间的中介贸易也受到打击，但没有直接破坏。威尼斯的买卖商人跑遍天下码头，他们和阿拉伯、拜占庭等地往来密切，思想比较开明。商人们的公共活动频繁，威尼斯的建筑类型比佛罗伦萨和罗马的都多，包括教堂、府邸、敞廊、图书馆、博物馆等。

图 11-2　坦比哀多小教堂

早在中世纪，威尼斯的建筑风格就是开朗、明快的。在文艺复兴时期，这种风格进一步得到发展。他们很少用大片墙面，而把梁柱的骨架结构强调出来，建筑物体形轻盈、活泼、装饰精致富丽、色彩鲜艳明亮，充分表现出乐观的性格。对于古典柱式，威尼斯并不言从，而是自由运用，并且加进拜占庭和哥特的细部手法。典型作品是威尼斯圣马可广场周围的建筑群。这种建筑风格所反映的是富商共和国的特点。

11.2.3　晚期文艺复兴建筑

意大利的资本主义经济从 15 世纪末开始衰落，随着封建势力的再度抬头，文艺复兴的文化开始走下坡路。从 16 世纪中叶始，江河日下，不复旧日光彩。

封建势力反对宗教改革，资产阶级进步

思想受到严重打击，艺术家发生分化，一部分有影响的艺术家爬到上层去了，享受着高官厚禄，脱离了市民，在艺术家和工匠之间出现了鸿沟，艺术创作逐渐离开了现实主义的道路，流行着手法主义（Mannerism）。

在建筑创作中，"手法主义"的第一种表现是模仿维特鲁威所介绍的各种柱式规则，把它们当作神圣的金科玉律。这时期的主要建筑理论家帕拉第奥、维尼奥拉都详细测绘了古罗马的建筑遗迹，为柱式制定严格的数据规定，帕拉第奥在设计维晋察巴西利卡时，还成功地运用了"帕拉第奥母题"。所谓帕拉第奥母题，实际上是一种券柱式，具体做法是：在每间中央按适当比例发一个券，而把券脚落在两个独立的小柱子上，这种券柱式实部和虚部均衡，彼此穿插，各自形象完整。方和圆的对比丰富，整体上以方开间为主，开间中以圆券为主，有层次、有变化（图11-3）。小柱子在进深方向成双，同大柱子均衡。这些柱式构图的规范经过反复推敲，在比例和处理上是周到的，但是它们是抽象的、僵化的，失去了具体内容，后来成为17世纪学院派古典主义的基础，成了建筑师的教科书。

帕拉第奥按照严格的柱式规则设计了圆厅别墅（Rotunda or Villa Capra），1552年始建（图11-4a, b）。之后，维尼奥拉设计的耶稣教堂被认为是第一座巴洛克建筑。

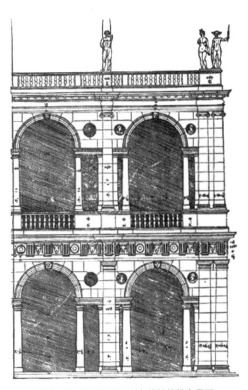

图11-3　维晋察巴西利卡的帕拉第奥母题

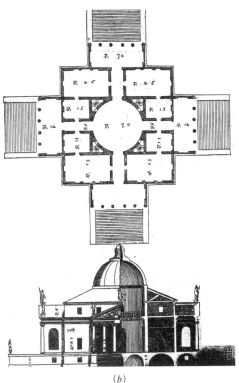

(a)　　　　　　　　　　　　　　　　　(b)

图11-4　维晋察圆厅别墅
(a) 外观现状；(b) 平面和立面、剖面图

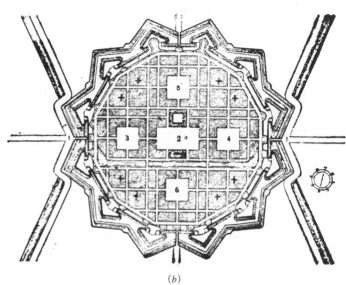

(a)

(b)

图 11-5　帕尔马诺瓦城
(a) 平面；
(b) 十二边形理想城

这时期的重要理论家还有斯卡摩齐，他于 1593 年曾做过意大利帕尔马诺瓦城（City of Palmanova）的规划，得到了实现，是环形加放射道路系统的最初尝试（图 11-5a）。后来他又做了一个十二边形的理想城规划方案（图 11-5b）。

11.3　意大利文艺复兴建筑的特点

意大利文艺复兴建筑的特点，首先表现在这时期出现了不少重要的建筑理论著作。这些理论大抵都是在维持鲁威著作的基础上加以发挥的。其中，意大利在 15 世纪最著名的建筑理论家和建筑师阿尔伯蒂（Leone Battista Alberti，1404 ~ 1472 年）所写的一部理论著作《论建筑》（De Re Aedificatoria），也称《建筑十卷》，是最有代表性的。

第二个特点是这些理论的中心思想是和造型艺术的主要观点一样，强调人体的美，把柱式构图与人体比拟，反映了当时的"人文主义"思想。第三个特点是用数学和几何学关系来确定美的比例和协调的关系，如黄金分割（1.618 : 1 或近似为 8 : 5）、正方形等抽象的东西。这反映了当时条件下数字关系的广泛应用，并且受到了中世纪关于数字的神秘象征的影响。

到了文艺复兴晚期，建筑理论已成为僵化古典形式的工具，定了许多清规戒律与严格的柱式规范，这时期著名的建筑理论著作有：帕拉第奥（Andrea Palladio，1518 ~ 1580 年）的《建筑四书》；维尼奥拉（Giacomo Barozzida Vignola，1507 ~ 1573 年）的《建筑五柱式》。

在单体建筑方面也有许多新的创造。这时期的建设成就集中地表现在府邸建筑和教堂建筑上。

　　世俗性建筑的平面一般均围绕院子布置，设计严谨，讲究对称、均衡，按轴线发展。立面也趋向规律化，门窗排列整齐、距离相等，这样就能造成整齐庄严的沿街立面。外部造型在古典建筑的基础上，采用了灵活多样的处理方法，如立面的分层、粗石与细石墙面的处理、叠柱、券柱式、双柱、拱廊的应用，粉刷、隅石、装饰、山花的变化等等都有很大的发展，使文艺复兴建筑有了崭新的面貌。

　　文艺复兴建筑技术的成就，很大程度是吸收了先辈的建筑经验加以总结和发展的：梁柱系统与拱券结构的混合应用；大型建筑外墙用石材，内部用砖料的砌筑方法；或者是下层用石，上层用砖的砌法；在方形平面上加圆顶的做法；穹窿顶采用双层壳与肋料的做法。这些都使结构与施工技术达到一个新的水平。

　　意大利文艺复兴时期的城市与广场建设是很有成就的。城市的改建追求庄严对称的效果，显示出资产阶级的强烈愿望，使市中心及广场得到很大的改善，如佛罗伦萨、威尼斯、罗马等城。到文艺复兴晚期还出现了许多理想城市的方案。最典型的例子为斯卡摩齐（Scamozzi）所做的理想城方案。

　　广场在文艺复兴时期得到很大的发展，按性质分有：市集活动的广场、纪念性广场、装饰性广场、交通性广场。按形式分有：长方形广场（一般比例为 4∶5，2∶3，1∶2）、梯形广场、圆形广场、不规则形广场、复合式广场等。广场上一般都有一个主题，四周有附属建筑陪衬。早期广场周围建筑布置比较自由，空间多封闭，雕像多在广场的一侧；后期广场较严整，周围常用柱廊的形式，空间较开敞，雕像往往放在广场的中央（图 11-6a，b）。

　　自从 14 世纪意大利文艺复兴开创了一个新时代以来，园林艺术有了很大的进展。喜欢自然，热爱乡村，成了一时的风尚，同时，郊外的园

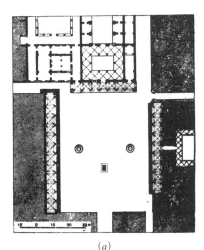
(a)

(b)

图 11-6　佛罗伦萨育婴院广场
(a) 平面；(b) 广场外观

(a)

图 11-7 提沃利爱斯特庄园
(a) 庄园内水景一；
(b) 庄园内水景二

(b)

林别墅也非常适合贵族富商们的寄生生活。因而，到 15 世纪时，贵族富商的园林别墅差不多遍布了佛罗伦萨与北部诸城。意大利文艺复兴时期的园林，大多是郊外别墅的一部分，通常是设在主要建筑物的前面，或者是在它的前后。因为意大利境内丘陵起伏，许多花园别墅都建造在台地上，所以有台地园之称。花园的布局一般都是规则的几何形，别墅建造在几何图案的中心，有时也在园林的最高点上，平台、台阶、草地、雕像、喷泉、树木等组织得十分有机。在花园中用种种造景手法制造出奇不意、富于幻觉的效果，为游憩场所增添了趣味，其中特别是以水景、植物配置、装饰雕刻见长。

在意大利文艺复兴园林中，最著名的例子是提沃利的爱斯特庄园（或译丹斯特别墅，Villad d'Este，Tivoli，1550 年，Ligorio 设计）（图 11-7a,b）和巴涅阿的兰特庄园（Villa Lante，Bagnaia，near Viterbo，1564 年，Vignola 设计）。

11.4 意大利文艺复兴建筑的典型实例（表 11-1）

意大利文艺复兴建筑的典型实例

表 11—1

地点	名称	建造时间	设计人	附注
佛罗伦萨	圣玛利亚教堂的中央穹顶（The Dome of Florence Cathedral）	1420～1434 年	伯鲁乃列斯基（Fillipo Brunelleschi）	第一个文艺复兴建筑的成功作品
佛罗伦萨	育婴院（The Foundling Hospital）	1421～1445 年	伯鲁乃列斯基	
佛罗伦萨	吕卡第府邸（Palazzo Riccardi）	1444～1460 年	米开罗卓（Michelozzo Michelozzi）	原名"美第琪府邸"（Palazzo Medici），是文艺复兴时期府邸的代表作
佛罗伦萨	鲁切拉府邸（Palazzo Rucellai）	1446～1451 年	阿尔伯蒂（Leone Battista Alberti）	
佛罗伦萨	庇第府邸（Palazzo Pitti）	1435～1458 年	伯鲁乃列斯基、阿尔伯蒂等	1550～1568 年增建后面波波里花园（Boboli Garden），1763 年扩建府邸两翼
罗马	坦比哀多（Tempietto in S. Pietro）	1502～1510 年	伯拉孟特（Donato Bramante）	意即"小庙"
罗马	圣彼得大教堂（S. Peter）	1506～1626 年	伯拉孟特、拉斐尔、米开朗琪罗等	世界最大的天主教教堂
罗马	法尔尼斯府邸（Palazzo Farnese）	1515～1546 年	小莎迦洛等（Sangallo the younger）	
佛罗伦萨	潘道菲尼府邸（Palazzo Pandolfini）	1520～1527 年	拉斐尔（Raphael）	
维晋察（Vicenza）	巴西利卡（The Basilica）	1549 年	帕拉第奥（Andrea Palladio）	巴西利卡是市民们进行公共集会和商业活动的地方
维晋察	圆厅别墅（Villa Capra）	1552 年	帕拉第奥	晚期文艺复兴的代表作品
罗马卡帕拉洛拉（Caprarola）	法尔尼斯府邸（Palazzo Farnese Caprarola）	1547～1549 年	维尼奥拉（Vignola）	
罗马	耶稣教堂（Il Gesu）	1568～1584 年	维尼奥拉、泡达（Giacomo dellaPorta）	被称为第一个巴洛克建筑
罗马	圣卡罗教堂（San Carlo alle Quattro Fontane）	1638～1641 年	波洛米尼（Franceseo Boromini）	巴洛克
威尼斯	圣玛利亚教堂（S.Maria della Salute）	1631～1682 年	龙恒那（Baldasscre Longhera）	巴洛克
罗马	卡比多广场（The Capitol）	1546～1644 年	米开朗琪罗（Michelangelo）	即"市政厅广场"
威尼斯	圣马可广场（Piazza and Piazzetta San Marco）	16 世纪		复合式广场
佛罗伦萨	西诺拉广场（Palazza della Signoria）	14～16 世纪		复合式广场，14 世纪已基本形成
罗马	波波罗广场（Piazza del Popolo）	17 世纪		放射式广场
提沃利（Tivoli）	爱斯特庄园（Villa d'Este）	1549～1550 年	利果瑞（Ligrio）	或译丹斯特别墅，7 层台地园
巴涅阿（Bagnaia near Viterbo）	兰特庄园（Villa Lante）	1566 年	维尼奥拉	台地园

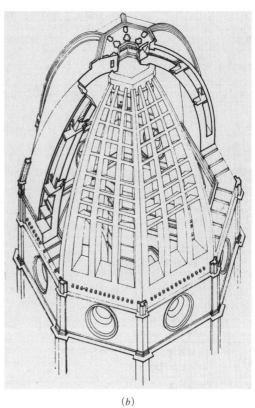

(*a*)　　　　　　　　　　　　　　　　　(*b*)

(*c*)

图 11-8　佛罗伦萨圣玛利亚大教堂
(*a*) 穹顶外观；(*b*) 穹顶结构图；(*c*) 教堂远眺

11.4.1　佛罗伦萨　圣玛利亚大教堂的中央穹窿顶（The Dome of S.Maria del Fiore，Florence，公元 1420 ~ 1434 年，图 11-8*a*，*b*，*c*）

这个大教堂是 13 世纪留下来未完成的建筑物，一直剩下一个八角形平面的大屋顶无法进行建造。直到 1420 年以征求图案竞赛的结果，采用了伯鲁乃列斯基的设计。他为了要使这个大穹窿顶能够控制全城，在穹窿顶的下面加上一个 12 米高的八角的鼓形座。大穹窿顶的内径 44 米，穹窿本身高 30 多米，从外面看去，像是半个椭圆，以长轴向上，成为城市的外部标志。

为了设计穹顶，伯鲁乃列斯基到罗马逗留几年，潜心钻研古代的拱券技术，测绘古代遗迹，制定了详细的结构和施工方案，还对风力、暴风雨和地震制定了相应的处理措施，终于实现了这一开拓新时代特征的杰作。伯鲁乃列斯基亲自指导了穹窿顶的施工，他采用了伊斯兰教建筑叠涩的砌法，因而在施工中没有模架，这在当时是非常惊人的技术成就。穹窿的结构采用哥特式的骨架券，一共有 8 个大肋和 16 个小肋。在肋架之间还有横向的联系。穹窿的外壳共有两层，在两层之间是空的，可以容人上下。在穹窿的尖顶上，建造了一个很精致的八角形亭子。这亭子结合了哥特式手法和古典的形式。小亭子与穹窿顶的总高有 60 米，亭子顶距地面达 115 米。

在中世纪天主教教堂建筑中，从来不允许用穹窿顶作为建筑构图的主题，因为教会认为这是罗马异教徒庙宇的手法。而伯鲁乃列斯基不顾教会的这个禁忌把穹窿抬得高高的，成为整个建筑物最突出的部分，因此这个穹窿顶被认为是意大利文艺复兴建筑的第一朵报春花，标志着意大利文艺复兴建筑史的开始。

11.4.2　佛罗伦萨　吕卡第府邸（Palazzo Riccardi，Florence，公元 1444 ~ 1460 年，图 11-9*a*，*b*，*c*）

这个府邸又称之为美第琪府邸（Palazzo Medici），原来是为佛罗伦萨的统治者美第琪家族建造的。建筑师是米开罗卓（Michelozzo Michelozzi di Bartolomeo，1397 ~ 1473 年）。1659 年这个府邸卖给了吕卡第家族。

府邸的平面是长方形的，有一个围柱式内院，一个侧院和一个后院，并不严格对称。所有房间都不按预定的用途处理，房间从内院和外立面两面采光。

内院立面的底层是立在柱子上的连续券廊，顶层是柱廊，而中间一层有墙封闭，开着小窗。内院是比较轻快的。

府邸只有两个经过建筑处理的外立面，高 24.75 米。立面有统一的构图处理，檐口高度为立面总高的八分之一，挑出 2.44 米，为的是使檐口与整个立面成柱式的比例关系。

它的基座很低，与人的高度相适应，衬托出整个建筑物的高度。为

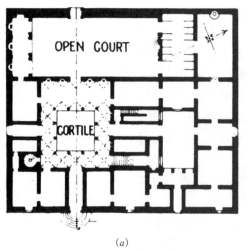

(a)

(b)

图 11-9
佛罗伦萨吕卡第府邸
(a) 平面；
(b) 屏风式外立面；
(c) 内院

(c)

了纠正檐口大、基座低所产生的不稳定感觉，建筑师使分层线脚的位置不放在楼板处，而在上面一层的窗台下，使立面第一层有 10 米左右的高度，以上两层的高度依次递减，建筑物因而显得比较稳重。同时，这座建筑在第一层使用了非常粗犷的重块石，凸出表面 10 余厘米；第二层使用平整的石头而留较宽较深的缝，突出约 4～5 厘米；第三层则是严丝密缝的砌筑，这样，就更加增强了建筑物的稳定感和庄严感。装饰集中在檐口的承托部分，在平滑的第三层墙面上明显地表现出来。第二层的转角处有家徽标志作装饰。

从中世纪以来，府邸的楼板常用拱券承托，所以结构部分很厚，因而上、下两层窗子间的距离很大。这个府邸的楼板虽然不用拱券结构，不过在立面上仍然保留了这个传统的特点，以致第二层的窗台在室内看来很高，不适用。

吕卡第府邸的立面是屏风式的，它并不完全适合于建筑物内部的实际需要，除了室内窗台太高之外，第三层室内空间高达 8 米多。这种缺点正是产生于它的贵族性质，首先是神气，实用却放在第二位。

文艺复兴时期，这类的府邸很多，只不过是在立面处理上有一些不同的变化而已。

11.4.3　罗马　圣彼得大教堂（S.Peter, Rome，公元 1506 ~ 1626 年，图 11-10 *a*，*b*，*c*，*d*)

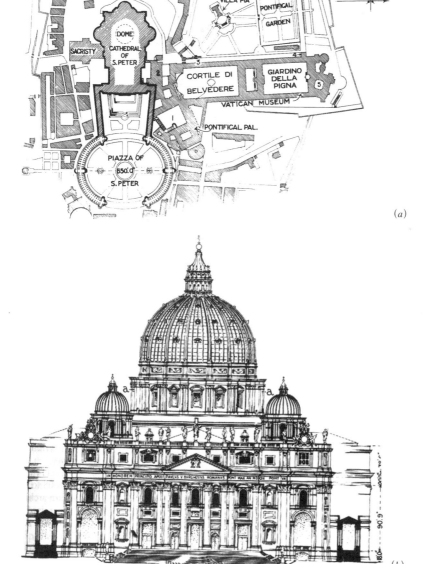

(*a*)

(*b*)

图 11-10　圣彼得大教堂
(*a*) 总平面；
(*b*) 主立面

(c) (d)

图 11-10　圣彼得大教堂（续）

(c) 空中俯瞰；

(d) 室内中央穹窿下

圣彼得大教堂是这时期的代表性建筑物，也是世界上最大的教堂。在它的创作过程中，反映着文艺复兴盛期教廷和当时的建筑匠师之间的矛盾。

重建圣彼得大教堂的计划是从 1452 年教皇尼古拉五世开始的，因为当时旧教堂已破旧不堪。但教皇尼古拉死后，这个计划被搁置了将近 50 年。16 世纪初，教皇尤利二世为了重振业已分裂的教会，决定重建这个教堂，并要求它超过最大的异教庙宇——罗马的万神庙。1505 年，举行了教堂的设计竞赛,选中了伯拉孟特（Donato Bramante）的设计方案，并决定 1506 年动工。

伯拉孟特抱着为历史建筑纪念碑的宏愿进行这项工作。他毅然放弃了传统的巴西利卡式形制，从"异教"庙宇和拜占庭的东正教教堂吸取了集中式的形制。他在内外都力求明朗和谐，竭力避免神秘。

伯拉孟特设计的教堂，平面是正方形的，在这正方形中又做了希腊十字。希腊十字的正中，用大穹窿顶覆盖，正方形四个角上又各有一个小穹顶。四个穹顶衬托着中央的大圆顶，成为教堂的主要轮廓线。大圆顶的鼓座周围有一圈柱廊。希腊十字的四个端点的墙向外成半圆，在立面上凸出来，四个立面都是一样的，不分主次，立面虽然有中心，不过不强调。教堂内部空间设计得极大胆，互相穿插，非常富有变化，因此结构轻而开朗。

1514 年，伯拉孟特死后，这大教堂只造了不多一点就交给了拉斐尔（Raphael）、伯鲁齐（Peruzzi）、小莎迦洛（Sangallo, the younger）等人接着去做。可是，前后经过 30 年，建筑工程并没有什么进展。

1547 年，米开朗琪罗接受了继续这项工程的任务，他设计建造的穹窿顶向上微微拉长，饱含着张力、富有弹性，它的一根根的肋架更加强调了这种印象。鼓座上成对的壁柱和肋架相呼应，看起来顶子很稳当地坐在建筑物上。在这个穹窿顶工程进行的时候，米开朗琪罗死了，泡达（Gialomo della Porta, 1539 ~ 1602 年）和芳达纳（Domenico Fontana, 1543 ~ 1607 年）继续完成了它，为了使这个直径达 42 米的穹窿顶更加可靠，他们和后继者波利尼（Poleni）在底部加上了八道铁链子[①]。1564 年维尼奥拉设计了大穹窿顶旁边四角上的小穹顶。

大穹窿顶内部顶高 123.4 米，外部顶点离地面 137.8 米，是罗马城最突出的建筑物和制高点。如果按照原定的希腊十字平面建造的话，这教堂必将是很壮丽的。

但是，不久就开始了天主教会特别反动的时期，疯狂地镇压宗教改革。教皇保罗五世决定把希腊十字改为拉丁十字平面，迫使建筑师玛丹纳（Carlo Maderna）又在前面加了一段巴西利卡式大厅（1606 ~ 1626 年），以致在教堂前面相当长的距离内看不到完整的穹窿顶，完全破坏了圣彼得大教堂的轮廓线。

最后由伯尼尼（Bernini）在 1655 ~ 1667 年建造了杰出的教堂入口广场，由梯形与椭圆形平面组合而成。椭圆形平面的长轴宽 195 米，由284 根塔司干柱子所组成的柱廊环绕着。广场的地面略微有一点坡度。

教堂完成的平面是拉丁十字形，外部共长 212 米，翼部两端长 137 米。大圆顶直径 42 米，内部墙面应用各色大理石、壁画、雕刻等装饰，穹窿顶上有天花。外墙面则应用灰华石与柱式装饰。

虽然，这个教堂是集中了许多著名匠师的智慧，有一定的成就，表现了雄伟华丽的外观与庄严神圣的气氛，但是毕竟受到当时教会思想的制约，因此还存在着不少缺点。例如，由于后来加建的门廊，改变了整个建筑物完整的造型和比例；圆顶退后了，从广场上看穹窿顶被前面长厅遮住了一大部分，失去了应有的透视效果；教堂整个建筑细部尺度过大，因此，巨大雄伟的印象，只有在和人比较下才感觉得到；建筑物的内部设计也缺乏整体性和统一性，主要是过分地装饰、雕刻，破坏了建筑的造型。雕刻没有安置在框子或壁龛内，伸出手腿，破坏了建筑安静的感觉。

尽管它有不少缺点，但由于这个教堂的建筑规模巨大，造型豪华，装饰丰富，仍然使它成为世界上教堂中最雄伟的例子。

---

① 建成时原为三道铁链，150 年后开裂，又加上五道铁链。

11.4.4　威尼斯　圣马可广场（Piazza and Piazzetta，San Marco，Venice，14～16世纪，图11-11*a*，*b*，*c*，*d*，*e*）

圣马可广场是威尼斯的市中心，也是文艺复兴时期广场的代表作品之一。有人把它称为"欧洲最美丽的客厅"。近代著名的城市规划家萨里宁（Eliel Saarinen）在《城市》（*The City*）一书中说："……也许没有任何地方比圣马可广场的造型表现得更好的了，它把许多分散的建筑物组成了一个壮丽的建筑艺术总效果，……产生了一种建筑艺术形式的持久交响乐。"

圣马可教堂是圣马可广场的主题。始建于864年，原是一个道基家族做礼拜的小礼拜堂，976年被焚毁，1042～1085年重建。平面为希腊十字形的巴西利卡式，造型上有明显的拜占庭风格。12世纪与13世纪时加建圆顶，15世纪加修立面。虽然经过多次修改，但艺术效果仍然和谐统一。在大门前面的顶上还有13世纪时从君士坦丁堡抢夺来的四匹铜马。教堂内部有丰富多彩的马赛克装饰。

圣马可钟塔可能比圣马可教堂更吸引人们的注意。这座钟塔大部分都是用光滑的红色砖石砌成，高98米，一共九层，塔顶金光闪闪，高耸入云，显得异常宏伟和庄严。这座巍峨的钟塔始建于888年，后来在1148、1329、1512年三次重建，1902年又倒塌，1905年再照原来的样子修复。只有一个精美的门廊（Logetta，1540年）在塔倒时还幸存。

在这座钟塔的斜对面，还有一座钟楼。

公爵府是圣马可广场的一个重要组成部分。建筑物非常庄严秀丽，可以说是威尼斯繁盛时代的一个象征。它始建于814年，经过多次焚毁和重建，到15世纪（1424年）才完成现在的规模，16世纪（1578年）又在遭受一场大火后重建起来。这座建筑虽然经过了多次重建，仍然保存着原来哥特式的风格。公爵府的内院完全是文艺复兴时期的样式，里面有一座楼梯，叫做"巨人楼梯"，上面的两座精美雕像——战神马尔斯和海神奈泊通，他们是代表威尼斯在陆上和海上握有无上权威的象征。

圣马可图书馆与四周的办公楼，都是文艺复兴时期的作品。图书馆建于16世纪（1536年），比办公楼稍为晚一些。办公楼用连续的整齐回廊，将广场组成一个封闭式的空间，形成统一的风格。西面入口部分则迟到拿破仑时代（19世纪）才完成。

圣马可广场是一个公共活动性质的广场，平面略呈曲尺形。在空间组合方面，它是由三个梯形广场组合成的一个封闭的复合式广场，主次分明。大广场与靠海的小广场之间用一个钟塔作为过渡，同时把圣马可教堂稍稍伸出一些，游客从海上来时起一个逐步展开的引导作用。大广场与后面小广场则用了一对雕刻的狮子与几步台阶作为过渡。靠海的广场大门采用两根柱子的形式，一方面使广场与海面起了分隔作用，另一方面也不妨碍人们的视线，不论从海上向广场看，或从广场向海上看，都能获得良好的视觉效果。

(a)

(b)

(c)

图 11-11　威尼斯圣马可广场
(a) 平面;
(b) 圣马可教堂前的大广场;
(c) 沿海一侧的建筑外观

(d)

(e)

图 11-11
威尼斯圣马可广场（续）
(d) 西面入口券门望向广场；
(e) 圣马可图书馆

在设计手法方面，它是封闭式的梯形广场，在透视上有很好的艺术效果，使人们从入口看主题时，可以增加开阔宏伟的印象，从教堂向入口部分看时，则有更加深远的感觉。这种手法在文艺复兴时期的广场中应用得极为普遍。

在结合自然环境方面，它也是处理得很成功的。广场位于威尼斯城南面，紧临海面，充分发挥了威尼斯水城的特色。为了使封闭式的广场与开阔的海面有所过渡，四周建筑底层全采用了外廊式的做法，同时，从广场上还可以看到海湾内小岛上的美丽对景——圣乔治教堂（S.Giorgio Maggiore，1560～1575年），并且这个教堂的钟塔也和圣马可广场的巨大钟塔遥遥相对，起了艺术上的呼应作用。

在艺术处理方面，广场的构图有节奏、有主题，高耸的钟塔打破了周围建筑物单调的水平线条，不但起了对比的作用，还成为城市的标志。广场周围建筑物组合既统一而又有丰富的变化，色彩上也美丽而明快。广场上还点缀了不少灯柱和三根大旗杆，可以增加节日的气氛和生动活泼的趣味。广场上的圣马可教堂是全组建筑群的中心。

在比例尺度方面，广场既考虑到与人的比例尺度关系，又考虑到建筑群组合的关系，以及建筑高度与广场大小的调和与对比问题。广场的面积并不算大，主要的活动空间（大广场）只有1.28公顷，很适合于当时文艺复兴时期19万城市人口的需要。大广场的深度为175米，宽的侧面为90米，窄的侧面为56米，长与宽大约成2∶1的比例。钟塔高98米，距西面入口约140米，塔高与视距大约成1∶1.4的关系，当人们进入西面入口时便能从券门看到一幅广场建筑群的动人画面。这样大小的广场，既考虑到了适应功能上的要求，又考虑到与周围建筑物高度的比例关系、和人的尺度关系，同时也充分地考虑了建筑群之间的大小与高低的组合问题。在比例尺度上，既有着统一调和的基调，也有着适当的对比。

总之，圣马可广场是一份珍贵的历史遗产，其建筑群体的空间处理及新老建筑配合手法都值得现代建筑师借鉴。

目前，威尼斯由于地面下沉的关系，整个城市正在逐渐向海中沉降，圣马可广场和许多街道都在海潮高涨时受到冲击，许多著名的建筑物的底层都被水淹没，这是急待解决的问题。

11.4.5　罗马　卡比多广场（The Capitol, 1546～1644年,图11-12a, b）

卡比多广场设计人为米开朗琪罗。广场的正面是元老院,正中有高耸的塔楼,它和右面的档案馆是早期的旧建筑物,二者互相不垂直。米开朗琪罗设计了左面的博物馆,同档案馆对称,因此广场的平面呈梯形,广场深79米、前面宽40米、后面宽60米,尺度宜人。三座建筑物虽然不是在同一时期建造的,但由于在建造博物馆时考虑到原有建筑,并且改造了它们,所以形式完全统一,成为一座精致的梯形广场。

元老院与两侧房屋高度相差不多,为了突出它,把它的底层做成基座层,前面用一对大台阶,上面两层用巨柱式,而两侧建筑的巨柱式则立在平地上。

梯形广场比较短的底边完全敞开,对着山下大片绿地,入口有大阶梯自下而上,前景是广场前沿挡土墙上的栏杆和它上面的三对栩栩如生的雕像,越靠近中央的越大、越高、越复杂,使构图集中、轴线突出。广场正中立一尊古罗马皇帝（Marcus Aurelius）的骑马铜像,使广场有一个艺术中心,丰富了广场的层次。广场地面铺砌了整幅图案,把铜像放在图案正中,给它一个确定的不可更改的位置。元老院台阶前是一对尼罗河神和泰伯河神像,呈半偃卧式,同台阶在构图上很协调。所以雕刻同建筑的配合是成功的。

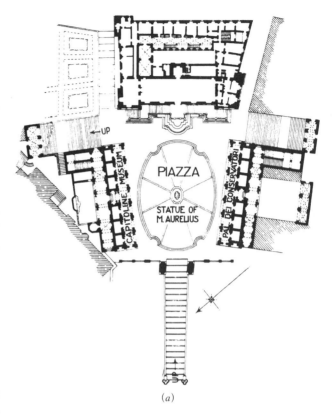

图11-12　罗马卡比多广场
(a) 平面；(b) 外观

11.4.6　罗马　波波罗广场（Piazza del Popolo, Rome, 17世纪,图11-13a, b）

波波罗广场位于罗马城北,是三条放射形干道的集中点,造成一种由此通向全罗马的感觉。广场中央立有一座方尖石碑,它像指路标一样,确定街道的方向并兼作三条放射式道路的对景。这种几条放射形道路在一个广场的结合是巴洛克时期的创造,反映了自由开放的思想,后来得到了进一步的发展。例如凡尔赛宫前广场的三条放射形干道,彼得堡海

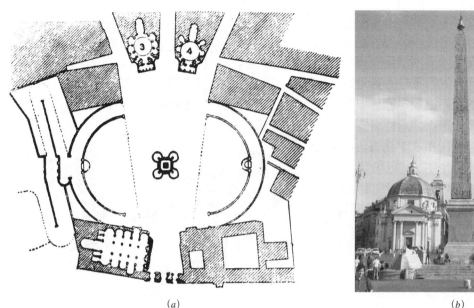

(*a*)　　　　　　　　　　　　　　　　　(*b*)

图11-13　罗马波波罗广场
(*a*) 平面；(*b*) 广场现状

军部前的三条放射形干道，都是以波波罗广场的处理手法为蓝本而风靡一世。

11.5　结语

（1）文艺复兴是新兴的资产阶级及其代表人物对腐朽的封建制度所作的一次广泛的批判。为了跟千百年禁锢人心的天主教神学相对抗，资产阶级思想家们求助于古希腊、罗马的亡灵。他们提倡人文主义，继承湮没已久的古典文化遗产，为近代的文化、艺术、科学、技术的发展开辟了广阔的道路。

（2）意大利文艺复兴的建筑盛行于15～17世纪，它是资本主义建筑的萌芽，表现了新兴的资产阶级在建筑上摆脱封建神权的羁绊，创造了以古典建筑形式为基础的、明朗的建筑风格。在它的晚期则趋向程式化的手法主义。

（3）世俗性的建筑类型在这时期得到很大的发展。单体建筑、城市广场与造园艺术等方面在这时期都取得了很高的成就。许多设计手法、建筑理论著作对后来有很大的影响。

（4）文艺复兴的建筑虽然在当时条件下起到了一定的进步作用，但是它的创作思想仍然脱离劳动人民群众的。以柱式构图为主要手段的建筑只是统治阶级上层的建筑，它不可能在当时对平民的建筑造成重大的影响，在阶级社会的局限下，广大劳动人民的建筑仍然得不到应有的发展机会。

12 法国的文艺复兴与古典主义
French Renaissance & Classicism Architecture

（公元 16 ~ 18 世纪）

12.1　法国封建晚期的社会背景

15 世纪的法国，在经济和文化上都比意大利落后，法国的文艺复兴建筑是从 16 世纪才开始的。

1453 年，英法百年战争以法国的胜利而告终。百年战争胜利后，法国经济开始复兴。农业逐渐恢复，手工业也前进了一大步。战争中遭受破坏的经济联系也开始恢复，统一的国内市场迅速形成，巴黎成了发达的经济中心。15 世纪下半叶，法国入侵意大利，和意大利文化接触，以后又引进意大利匠师到法国，起法兰西文艺复兴之端。

在 16 世纪前期的法国，封建经济仍占统治地位。然而资本原始积累的过程已经开始，封建社会内部已经出现资本主义因素的萌芽，呢绒、印刷、玻璃、陶瓷等行业中，开始形成资本主义手工工场，对外贸易也很活跃，同西班牙、意大利、非洲以及西亚一带都进行了通商。

到法兰西斯一世（1515 ~ 1547 年）时，法国的专制制度进一步加强，国家大权集中在国王和御前会议手中，甚至法国的教会也由国王控制，国王实际上成为教会的首脑，教会也成为专制王权的有力支柱。

王权的强大、资产阶级的兴起、城市经济的活跃，使民俗文化进一步发展。这就使当时的资产阶级、国王和贵族们很乐意接受意大利的文艺复兴文化。法兰西斯一世不但崇尚艺术，而且于 1530 年命令举办"皇家讲座"，招致学者教授希腊文、拉丁文和希伯来文（Hebrew 即犹太文），研究哲学、数学、地理学和医学。这个讲座是法兰西学院的基础，成为与保守的巴黎大学相对立的人文主义中心。

17 世纪下半叶，路易十四（1643 ~ 1715 年）执政，法国封建专制制度发展到了顶点，王权和军事力量空前强大。路易十四时期的法国，可以说是欧洲最强大的君主政权。路易十四曾经宣称"朕即国家"，并且努力运用科学、文学、艺术、建筑等一切可以利用的东西，宣传忠君即爱国、爱国即忠君的思想。

17 世纪下半叶，法国在法兰西学院的基础上组成了各种艺术的专门学院。1655 年正式设立了"皇家绘画与雕刻学院"。后来又分别设立了舞蹈学院（1661 年）、科学院（1666 年）、音乐学院（1669 年），最后设立了建筑学院（1671 年）。

路易十六统治时期，法国宫廷日益腐朽坠落，最后终于爆发了 1789
年的资产阶级革命，使历史进入了新的阶段。

12.2 法国文艺复兴与古典主义建筑的特点

法国文艺复兴建筑的出现，比意大利大约要迟 75 年。这种风格在法
国的发展，可以分为三个阶段。

（1）早期（16 世纪）

这个时期是法国哥特建筑向文艺复兴风格的过渡阶段。意大利文艺
复兴刚刚传入法国，因此在建筑特征上表现为传统的法国哥特式做法和
文艺复兴的古典形式的结合，往往是把文艺复兴建筑的细部装饰在那些
哥特式建筑上面。尽管如此，法国文艺复兴建筑还是愈来愈接近意大利
的模样。

16 世纪是法国文艺复兴的过渡阶段。在这时期中，法国的主要建筑
活动是建造宫殿、府邸和市房等世俗性的建筑物。教堂退居到很次要的
地位。

这些建筑的特点是趋于规整，但体形仍然复杂，各部分有自己高耸
的屋顶，屋顶高而陡，里面有几层阁楼，老虎窗不断突破檐口，角楼上
和凸出来的楼梯间上的圆锥形顶子造成活泼的轮廓线。这些建筑使用了
一些哥特式教堂的细部，如小尖塔、壁龛等细部，造成热烈的气氛（参
见图 12-1）。

城市里的市民房屋，外形还是中世纪的，房屋的每一部分有一个独
立的很陡的屋顶，轮廓因而比较复杂。门窗等都不对称安置，而且大小
也不一致，它们的位置和尺寸由需要决定，当然也经过匠师的精心安排。

这时期建筑的代表作品有：达赛·勒·列杜府邸（Chateau d'Azay-
le-Rideau，1518 ~ 1527 年），尚 堡 府 邸（Chateau de Chambord，
1526 ~ 1544 年），枫丹白露离宫（Palais de Fontainbleau，1528 ~
1540 年）等。

（2）古典时期（17 世纪）

路易十三和路易十四时期是法国专制王权的极盛时代，文化、艺术
和建筑的活动都有了飞速的进展。为了适应专制王权的需要，在这时期
极力推崇庄严的古典风格。在建筑造型上表现为严谨、华丽、规模巨大，
特别是古典柱式应用得更加普遍，在内部装饰上丰富多彩，也应用了一
些巴洛克的手法。规模巨大而雄伟的宫廷建筑和纪念性的广场建筑群是
这时期的典型（参见图 12-2），特别是帝王和权臣大肆建造离宫别馆、
修筑园林，成为当时欧洲学习的榜样。这时期的宗教建筑地位降低了，
只有耶稣会建造了一些规模不大的巴洛克式教堂。

随着古典风格的盛行，1671 年在巴黎设立了建筑学院，培养的人才
多半出身于贵族，他们瞧不起工匠，也连带着瞧不起他们的技术。从此，

劳心者和劳力者截然分开，建筑师走上了只会画图而脱离生产实际的道路，形成了所谓崇尚古典形式的学院派。学院派的建筑和教育体系一直延续到 19 世纪。在它培养出来的建筑师中间，形成了对建筑的概念、对建筑师职业技巧的概念和对建筑构图艺术的概念。这些概念在西欧统治了几百年之久。

17 世纪初，法国大型建筑的墙面常用砖和石头砌筑，借助于各种砌法而得到装饰效果。屋顶还是高而陡的，并且独立地覆盖着一个个小小的体积。但是到 17 世纪 30 年代，所谓孟莎式屋顶（Mansart Roof）便开始流行起来。这屋顶的特点就是下部很陡而上部坡度突然转折，变得很平缓，甚至是用铅皮做成小平顶。孟莎式屋顶使屋顶内部的空间更好利用，并且使屋顶在建筑物的外貌上所占的地位降低。

园林艺术到路易十四时期也有着很大的进展。在此之前，花园最多只有几公顷，直接靠着府邸。到路易十四时代，出现了占地非常广阔的大花园，甚至包括整片的森林，建筑物反倒成了这大花园中的一个组成部分（参见图 12-3）。这时期著名的造园艺术家勒诺特（Andre le Nôtre，1613 ~ 1700），他的代表作品是凡尔赛宫的苑囿。法国这时期园林的特点是规则式的，强调几何的轴线，这种规划方式反映着"有组织、有秩序"的古典主义原则。法国园林的风格对欧洲有很大的影响。

这时期建筑的代表作品是巴黎卢佛尔宫的东立面（1665 ~ 1670 年）、凡尔赛宫（1661 ~ 1756 年）和巴黎残废军人教堂（1693 ~ 1706 年）。

（3）晚期（18 世纪上半叶与中叶）

腐朽的路易十五王朝使法国的政治、经济、文化都走向衰落。国家性的、纪念性的大型建筑物的建设显著地比 17 世纪少了，代之而起的是大量舒适安乐的城市住宅和小巧精致的乡村别墅。在这些住宅中，豪华的大厅用不着了，精致的沙龙和安逸的起居室代替了它们。

这时期，巴黎建筑学院仍然是古典主义的大本营，他们在理论上崇拜着帕拉第奥。

法国在 18 世纪建筑的著名例子有和谐广场（Place de la Concorde，1755 ~ 1772），南锡的市中心广场（1752 ~ 1755）等。

12.3　法国文艺复兴与古典主义建筑的典型实例（表 12-1）

12.3.1　尚堡府邸（Château de Chamobord，公元 1526 ~ 1544 年，图 12-1a，b）

尚堡府邸原为法兰西斯一世的猎庄和离宫。它抛弃了中世纪法国府邸自由的体形，采取了完全对称的庄严形式。立面使用柱式装饰墙面，四角上却做成圆形塔楼，高高的四坡顶和塔楼上圆锥形屋顶，以及数不清的老虎窗、烟囱、楼梯亭等，形成了复杂的轮廓线，反映出法国早期文艺复兴

法国文艺复兴与古典主义建筑的典型实例　　表 12-1

地点	名称	建造时间	附注
阿赛·勒·列杜 （Azay le Rideau）	达赛·勒·列杜府邸 （Château d' Azay le Rideau）	1518 ~ 1527 年	法国文艺复兴初期的典型府邸之一
尚堡 （Chambord）	尚堡府邸 （Château de Chamobord）	1526 ~ 1544 年	法兰西斯一世的猎庄和离宫
巴黎郊区	枫丹白露离宫 （Palais de Fontainbleau）	1528 ~ 1540 年	
巴黎郊区	麦森府邸（Château de Maisons）	1642 ~ 1646 年	
巴黎	卢佛尔宫（The Louvre）	1546 ~ 1878 年	卢佛尔宫的东立面是古典主义建筑的代表作
巴黎	卢森堡宫（Palais du Luxembourg）	1615 ~ 1624 年	
巴黎	维康府邸 （Château de Vaux-le-Vicomte）	1657 ~ 1661 年	内有精致的大花园
巴黎郊区	凡尔赛宫（Palais de Versailles）	1661 ~ 1756 年	凡尔赛宫苑是世界上最大和最著名的皇家园林，也是规则式园林的典型，对欧洲有很大的影响
巴黎	神学院教堂 （Church of the Sorbonne）	1635 ~ 1642 年	巴洛克
巴黎	伐尔·德·格雷斯教堂 （Church of the Val de Grâce）	1645 ~ 1667 年	巴洛克
巴黎	荣军教堂 （The Dome of the Invalides）	1680 ~ 1691 年	这是 17 世纪古典主义建筑的纪念碑，又名残废军人教堂
巴黎	和谐广场（Place de la Concorde）	1755 ~ 1772 年	原名路易十五广场
南锡	市中心广场	1750 ~ 1757 年	又名斯坦尼斯劳斯（Stanislaus）广场或路易十五广场

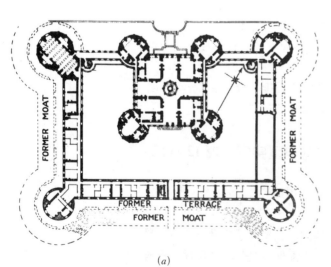

（a）

图 12-1　法国尚堡府邸
（a）平面

建筑只是在中世纪建筑形制的基础上加上古典装饰的特点。

12.3.2　巴黎　卢佛尔宫（The Louvre, Paris，公元 1546 ~ 1878 年，图 12-2a，b，c）

建造时间从法兰西斯一世开始，一直延续到 19 世纪拿破仑第三的统治时期。卢佛尔宫的建筑艺术展示了法国文艺复兴各个历史阶段的成就，是欧洲最壮丽的宫殿建筑之一。

在中世纪时，卢佛尔宫原是国王的一个旧离宫。1546 年，法兰西斯一世委派勒斯考（Pierre Lescot，

(b)

图 12-1
法国尚堡府邸（续）
(b) 外观

1515 ~ 1578 年）在原有哥特式建筑的位置上重新建造新的宫殿，就是现在卢佛尔宫院的西南一角。这个设计采用了 16 世纪法国最流行的文艺复兴府邸的形式，平面是一个带有角楼的封闭的四合院，院子大约只有53.4 米见方。它成了卢佛尔宫的起点。

1624 年，路易十三决定扩建卢佛尔宫。由勒麦西尔（Lemercier）开始建造现在的庭院（1624 ~ 1654 年），面积扩大到 120 米见方。但只是延长了西面已建成的部分，完全照样造起了对称的一翼，并加上了中央塔楼，形成西面的主体。

内院的立面还保持着原状。这一部分一共有 9 个开间，第 1、第 5、第 9 个开间向前凸出，形成了立面的垂直分划部分，它们的上面有弧形的山墙。这种处理，虽然完全用的是柱式，但却是法国的传统手法。阁楼的窗子不再是一个个独立的老虎窗，而是连成一个整齐的立面，好像是第三层楼。中央塔楼部分比两侧高起一层，屋顶也特别强调法国的传统做法，重点很突出。

整个立面的装饰很精致，由下而上逐渐丰富。第一层是科林斯柱式，在檐壁上有些浮雕；第二层是混合柱式，檐壁上的浮雕比第一层的深，而且窗子上的小山花里也刻着精致的浮雕；阁楼的窗间墙上布满了雕刻，它的檐口也有一排非常细巧的装饰。这些装饰都是出自名家之手。

路易十四时期，勒服（Le Vau）曾在卢佛尔宫做了许多工作，设计了卢佛尔宫的南面、北面和东面的建筑物。这三面建筑物朝内院的立面都是按照已经完成的部分设计的，它的风格已经不能适应当时的思想文化潮流。1667 ~ 1674 年，路易十四指定勒服、勒勃仑（Le Brun）和彼

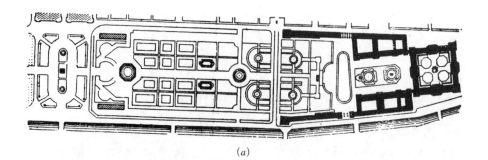

(a)

(b)

图 12-2 卢佛尔宫
(a) 总平面和西部花园；
(b) 内院；
(c) 东廊外观

(c)

洛（Claude Perrault）三人合作重新改建外立面，于是建成了闻名遐迩的卢佛尔宫东柱廊。它的设计与建造是古典主义原则的胜利。

卢佛尔宫东廊是添加在已经建成的东部建筑物上的，虽然在建造它的时候拆改了部分原有的建筑物，但它和内部房间仍没有很好的联系。

东立面总长 183 米，从现在的地面算起，高 29 米。在建造的时候，因为有护壕，所以下面还有一段重块石的基墙。这个立面分成五部分，由于整个立面横向很长，因此立面上占主导地位的是两列长柱廊。中央部分和两端仅仅以它们的实体来对比衬托这个廊子。廊子用 14 个凹槽的科林斯双柱，柱子高约 12.2 米，贯通第二、第三两层。第一层作为基座处理，以增加它的雄伟感。这个东立面是皇宫的标志，它摒弃了繁琐和复杂的轮廓线，以简洁和严肃取得纪念性的效果。用同样的手法，又重建了卢佛尔宫院的南、北两个立面。

在这个立面上，柱式构图是很严格的，在纵横方向都以中央一段为主，产生了明确、和谐的效果。两端的突出部分用壁柱装饰，而中央部分用倚柱并有山花，因而主轴线很明确。有一个明确的垂直轴线，各部分被统治在这条轴线之下，向心性很强。东立面主要部分的比例保持着简单的整数比，如中央部分约是正方形；两端突出体是柱廊宽度的一半；双柱中线距是柱高的一半。这种构图具有精确的几何性，是古典主义的唯理主义思想的具体表现。

17 ~ 18 世纪，古典主义思潮在全欧洲占统治地位时，卢佛尔宫的东立面极受推崇，普遍地认为它恢复了古代"理性的美"，它成为 18 和 19 世纪欧洲官场建筑的典范。

卢佛尔宫里的阿波罗长廊（Galerie d'APollon，1662 年）的内部装修是勒勃仑的作品，在 1849 ~ 1853 年由都班（Duban）最后完成。它长 61 米，宽 9.4 米，最高点 11.3 米，是路易十四时代宫殿内部装饰的代表作品之一。

17 世纪末，路易十四以全力经营凡尔赛宫，卢佛尔宫的建筑停顿下来，直到 19 世纪初拿破仑一世时又扩建了卢佛尔宫院的西部外立面，并拟将卢佛尔宫与都勒利宫连接起来。这个意图直到拿破仑三世时才最后完成。现在的路易拿破仑广场南北的建筑物（1850 ~ 1857 年），即所谓的"新卢佛尔宫"。

12.3.3 巴黎 凡尔赛宫（Palais de Versailles, Paris, 1661～1756 年，图 12-3*a*, *b*, *c*, *d*, *e*, *f*）

路易十四时期是法国专制王权最昌盛的时期，宫廷成为社会的中心，也是建筑活动的主要对象。为了进一步显示绝对君权的威严气魄，于是建造了规模巨大的凡尔赛宫，它是欧洲大陆上最宏大、最庄严、最美丽的皇家宫苑，它是法国古典主义艺术最为杰出的代表。

凡尔赛原来是帝王的一个狩猎场，距巴黎西南 18 公里。1624 年，路易十三曾在这里建造过一个猎庄，平面为三合院式，开口向东，外形是早期文艺复兴的式样，还带有浓厚的法国传统手法，建筑物是砖砌的，有角楼和护壕。1661 年，路易十四决定在旧猎庄的位置上新建宏伟的凡尔赛宫，并将勒伏从卢佛尔宫的施工现场上调来设计建造这里。

路易十四有意保留原有古老的三合院砖建筑物，并且使它成为未来的庞大的凡尔赛宫的中心。这就是后来的"大理石院"。勒伏奉命在原来建筑物的外周南、西、北三面扩建，又把两端延长和后退，在大理石院前面形成一个御院，在御院东端正中立有路易十四的骑马铜像，成为整个建筑群的焦点。在御院前面由辅助房屋和铁栅形成凡尔赛宫的前院。再前面则是一个放射形的广场，称之为练兵广场。

新的建筑物都是用石头砌的。

凡尔赛宫的规模和面貌主要是在 1678～1688 年间由学院派古典主义的代表者，裘·阿·孟莎（Jules Hardouin Mansart）决定的。他设计了凡尔赛宫的南北两翼，使它成为总长度略微超过 400 米的巨大建筑物。在中央部分二层的西面，J.H. 孟莎补造了凡尔赛宫最主要、最负盛名且艺术价值最高的大厅——镜厅，它高 13.1 米，长 73 米，宽 9.7 米，是一个富有创造性的大厅。镜厅用白色大理石贴面，镶浅色大理石板，天

图 12-3 凡尔赛宫
(*a*) 总平面；
(*b*) 凡尔赛鸟瞰

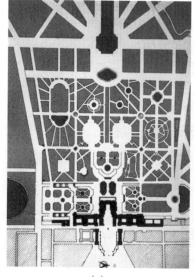

(*a*)   (*b*)

(c)

(d)

(e)

(f)

花是圆筒形的，分划很简单，有大面积绘画，上着金色。长廊的西面是
17个大圆额落地窗，保证室内光线充足，东墙上和窗子相对的，是构图
和窗子完全相同的17面大镜子，它们与花园景色相映生辉。这个镜厅可
以和卢佛尔宫的阿波罗长廊媲美。

图 12-3　凡尔赛宫（续）
(c) 镜厅内景；
(d) 靠花园一侧宫殿外观；
(e) 花园中轴线；
(f) 小特里阿农宫

　　大理石院的中央部分，因为是旧猎庄的正房，是路易十四的生活部分，
所以这时候也把它的立面稍稍修整了一番。

　　凡尔赛宫的平面布置是非常复杂的：左翼（南端）是王子和亲王们居
住的地方；右翼是法国中央政府各部门的办公处；御院北面的教堂是很
有代表性的古典主义建筑；中央部分二层东面即国王和王后的起居部分，
是法国封建统治的中心。中央部分的内部，布置有宽阔的连列厅和富丽
堂皇的大楼梯。墙壁与天花装有华丽的壁灯和吊灯，并布满了浮雕壁画，
而且用彩色大理石镶成各种几何图案。在大厅里还陈设有立像、胸像等
雕刻品。在这里经常举行豪华的宴会、舞会等社交活动。

　　凡尔赛宫的西边是花园，它是世界上规模最大的和最著名的皇家园
林，也是规则式园林的典型。它的面积约有6.7平方公里。设计者是著
名的造园家勒诺特。

凡尔赛花园有一条长达 3 公里的中轴线，和宫殿的中轴线相重合，中轴线上有明澈的水渠。水渠成十字形。横向水渠的北头是大翠雅浓宫（特里阿农宫），南头是动物园，在水渠和宫殿之间，有一片开阔的草地和花坛，它的两侧是密林。在花园的大路和水渠的尽端或交点上，都设有对景。除建筑小品外，还点缀着水池、雕像和喷泉，它们都有很高的艺术水平。

　　凡尔赛花园中，许多景物的题材都是以阿波罗为中心，因为阿波罗是太阳神，象征"太阳王"路易十四。

　　花园之外是森林和旷野，所以从宫殿里看出来，花园是没有边界的。

　　凡尔赛宫的东面广场有三条放射的大道，中央一条通向巴黎市区的叶丽赛大道和卢佛尔宫。在三条大道的起点，夹着两座单层的御马厩，这御马厩是石头造的，像贵族府邸一样精致讲究，甚至还用雕刻品装饰起来。

　　放射性的大道是新的城市规划手法，它也反映了唯理主义的思想与巴洛克的开放特点。

　　凡尔赛宫在设计上的成功之处，是把功能复杂的各个部分有机地组织成为一个整体，并且使宫殿、园林、庭院、广场、道路紧密地结合起来，形成一个统一的规划，强调了帝王的尊严。从正立面看，宫殿的前后错综复杂，一望无边的房屋，加上严谨而又丰富的外形，有着宏伟壮丽的建筑群效果。

　　但是从西立面看，也就是靠花园的一边，高三层，底层是粗石墙面，上面是一排壁柱，顶上有一层阁楼和栏杆。在 400 米长的水平轮廓线上，没有起伏的变化，产生一种单调的印象。所以，凡尔赛宫的规模虽然非常巨大，但是还没有能充分利用对比和衬托的手法，来使它在尺度上达到足够的表现力。

　　凡尔赛宫是法国绝对君权的纪念碑。它不仅是帝王的宫殿，而且是国家政府的中心，是新的生活方式和新的政治观点的最完全、最鲜明的表现。

　　为了建造凡尔赛宫，当时曾集中了 3 万劳力，组织了建筑师、园艺师、艺术家和各种技术匠师。除了建筑物本身复杂的技术问题之外，还有引水、喷泉、道路等等各方面的问题。这些工程问题的解决，证明了 17 世纪后半叶法国财富的集中和技术的进步，也表现了法国建筑的成就。

12.3.4　巴黎　维康府邸（Chateau de Vaux-le-Vicomte，公元 1657 ~ 1661 年，图 12-4a，b）

　　提到凡尔赛宫就不能不使人联想起维康府邸，它原是路易十四时期财政大臣福克的别墅，位于巴黎南面的默伦地方，1657 ~ 1661 年建。福克曾请了当时最好的建筑师勒服为他设计这座府邸，又请了最著名的园林家勒诺特为他设计花园。建筑的中央是一个椭圆形的大沙龙（客厅），两侧是起居室和卧室，都朝向花园。建筑共两层，正立面应用了古典的

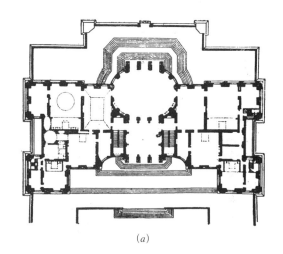

图 12-4　维康府邸
(a) 平面；(b) 外观

(a)

(b)

水平线脚与柱式，屋顶具有法国特色。整座建筑造型严谨，表达了法国古典主义的典型特征。在府邸的后面是大花园，园内不仅水池、花坛秀丽，而且还有许多栩栩如生的雕像点缀。因此，其建筑与园林规模虽不如王宫气派，但室内外装饰之精美却举世非凡。当维康府邸于 1661 年落成时，福克大臣极为满意，遂决定邀请国王与群臣到他的新府邸做客聚会以炫耀他的新居。法王路易十四果然应邀前来，他一看到维康府邸确实不同一般，即使王宫也自愧不如，于是回到卢佛尔宫后便决定要兴建凡尔赛宫，其豪华程度一定要超过维康府邸。并于同年将勒服与勒诺特派往凡尔赛现场，这便促成了这座欧洲最雄伟华丽的宫殿的诞生。然而，福克大臣并没有能达到炫耀的目的，事与愿违，路易十四很快查出了他的问题，将他问罪并放逐。

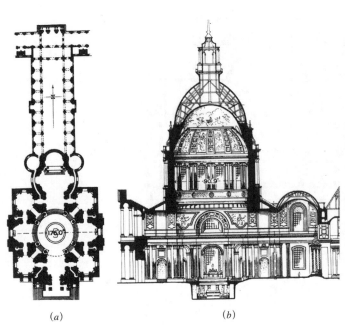

(a)　　　　　　　　　　(b)　　　　　　　　　　(c)

图 12-5　巴黎荣军教堂
(a) 平面；(b) 剖面；
(c) 外观

12.3.5　巴黎　荣军教堂（The Dome of the Invalides，Paris，公元 1680～1691 年，图 12-5a, b, c）

亦称残废军人新教堂，是路易十四军队的纪念碑，也是 17 世纪法国古典主义建筑的代表。

新教堂接在旧的巴西利卡式教堂的南端。平面是正方形的，中央覆盖着穹窿。在穹窿顶之下的空间是由等长的四臂形成的希腊十字。四个角上是四个圆形的祈祷室。教堂之所以采取这个型制，是因为要给予残废军人教堂一个雄伟的不朽的象征，让人们远远看到它，尊敬那些为君主流血牺牲的人。

新教堂背对着旧教堂，使圣坛和旧教堂相接，而把主要立面朝向正南。这样，它的构图就可以摆脱其他旧建筑物的羁绊了。

残废军人新教堂的立面很紧凑，高高的穹窿顶是它的构图中心，方方正正的教堂体积看来是穹顶的基座。这样单纯的形体增强了教堂的纪念性。

教堂的内部处理也非常简洁，里面很少有宗教神秘的气氛。它的穹窿顶有三层，最外面一层是木架子的，里面两层是石头砌的。最里层穹顶的底径是 27.7 米，顶上正中有一个直径大约为 16 米的圆洞。从圆洞望上去，是第二层穹顶，它上面画满了画，带翼的天使在蓝天白云之中振翅翱翔。第二层穹顶的底部有窗户采光，把画面照亮，产生很好的效果。

在残废军人新教堂的穹窿顶之下正中，后来修建了一个圆形的池子，池子当中放着拿破仑一世的棺材。

12.3.6　南锡广场（Place Louis XV，Nancy，公元 1750 ～ 1757 年，图 12-6a，b，c）

南锡城的市中心广场是由一个长圆形广场、一个狭长的跑马广场和一个长方形广场组成的。三个广场在一个纵轴上。长圆形广场在北头，长方形广场在南头，跑马广场夹在中间，全长 450 米。

长圆形广场的北边是市长府（Governor's Palace），市长府前有一圈柱廊，把市长府和跑马广场两侧的建筑物连接起来。这两侧的房屋彼此是完全对称的，而在靠近长方形广场这一头作重点处理。

在跑马广场和长方形广场之间隔着一条很宽的护城壕（约 40 ～ 65米），上面架有一座桥，在跑马广场这一边的桥头前有一个凯旋门。

长方形广场的南端是市政厅，东西两侧也有房子。广场正中立着雕像，面对着桥，左右正对着从东西来的两条大路。广场的四个角是敞开的。

南锡广场是半开半闭的广场，空间组合有收有放，变化丰富，又很统一。树木、喷泉、雕像、栅栏门、桥、凯旋门和建筑物等之间的配合也很成功。南锡广场原名路易十五广场，现称斯坦尼斯拉广场，是因为后来这座城市由斯坦尼斯拉统治。

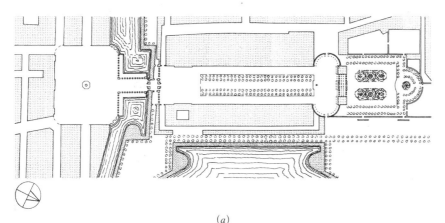

(a)

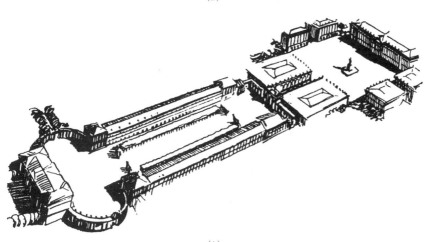

(b)

图 12-6　法国南锡广场
(a) 平面；(b) 鸟瞰

图 12-6　法国南锡广场（续）
(c) 广场一角

(c)

12.3.7　巴黎　和谐广场（Place de la Concorde，公元 1755 ~ 1772 年，图 12-7a，b，c）

17 世纪末和 18 世纪初，法国城市建筑中最突出的成就是广场。作为封建统治中心的巴黎，这时期已出现了分布在一条轴线上的广场系统的规划。纪念性的公共广场有很大发展，同时开始把绿化布置、喷泉雕像、建筑小品和周围建筑组成为一个协调的整体。并且考虑到广场大小和周围建筑高度的比例、广场周围的环境以及广场与广场之间的联系。同时期在巴黎建设的广场有：胜利广场（ Place de Victories，1685 ~ 1687 年）、旺多姆广场（Place de Vendôme，18 世纪）、和谐广场等。其中最著名的是和谐广场。

和谐广场原名路易十五广场，是为纪念路易十五而建造的。从 1748 年起，由法兰西建筑学院组织了两次设计竞赛。最后，授命皇家建筑师迦贝里爱尔（ J.A.Gabriel，1698 ~ 1782 年）设计。

和谐广场在塞纳河北岸，都勒利宫的西面，它的横轴和叶丽赛大道重合。广场的北面有一对相同的古典主义式样的建筑物，它们之间的皇家大道与和谐广场的轴线重合，这轴线北端是皇家大道尽头的大教堂（马德兰教堂），南端有一个横跨塞纳河的华丽的桥，通向波旁宫（众议院）。

和谐广场的主要特色是开敞，它只有北面建筑物，而这一面的中央又是路口，建筑物是对称的两所，一所是国家档案馆（Garde-meuble de la Couronne），另一所是公寓。不在北面做中央部分突出的大型建筑物的原因，一方面是它的东面是卢佛尔宫，另一方面是想通过皇家大道把教堂和广场组织进和谐广场。

　　广场的中央部分南北长 247 米，东西宽 172 米，正中原是路易十五的骑马像，像的南北两侧各有一个喷水池。在中央部分的周围是宽而深的堑壕，边沿上有精致的栏杆，它们使广场在开阔的空间里表现出来。广场的平面是长方形略微抹去四个角，在八个角上各有一座雕像，代表着法国八个主要城市。

　　和谐广场的东、西两面都是浓密的绿化地带。东面是都勒利花园，西面是叶丽赛林荫大道，南临塞纳河。

　　从广场的南边入口望去，路易十五的雕像和皇家大道的路口以及两侧的建筑物间的构图关系很完整；从广场的西南和西北的入口望去，中间雕像和对角上的雕像的构图关系也很密切。

　　和谐广场在拿破仑统治时期才最后完成，它在巴黎市中心的重要作用在那时候才充分表现出来。路易十五的骑马像也是在那时候被掠来的埃及的方尖石碑所代替。

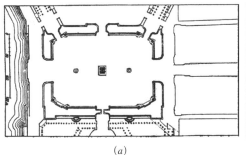

(a)

(c)

(b)

图 12-7　巴黎和谐广场
(a) 平面；(b) 鸟瞰；
(c) 广场上的方尖碑

12.4　结语

（1）16世纪，法国资本主义开始萌芽，从意大利传来了文艺复兴文化。16世纪的法国建筑表现为传统的做法和意大利文艺复兴建筑细部的结合。

（2）17世纪和18世纪上半叶是法国君主集权时期，国家强盛，称霸欧洲，建筑活动完全随着宫廷的需要和爱好转移。城市广场和宫殿苑囿是这时期建设的重点，并且取得了一定的成就。凡尔赛宫苑的兴建，不仅创立了宫殿的新型制，而且在规划设计与造园艺术上都成为当时欧洲各国效法的榜样。

随着城市变为社会活动的中心，城市内的贵族府邸也发展起来。

（3）为了体现法国王权的尊严与秩序，古典主义的建筑风格在这时期占统治地位。古典主义者在唯理主义的思想指导下，把古典建筑的比例关系和构图规则片面地僵化了，在总体布局及建筑平立面设计中，都强调轴线对称，推崇几何形体。1671年成立的巴黎建筑学院是古典主义建筑的理论阵地，其建筑观点、创作方法曾流行到欧美各国，成为后来各国贵族化的学院派的鼻祖。

（4）18世纪上半叶，法国王室生活奢侈腐朽，在建筑艺术上流行巴洛克与洛可可风格，这种风格充满着贵族脂粉气。但是，法国一般的民间建筑仍然继承着自己的建筑传统，保留着浓厚的地方特色。

13 英国的文艺复兴与古典主义
English Renaissance & Classicism Architecture

（公元 1558 年 ~ 18 世纪）

13.1　英国文艺复兴建筑产生的社会背景

　　16 世纪的英国也和欧洲其他国家一样，新兴的资产阶级正在发展。英国很早便是盛产羊毛的国家，从这个时期起，羊毛商人开始自设规模很大的手工工场，并雇佣工匠，于是新兴的资本主义生产方式便开始了。

　　英国的大地主为了取得更大的利益，从土地上赶走农民改作农场，同时贵族和资产阶级为了保障他们安稳的剥削生活和贸易的既得利益，需要一个强有力的专制政权，都铎王朝（1485 ~ 1603 年）就是这样产生的。

　　英国国王亨利第五时期（1509 ~ 1547 年），为了加强中央王权，实行了宗教改革，取消了教皇对英国教会的统治，而使教会屈从于国王。

　　16 世纪下半叶，伊丽莎白统治时期（1558 ~ 1603 年），英国在经济上的成就巩固了资产阶级的地位，它在贸易上的发展使其和西班牙的矛盾尖锐化了。1588 年西班牙的无敌舰队征伐英国失败，从此英国成为欧洲海上兵力最强的国家。

　　英国资产阶级的兴起，促使了文化、艺术的活跃，以人文主义思想和现实主义创作方法为基础的文艺复兴建筑也开始在英国应运而生。

13.2　英国文艺复兴与古典主义建筑的特点

　　英国文艺复兴与古典主义建筑大致可以分为两个阶段。早期是从 1558 年的伊丽莎白王朝开始，到 1640 年英国资产阶级革命；晚期大致是 17 世纪下半叶到 18 世纪。

　　早期建筑活动的第一个重要现象是不再建造大型宗教建筑物。这时期建造的极少的几个很小的礼拜堂，也只是某些公共建筑的附属品，旧有的教会房屋，被改成乡村住宅或新贵族的府邸。

　　其次，公共建筑的类型增加了。中世纪末期已经广泛出现的旅馆、医院、行会大楼等在城市中继续建造，同时还建了很多学校、学院等建筑物。

　　从 16 世纪起，新贵族和资产阶级在农村庄园里开始大量建造府邸。他们要求建筑物安逸、舒适、有欢乐的格调。由于国家统一，封建战争停止，中世纪贵族堡垒的建筑传统被抛弃。英国建筑风格从这些大府邸的建造过程中开始转变，柱式系统被引用进来。

16世纪英国的建筑风格是混合风格，它在传统的中世纪风格中增添了欧洲大陆文艺复兴的手法，历史上称之为都铎风格（Tudor Style）。都铎风格的特点是：中世纪贵族寨堡的遗风还很浓；比较喜欢用红砖做墙面，灰浆很厚，有点受尼德兰的影响；屋顶结构、门、火炉等都爱用四圆心的扁宽的尖券，这种尖券有时还用在木护墙板的装饰线脚上；窗子常是方额的，有时被划分为几部分；烟囱很多，三五个一组，口上有线脚装饰；室内主要大厅的天花露着极有装饰性的锤式屋架或其他华丽的木屋架；细部表现出欧洲大陆各国文艺复兴建筑的影响。

17世纪初期，英国统治阶级为了加强王权专制，开始设计庞大的白厅（White Hall），采用了意大利帕拉第奥的严肃的古典建筑风格。这风格完全摆脱了中世纪建筑的影响，与民族传统的文化离得远了。但建筑的质量、建筑的布置、建筑内部的处理、装饰细部等，却有很大的进步。

从1640年起的英国资产阶级革命，开始了世界近代史的新篇章，但是文艺复兴的建筑思潮仍然在英国流行到18世纪。这时候一般称为晚期文艺复兴时期。

17世纪后半叶的英国建筑史中，最引人注意的是君主立宪的王室宫廷把著名的建筑师和优秀的工匠掌握在自己手里，为其建造王宫与教堂服务。因此，这个时期的重大建筑活动，仍然带有不少君主专制的色彩。

在建筑风格方面，这个时期最主要的、影响远远超过其他流派的是古典主义建筑。帕拉第奥学派仍然在英国流行；荷兰的古典主义建筑与法国的古典主义建筑潮流，也在英国得到回响。不过，英国的古典主义建筑从来没有获得过严肃深刻的思想内容，只有圣保罗教堂后来成为反映新兴的资产阶级国家繁荣强盛的标志，成为英国资产阶级革命的纪念碑。

13.3 英国文艺复兴与古典主义建筑典型实例（表13-1）

13.3.1 罕帕敦宫（Hampton Court Palace，公元1520～1694年，图13-1a，b）

这原是16世纪著名的府邸之一，是英国主教的别墅，位置在泰晤士河旁。其中在1520～1530年建造的部分有棱花图案的砖墙，带有雉堞的女儿墙、小庭院和都铎式的烟囱等。后来这座府邸让给了国王亨利八世，他在罕帕敦宫中建造了一个著名的大厅（1532～1536年），长32米，宽12米，高18米，墙面布满挂毯作为装饰，厅上有华丽的锤式屋架，门窗、装饰都保持着英国哥特风格。1689年，威廉第三登上王位，又对罕帕敦宫大加扩建。新罕帕敦宫院造在老府邸的东面，称为喷泉院（Fountain Court，1689～1694年），是克里斯多弗·雷恩（Sir Christopher Wren）

英国文艺复兴与古典主义建筑典型实例　　　　　　　　　　表 13-1

地点	名称	建造时间	附注
德比郡 （Derbyshire）	哈德威克府邸 （Hardwick Hall）	1590～1597 年	英国早期文艺复兴建筑代表作之一
维尔特郡 （Wilts）	朗格里特府邸 （Longleat House）	1567～1580 年	受意大利文艺复兴影响的早期实例
诺坦兹 （Northants）	阿许贝大厦 （Castle Ashbey）	1572 年	英国早期文艺复兴建筑代表作之一
伦敦郊区	罕帕敦宫 （Hampton Court Palace）	1520～1694 年	东立面建于 1689~1694，是英国古典主义代表作
伦敦	白厅及宴会厅 （Whitehall Palace & Bangueting House）	1619～1622 年	只建造了大宴会厅，白厅没有建成
伦敦	圣保罗教堂 （S.Paul）	1675～1710 年	英国古典主义代表作之一
约克郡 （Yorkshire）	霍华德府邸 （Castle Howard）	1699～1712 年	
牛津郡 （Oxfordshire）	勃仑罕姆府邸 （Blenheim Palace）	1704～1720 年	是英国本时期最大的府邸
德比郡 （Derbyshire）	坎德莱斯顿府邸 （Kedleston Hall）	1757～1761 年	
且斯威克 （Chiswick）	且斯威克府邸 （Chiswick House）	1725 年	又称帕拉第奥式别墅，系仿照维晋察的圆厅别墅设计的
巴斯 （Bath）	马戏场广场与"皇家新月"广场（The Circus and Royal Crescent）	1754～1775 年	是罗马复兴建筑的代表作

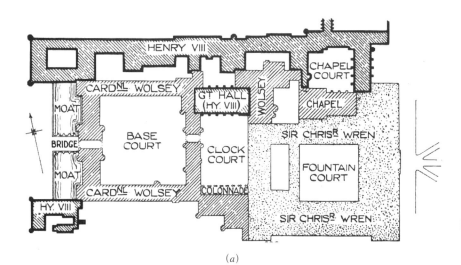

图 13-1　英国罕帕敦宫
（a）平面

（a）

图 13-1　英国罕帕敦宫（续）
（b）南部立面

（b）

设计的。它的平面是一个四合院，最初的设计仿照法国 17 世纪的大型府邸，但是正式建成的宫殿没有转角处的塔楼，式样是荷兰古典主义的，用红砖砌成。这是因为国王及王后来自荷兰的关系。东立面有严谨的柱式构图，是古典主义的代表作之一。宫的北面有一个闻名的皇家花园。

13.3.2　白厅及宴会厅（Whitehall Palace and Banqueting House, London，公元 1619 ~ 1622 年，图 13-2a，b）

这是英国的专制王权在建筑上最彻底的表现。设计人是著名的建筑师英尼哥·琼斯（Inigo Jones）和他的学生约翰·韦伯（John Webb）。白厅的总布局受到了巴黎卢佛尔宫的影响。它的东西两个立面长 290 米，南、北两个立面长 390 米。南北两面正中各有一个大门，进门是一个南北长 244 米，东西宽 122 米的大院子，大院子的两侧各有三个较小的院子。

宫殿西边正中的院子是圆形的，叫做波斯人院，直径为 84.5 米。这院子里的柱子都做成穿长袍的波斯男子汉的雕像。白厅的东面临泰晤士河，有一个科林斯式柱廊。廊上有阳台，在阳台的花栏杆上，立着一排雕像。

因为皇家经济困难，白厅拖延未建。不久，资产阶级革命爆发，白厅也就因此夭折了。不过，中央院子东南角的皇家大宴会厅（Banqueting House），在设计后不久就建了起来。

大宴会厅的立面比例严谨，是英国早期古典主义的代表作之一。上面二层用柱式，把科林斯柱式叠在爱奥尼柱式的上面，下面一层做成半地下室状，处理成整个立面的基座，用粗石砌筑墙面。里面的大厅贯通上面二层，很高，在相当于立面上分层檐口的地方，是一圈夹层廊子。建筑物的内外处理能根据功能的需要而灵活地变化。

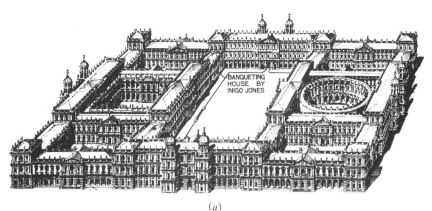

图 13-2 白厅及宴会厅
(a) 复原鸟瞰；
(b) 宴会厅立面和剖面

(a)

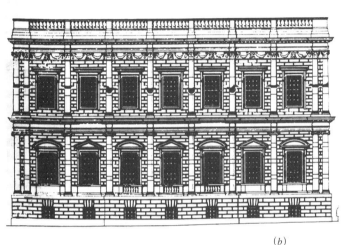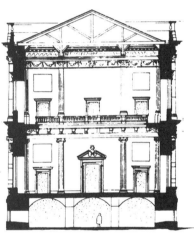

(b)

13.3.3 伦敦 圣保罗大教堂（S. Paul, London, 公元 1675 ～ 1710 年, 图 13-3a, b, c, d）

圣保罗大教堂是 17 世纪后半叶英国最重要的建筑物，也是古典主义建筑的纪念碑。设计人是克里斯多弗·雷恩。

教堂的平面有着严格的几何精确性。以穹顶之下的部分为中心，东、南、西、北四翼平面的组织都是完全一样的，这不仅体现了理性主义者所追求的"最简单的关系"，而且也简化了结构。因此圣保罗大教堂的结构比圣彼得大教堂的轻巧得多。

圣保罗教堂的立面是古典主义的。强有力的顶层檐口和分层檐口紧紧箍了建筑一周，在任何地方都不被打断。因此正门的柱廊也是两层的，比较恰当地表现了建筑物的尺度。教堂四面的墙上，用双壁柱均匀地分划着，每个开间和窗子的处理都是一样的，这就使建筑物显得统一完整。它的正面门廊柱子的安排，显然受了巴黎卢佛尔宫东廊的影响，简单的几何关系是其构图的基础。只有西面的一对钟塔有巴洛克手法的痕迹。

圣保罗大教堂的穹顶和鼓形座极像伯拉孟特设计的坦比哀多（Tempietto），它虽然比坦比哀多大很多，却没有后者那样雄壮有力。在这个穹顶上，数学规律胜过了艺术规律。

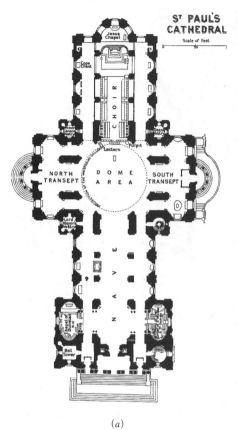

(a)　　　　　　　　　　　　　　　　(b)

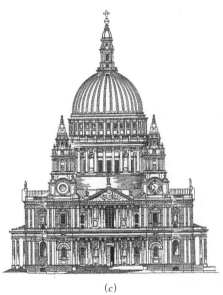

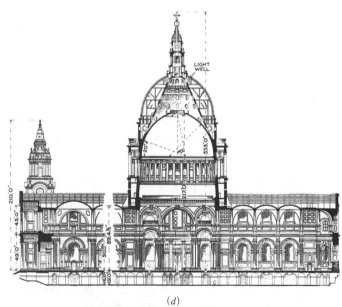

(c)　　　　　　　　　　　　　　　　(d)

图13-3　伦敦圣保罗大教堂
(a) 平面；(b) 外观；(c) 立面；(d) 剖面

13.3.4　府邸

18 世纪初，英国的资产阶级登上政治舞台，新贵族们在有了政治和经济地位之后，便大兴土木，忙于为自己建造府邸。这些府邸代替了宫殿，在这时期的建筑活动中居于首位。新贵族们的府邸不仅规模赶上了国王的宫殿，风格上也追求强烈的古典主义的纪念性。

这时期最著名的府邸是：霍华德府邸（Castle Howard, Yorkshire, 1699 ~ 1712 年），勃仑罕姆府邸（Blenheim Palace, Oxfordshire, 1704 ~ 1720 年），坎德莱斯顿府邸（Kedleston Hall, Derbyshire, 1757 ~ 1761 年）。

这些府邸的平面型制是，正中为主楼，包含着大厅、沙龙、主人卧室、书房、餐厅、起居室等。主楼前面是个极宽的三合院，它的两侧各有一个很大的院子，一个院子是厨房和其他杂用及仆役的房屋，另一个院子是马厩等。这种平面型制可能是受到凡尔赛宫的影响。

勃仑罕姆府邸是其中最大、最著名的。它是为西班牙王位战争中的英军统帅马尔勃洛公爵建造的府邸，建筑物全长 261 米，主楼长度为 97.6 米（图 13-4a，b，c）。霍华德府邸的全长是 210.3 米，主楼长 91.5 米（图 13-5a，b）。这两座府邸的立面，用重块石墙面及古典柱子和壁柱，对称的体积组合强调了中心构图。虽然这两座建筑物的外形很威严，但却很少装饰，线脚也很粗糙。

坎德莱斯顿府邸是长方形平面的主楼，四角带有四个配楼，在配楼和主楼之间用廊子连接（南面两个配楼没有建成）。平面的正中是门厅，也是大厅，大厅后面是沙龙，形成一条主要的中轴线。这个府邸的立面处理则是帕拉第奥主义的产物（图 13-6a，b）。

13.3.5　市民房屋

这时期，特别是在英国资产阶级革命以后，城市里除了进行公司大楼、行会大厦、海关税卡等的建设外，城市市民住宅的建设也占着重要的地位。1666 年 9 月，伦敦的一场特大火灾更加刺激了对新建筑物的要求。被大火烧掉的 13000 所住宅，是由一些行会工匠重新建造的。所建的住宅大小虽不一致，模样都差不多。最简单的砖房子只有分层的砖线脚和木头做的檐口，稍微讲究一点的则加以装饰；砖瓦匠用磨光的砖做装饰；石匠用石灰石做装饰，如隅石和窗框之类；木匠则爱好有花栏杆的阳台。这种同时大量地建造起来的市房总是定型化的，都用一样的设计，一样的细部，甚至楼梯扶手的花样都是一样的。

这时候砖建筑大大流行起来。荷兰的古典主义成了典型的风格。

17 世纪末，在伦敦之外的市民建筑活动也很频繁。除了住宅以外，市场、学校、银行等等也纷纷建造起来。

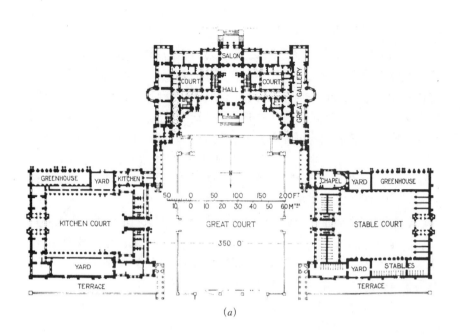

(a)

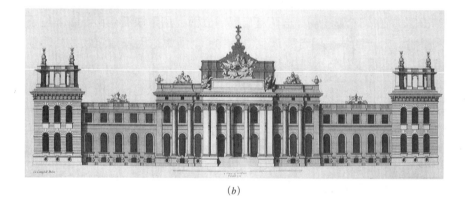

(b)

图 13-4
牛津郡勃仑罕姆府邸
(a) 平面；
(b) 立面；
(c) 外观现状

(c)

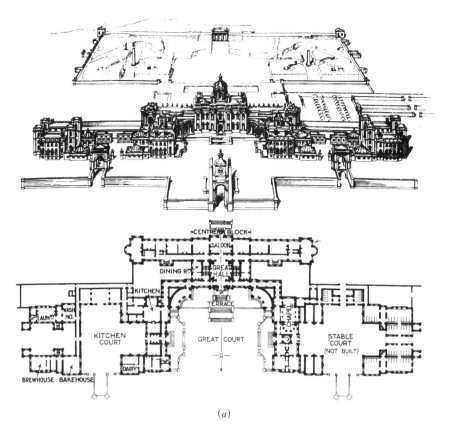

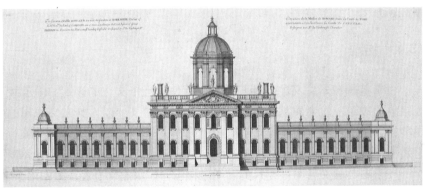

(a)

(b)

图 13-5　霍华德府邸
(a) 平面与鸟瞰；
(b) 立面

(a)

图 13-6　坎德莱斯顿府邸
(a) 入口外观

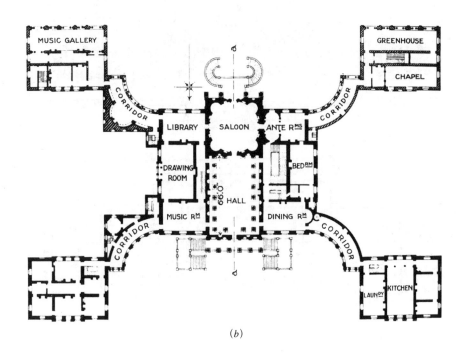

图 13-6
坎德莱斯顿府邸（续）
(b) 平面

(b)

13.4　结语

（1）英国资本主义的萌芽与发展，促使了世俗文化的兴起。随着英国宗教的改革，教会屈从于国王，神权思想淡薄了，以人文主义思想的现实主义创作方法为基础的文艺复兴建筑，从 16 世纪起在英国开始流行起来。

（2）在英国文艺复兴建筑的发展过程中，府邸建筑占着重要的地位，对称的三合院式的平面是后期大型府邸的显著特点。这种平面布置和凡尔赛宫很相似。在造型风格上，帕拉第奥主义的手法起着主导的作用。

（3）这时期市民房屋的建设也很活跃，多半是定型设计，构造都是砖木结构，细部也很简单。荷兰的古典主义风格在英国盛行一时。

（4）宫廷建设和宗教建筑在英国并没有突出的成就，它们的造型在某种程度上受有卢佛尔宫东廊的古典主义影响。但是，个别著名的例子在建筑史上仍占有一定的地位。

14 变幻莫测的巴洛克和洛可可风格
Baroque and Rococo Style

（公元 17 ~ 18 世纪）

14.1　意大利巴洛克建筑

　　巴洛克建筑风格的诞生地是在 17 世纪的意大利，它是在晚期文艺复兴古典建筑的基础上发展起来的。由于当时刻板的古典建筑教条已使创作受到了束缚，加上社会财富的集中，需要在建筑上有新的表现。因此，首先在教堂与宫廷建筑中发展起了巴洛克建筑风格。这种风格很快在欧洲流行起来。巴洛克建筑风格的特征是大量应用自由曲线的形体，追求动态；强烈的装饰、雕刻与色彩；常用互相穿插着的曲面与椭圆形空间。

　　巴洛克一词的原意是"畸形的珍珠"，就是稀奇古怪的意思。因为古典主义者对巴洛克建筑风格离经叛道的行径深表不满，于是给了它这种称呼，并一直沿用至今，其实，这种称呼并不是很公正的。巴洛克风格产生的原因很复杂，最先它出现在罗马天主教教堂建筑上，然后逐渐影响到其他艺术领域。

　　巴洛克建筑的历史渊源最早可上溯到 16 世纪末罗马的耶稣会教堂（公元 1568 ~ 1584 年，图 14-1*a*，*b*），它是从手法主义走向巴洛克风格的最明显的过渡作品，也有人称之为第一座巴洛克建筑。耶稣会教堂的设计人是意大利文艺复兴晚期著名建筑师维尼奥拉和泡达。耶稣会教堂平面为长方形，端部突出一个圣龛，由哥特式教堂惯用的拉丁十字形演变而来，中厅宽阔，两翼不明显，拱顶满布雕像和装饰。两侧用两排小祈祷室代替原来的侧廊。十字正中升起一座穹窿顶。教堂的圣坛装饰富丽而自由，上面的山花突破了古典法式，作圣像和装饰光芒。教堂外观借鉴早期文艺复兴建筑大师阿尔伯蒂的佛罗伦萨圣玛丽亚小教堂的处理手法。正门上面分层檐部和山花做成重叠的弧形和三角形，大门两侧采用了半圆倚柱和扁壁柱。正面外观上部两侧作了两对大卷涡。这些处理手法别开生面，后来被广泛仿效。

　　巴洛克风格打破了对古罗马建筑理论家维特鲁威的盲目崇拜，也冲破了文艺复兴晚期古典主义者制定的种种清规戒律，反映了向往自由的世俗思想。另一方面，巴洛克风格的教堂富丽堂皇，而且能造成相当强烈的神秘气氛，也符合天主教会炫耀财富和追求神秘感的要求。因此，巴洛克建筑从罗马发端后，不久即传遍欧洲，以至远达美洲。有些巴洛克建筑过分追求华贵气派，到了繁琐堆砌的地步。

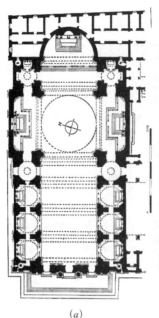

图 14-1　罗马耶稣会教堂
(a) 平面；(b) 入口外观

(a)　　　　　　　　　　　　　(b)

　　从 17 世纪 30 年代起，意大利教会财富日益增加，各个教区先后建造起自己的教堂。由于规模小，不宜采用拉丁十字形平面，因此多改为圆形、椭圆形、梅花形、圆瓣十字形等单一空间的殿堂，在造型上大量使用曲线。典型实例有罗马的圣卡罗教堂（1638～1667 年），是波洛米尼设计的（图 14-2a，b，c）。它的殿堂平面近似橄榄形，周围有一些不规则的小祈祷室；此外还有生活庭院。殿堂平面与天花装饰强调曲线动态，立面山花断开，檐部水平弯曲，墙面凹凸很大，装饰丰富，有强烈的光影效果。尽管设计手法纯熟，也难免有矫揉造作之感。威尼斯的建筑一向比较自由，因此对巴洛克建筑风格颇有好感，巍然矗立于大运河南岸出口处的圣玛利亚·塞卢特教堂（1632～1682 年，图 14-3）就是威尼斯巴洛克建筑的代表作。它的规模相当之大，平面为八角形，正门对着大运河，建筑造型复杂而自由，立面上冠以大圆顶，并有带卷涡的扶壁支撑及曲线装饰，可以算是威尼斯的重要标志之一。17 世纪中叶以后，巴洛克式教堂在意大利风靡一时，其中不乏新颖独创的作品，但也有手法拙劣、堆砌过分的建筑。

　　教皇当局为了向朝圣者炫耀教皇国的富有，在罗马城修筑宽阔的大道和宏伟的广场，这为巴洛克自由奔放的风格开辟了新的途径。17 世纪罗马建筑师丰塔纳建造的罗马波波罗广场，是三条放射形干道的汇合点，也是同类放射形广场的原型，欧洲许多国家都争相仿效（参见图 11-13）。法国在凡尔赛宫前，俄国在彼得堡海军部大厦前都仿造了这种放射形广场。杰出的巴洛克建筑大师和雕刻大师伯尼尼设计的罗马圣彼得大教堂前广场，周围用罗马塔司干柱廊环绕，整个布局豪放，也富有动态，光影效果强烈（参见图 11-10）。

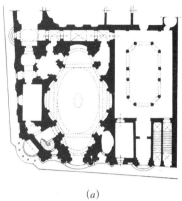

(a)

(b)

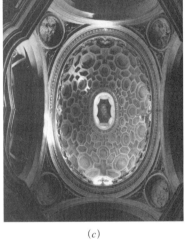

(c)

图14-2　罗马圣卡罗教堂

(a) 平面；

(b) 外观；

(c) 室内天花

图14-3
威尼斯圣玛利亚·塞卢特教堂

14.2 德国、奥地利和西班牙的巴洛克建筑

巴洛克建筑风格也在中欧一些国家流行，尤其是德国和奥地利。17世纪下半叶，德国不少建筑师留学意大利归来后，把意大利巴洛克建筑风格同德国的民族建筑风格结合起来。到18世纪上半叶，德国巴洛克建筑艺术成为欧洲建筑史上一朵奇葩。

德国巴洛克式教堂外观简洁雅致，造型柔和，装饰不多，外墙平坦，同自然环境相协调。教堂内部装饰则十分华丽，图案多用自由曲线造成内外的强烈对比。著名实例是班贝格郊区的十四圣徒朝圣教堂（1744～1772年，图14-4a，b，c）、罗赫尔的修道院教堂（1720年）。十四圣徒朝圣教堂平面布置非常新奇，正厅和圣龛做成三个连续的椭圆形，拱形天花也与此呼应，教堂内部上下布满用灰泥塑成的各种植物形状的装饰图案，金碧辉煌。教堂外观比较平淡，正面有一对塔楼，装饰有柔和的曲线，富有亲切感。罗赫尔修道院教堂也是外观简洁，内部装饰精致。尤其是圣龛上部天花，布满用白大理石雕刻的飞翔天使；圣龛正中是由圣母和两个天使组成的群雕；圣龛下面是一组表情各异的圣徒雕像。

图14-4
德国十四圣徒朝圣教堂
（a）教堂平面；
（b）西面入口外观；
（c）室内场景

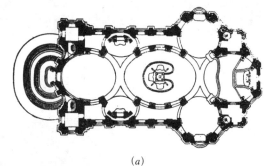

(a)

(b)

(c)

(a)　　　　　　　　　　　　　　　　　　(b)

奥地利的巴洛克建筑风格主要是从德国传入的，尤其在 18 世纪上半叶，有许多著名的建筑都是德国建筑师设计的。奥地利典型的巴洛克建筑如梅尔克修道院教堂（1702 ~ 1714 年，图 14-5a，b）就是一例，它的外表非常简洁，内部与天花却布满浮雕装饰，色彩绚丽夺目，表现了教会拥有权势的华贵风格。

图 14-5
奥地利梅尔克修道院
(a) 修道院外观；
(b) 修道院教堂室内

西班牙的巴洛克建筑则非常富有特色，它是在巴洛克风格基础上又加上了伊斯兰装饰的特点。这种风格兴起于 17 世纪中叶，造型自由奔放，装饰繁复，富于变化，但往往有的建筑过分装饰堆砌。西班牙圣地亚哥大教堂（1738 ~ 1749 年，图 14-6a，b）是这一时期建筑的典型实例。

(a)　　　　　　　　　　　　　　　　　　(b)

图 14-6　西班牙圣地亚哥大教堂
(a) 平面；(b) 外观

14.3　洛可可风格

图 14-7
巴黎苏俾士府邸的公主沙龙

　　这种风格在 18 世纪 20 年代产生于法国，它是在意大利巴洛克建筑的基础上发展起来的，主要用于室内的装饰，有时也表现在建筑的外观上。洛可可风格的特点是：室内应用明快的色彩和纤巧的装饰，家具也非常精致而偏于细腻，不像巴洛克建筑风格那样色彩浓艳和装饰起伏强烈。德国南部和奥地利洛可可建筑的内部空间非常复杂。洛可可装饰的手法是：细腻柔媚，常常采用不对称手法，喜欢用弧线和 S 形线，尤其爱用贝壳、旋涡、山石作为装饰题材，卷草舒花，缠绵盘曲，连成一体。天花和墙面有时以弧面相连，转角处布置壁画。为了模仿自然形态，室内建筑部件也往往做成不对称形状，变化万千，但有时流于矫揉造作。室内墙面粉刷，爱用嫩绿、粉红、玫瑰红等柔和的浅色调，线脚大多用金色。室内护壁板有时用木板，有时做成精致的框格，框格上部常做成圆弧形，框内四周有一圈花边，中间常衬以浅色东方织锦。

　　洛可可风格反映了法国路易十五时期宫廷贵族的生活趣味，因此这种风格曾风靡欧洲。它的代表作是巴黎苏俾士府邸的公主沙龙（Hotel de Soubise，1735，建筑师是 Gabriel Germain Boffrand，图 14-7）和凡尔赛宫的王后居室。19 世纪末这种风格也受到美国资产阶级的欢迎，他们为了表现新贵族的奢侈豪华，在室内也常用洛可可风格，其装饰豪华细腻的程度也不亚于当年的法国。例如美国罗德岛州纽波特城在 1892 年为火车大王凡德比尔特建造的"浪花大厦"，同年为凡德比尔特之弟新建的"大理石大厦"，以及于 1901 年为伯温德新建的"埃尔姆斯别墅"，都在椭圆形沙龙中应用了洛可可的装饰风格。

14.4　结语

　　（1）巴洛克建筑是建筑史上的一朵奇葩，它使人感到变幻莫测，既成功表现了教会显赫的权势与宗教的神奇色彩，同时，这种风格也在反对僵化的古典形式、追求自由奔放的性格方面起了重要的作用。

　　（2）巴洛克风格以自由曲线、曲面、立体式雕塑及内部鲜艳的色彩为其主要造型特征。

　　（3）洛可可风格是一种贵族式的细腻装饰风格，色彩温馨淡雅。

　　（4）洛可可风格在装饰与家具中常用自由曲线与植物花纹。

15 日本的传统建筑艺术 Japanese Architecture

（公元 4 ~ 19 世纪）

15.1 日本传统建筑的社会背景

日本是一个岛国，大部分地区气候温和，雨量充沛，木材丰富，因此传统建筑均以木构为主。日本人多信奉神道教和佛教。日本于公元 4 ~ 5 世纪开始形成统一的国家，在历史的发展过程中同中国有着频繁的文化交流。6 ~ 12 世纪是日本传统建筑发展的早期，属飞鸟、奈良、平安时代；12 世纪末 ~ 16 世纪中叶是建筑发展的中期，属镰仓、室町时代；16 世纪中叶 ~ 19 世纪中叶是它的晚期，属桃山、江户时代。

15.2 日本传统建筑的特点

从 6 世纪中叶开始，佛教自中国经朝鲜百济传入日本以后，陆续带入了南北朝与隋唐的建筑形制与技术，从此佛寺成为日本的主要建筑，不仅在寺庙的布局与形式上仿照中国模式，而且在宫殿与神社的建筑形制方面也深受中国传统建筑风格的影响，甚至在都城的布局上亦进行了模仿。公元 8 世纪以后，日本传统建筑逐渐形成统一的风格，即在中国唐代建筑特征的基础上开始向日本风格过渡。日本的古典园林早期受中国的影响，到 17 世纪初开始逐渐倾向自然朴实的风格，尤其是大片草坪、石滩、低池岸、重花木修剪以及不油漆的书院和草亭都构成了日本园林自身的特点。

15.3 日本传统建筑的典型实例

日本传统建筑艺术中比较著名的实例首推法隆寺、唐招提寺、伊势神宫和桂离宫。

15.3.1 法隆寺（Horyuji Temple，公元 607 ~ 670 年，图 15-1a，b，c）

法隆寺位于奈良市西北的生驹郡斑鸠町，是日本佛教圣德宗的总寺院，建筑的布局、结构深受中国南北朝建筑文化的影响。寺院分东、西两院，西院始建于公元 607 年，后因在 670 年被烧毁而重建。院前有南大门，

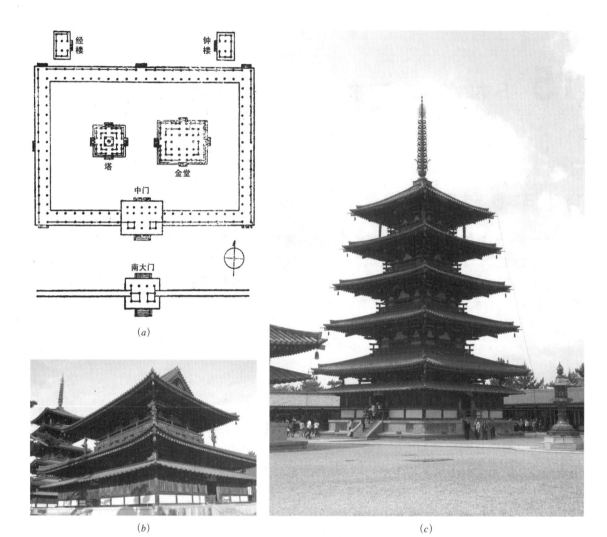

图 15-1 奈良法隆寺
(a) 法隆寺总平面；
(b) 法隆寺金堂；
(c) 法隆寺五重塔

后有一廊院，呈长方形，南面廊间正中为中门。入门后的廊院中部并列排着金堂（佛殿）和五重塔，前者居右，后者在左，均为珍贵木构遗迹。廊院北面有大讲堂，讲堂前两侧是钟楼（右）和经楼（左）。廊院之外还有僧房、库房、食堂等附属建筑。

金堂、塔和回廊仍保持着日本飞鸟时代的特征，是目前日本遗留下来最古老的一组木构建筑，属于日本国宝之列。建筑的柱子两端均做明显的梭形卷杀（呈曲线收小），柱顶上用云形斗栱，大斗下面有斗托（皿斗），这些都是中国南北朝时期的建筑古制，与后来的唐代建筑风格显然不同。金堂内供奉着由渡海赴日的中国人的后裔雕刻的三尊释迦牟尼佛铜像和药师、如来像，都是日本最古老的佛像，四周有诸佛净土图、飞天等壁画，十分可贵。1949 年金堂不慎受火灾，部分建筑被毁，之后又进行了修复，但终究受到了很大损失。金堂西侧的五重塔是日本最古老的佛塔，斗栱雄大，出檐深远，表现了木构纪念性建筑既庄严又飘逸的风格。木塔总高 31.9 米，塔刹部分约占总高的三分之一，更增添了佛塔崇高神圣的寓意。东院以八角形平面的梦殿（即观音殿）为中心，环以回廊，前有南门、礼堂，北有舍利殿（绘殿），再北是传法堂，其中梦殿与传法堂是公元 739 年建的遗物，再现了中国唐代木构建筑的风格。

15.3.2　唐招提寺（Toshodaiji Temple，公元 759 ～ 770 年，图 15-2）

唐招提寺位于奈良市西京五条町，是日本佛教律宗的总寺院，亦属南都七大寺之一。寺院由中国唐代高僧鉴真东渡日本后于公元 759 年始建，其弟子如宝负责建筑工程，约到 770 年才全部竣工。这组建筑充分反映了中国盛唐时期的建筑风格，也是中日文化交流的见证。寺院大门上有红色匾额"唐招提寺"四个大字，是日本孝谦女皇仿王羲之的书法。寺院内有奈良时代的讲堂、戒坛、金堂，镰仓时代的鼓楼、礼堂及奈良时代以来的佛像、佛具和经卷。

图 15-2　奈良唐招提寺

寺院的主殿"金堂"，正面七间，进深四间，位于一个约 1 米高的石台基上，是当时最大、最精美的建筑。金堂第一进呈开敞式布局，形成一个柱廊，中间五间开门，两侧梢间开窗。单檐庑殿顶（四坡顶），屋顶正脊两端有鸱尾装饰，它既是古代镇火的象征，又起到建筑艺术的点缀作用。西端的鸱尾为奈良时代遗物，东端鸱尾则为后世仿制。屋顶坡度原先比较平缓，后来在重修时改成了现在陡峻的形式。柱子粗壮，不做梭形，仅柱头作覆盆形卷杀。所有建筑木构件均刷红色，墙面为白色。该金堂同中国五台山唐代佛光寺大殿有许多相似之处，只是尺度略小，斗栱比较简单。

15.3.3　桂离宫（Katura Detached Palace，公元 1620 ～ 1645 年，图 15-3a, b, c）

桂离宫位于京都市西京区，占地 6.94 公顷。桂离宫现属日本皇室的离宫，原名桂山庄，因桂川在它旁边流过而得名。桂山庄始建于 1620 年，当时的主人是京都的皇族智仁亲王，1645 年由智仁亲王的儿子智忠亲王扩建。1883 年（明治十六年）收为皇室的行宫，并改名为桂离宫。1976 年起进行了翻修，历时 5 年多，至 1982 年 3 月才竣工。桂离宫的建筑和庭园布局，堪称日本民族建筑的精华。庭园里有山、有湖、有岛，山上松柏枫竹翠绿成荫，湖中水清见底，倒影如镜。整个庭园以人造湖为中心，湖光山色融为一体。湖中有大小五岛，分别用木桥与石桥连接。

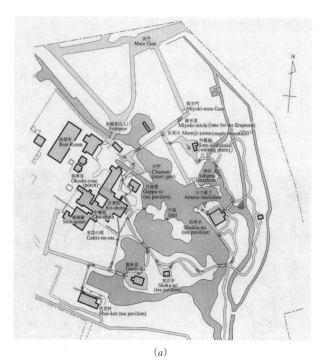

(a)

(b)

(c)

图 15-3　京都桂离宫
(a) 总平面示意图；(b) 京都桂离宫庭园全景；(c) 京都桂离宫松琴亭

湖边小路曲曲弯弯通向四面八方，给人以曲径通幽之感。

桂离宫的主体建筑在庭园的西边，平面布置曲折自由，与园林自然意趣颇为吻合。庭园内的主要建筑有书院、松琴亭、笑意轩、园林堂、月波楼和赏花亭等，其中松琴亭和笑意轩都是"茶室"式建筑，供品茶、观景和休息之用。月波楼面向东南，正对着湖面，是专供赏月的地方。园林堂是院内的家庙，作为小型佛堂之用，桂离宫的庭园虽然也吸收了中国园林的经验，但是它在应用石灯笼、缓坡池岸、草皮、单株树木构图等方面已有很大创新，体现了日本园林特有的韵味。

15.4　结语

（1）日本传统建筑早期受中国的影响，木结构建筑与主要建筑类型都效仿中国传统。

（2）1868 年，日本明治维新以后，逐渐向西方学习，建筑方式也开始走向西化道路。

（3）日本传统园林自 17 世纪以后，在中国传统园林的基础上，逐渐走向更纯朴的自然风格，建立了日本园林的特色。

16 独树一帜的伊斯兰建筑文化
Islamic Architecture

（公元 7 ～ 18 世纪）

16.1 伊斯兰建筑产生的社会背景

阿拉伯和东南亚、西亚一带的民族多半都信奉伊斯兰教。伊斯兰教在中国旧称为回教，它开始出现于 610 年左右。伊斯兰教的发源地是阿拉伯，圣地是麦加。

伊斯兰教不仅是信仰的宗教，而且也是阿拉伯民族统一的象征。从前，每个阿拉伯部落都有其独自的宗教，都崇拜自己的神。自从穆罕默德创立伊斯兰教以后，便用一个共同的信仰来团结全体阿拉伯人，他号召所有的信徒服从唯一的神——安拉（真主）。伊斯兰教的经文叫《古兰经》（《可兰经》），它不仅制定了宗教的信仰和清规戒律，而且也对建筑的型制有很大的影响。

阿拉伯部落联合为一个国家以后，就拥有了声势浩大的军事力量，阿拉伯人很快征服了大片的领土。到 8 世纪时，他们建立了东及印度，西至西班牙，版图横跨欧、亚、非三大洲的庞大帝国（图 16-1），全盛时期的伊斯兰教国家的幅员超过了罗马帝国。10 世纪后便分裂为若干独立的伊斯兰教国家，政治势力日趋衰落。尽管这一地带风云变幻，伊斯兰文化和建筑却稳定地发展着，这是因为伊斯兰教的教义简明，易于被其他民族接受，信仰的人日渐增多的缘故。

图 16-1 礼拜寺是伊斯兰世界的标志性建筑类型

阿拉伯人就他们自己的文化来说，要比被征服民族的文化相对落后。但是他们逐渐通晓了被征服民族的文化，并使希腊、罗马、伊朗和中亚细亚等民族的古代科学文化在伊斯兰教国家里继续获得发展。

伊斯兰教国家的建筑之不同于其他式样，是由于它的产生是和宗教分不开的。虽然各个伊斯兰教国家建筑的式样在处理与细部上常常带有地方色彩，但流行于各国的伊斯兰教建筑仍都带有其特征。由于伊斯兰教教义和仪典非常严格，并且牵涉到信徒们的日常生活，所以建筑物的形制在各地都很接近，并且在建筑处理的手法上也有许多共同之点，因而产生了被称为"伊斯兰教风格"的建筑风格。尽管伊斯兰教各国的建筑有着共同的特点，但是从东到西，每一个地区建筑因历史传统不同，所能得到的建筑材料不同，气候条件不同等，仍保持着自己的地方特色。

伊斯兰教国家和地区区域广阔，建筑材料种类很多，大理石及各种石料、砖、木材、灰泥等应有尽有。建筑材料的运用随各地实际情形而有所不同，如穹窿是伊斯兰教建筑中不可少的结构单元，在叙利亚是用砖和灰泥砌筑，在印度则用石块。

阿拉伯半岛气候干燥、阳光强烈，人们喜欢穿宽松的长衣长裤，妇女面戴面纱。多数地区的建筑因阳光强烈而门窗窄小，人们特别钟爱能遮阴的游廊。寺院的屋檐多向外伸展，门口上部和窗子上常有遮檐。平屋顶上设女儿墙，使屋顶成为黄昏时乘凉的好去处。

16.2　伊斯兰建筑的特点

在伊斯兰教世界里，商业与手工业的兴盛使城市繁荣起来，在城市里建造了大量的礼拜寺、宫殿、旅舍、府邸和住宅等建筑物，也为王公们建造了巨大的陵墓。

伊斯兰教礼拜寺是主要的建筑类型。它一般必须要有一个大的封闭院子，平面长方形，中央有一个为洗净用的喷泉和水池，这是《古兰经》上所规定的。围绕这个院子，盖有一圈拱廊或柱廊。朝麦加的一边做成祈祷室，这一边往往比其他几边加宽一些。在祈祷室的墙上设一个圣龛，它的方向也是指着麦加的。讲经台位于一边，那里是阿訇讲经和祈祷的地方。装饰丰富的光塔也是礼拜寺不可缺少的部分，有时仅只1个，有时有2个、4个甚至6个，它常常设在寺院的四角，是阿訇传呼信徒祈祷的地方，也是伊斯兰教建筑特有的标志。这种建筑形式传入中国后就逐渐汉化而演变为清真寺的邦克楼。

伊斯兰教建筑的立面一般比较简洁，墙面多半是沉重的实体，大门和廊子多用各式拱券组成，是伊斯兰教建筑的主要特征。拱券的种类很多，常用的有尖券、马蹄形券、四圆心券、多瓣形券等（图16-2）。券面上和门扇上常刻有表面装饰或画上几何花纹，门头有时做成钟乳拱

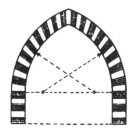
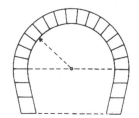
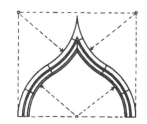

图 16-2
伊斯兰建筑的各种券饰
从左始依次为：尖券、马蹄形券、火焰纹券和多瓣形券

（ Stalactite 图 16-3 ），在造型上起装饰作用。窗子一般很小，有的做成平头，有的做成尖头，窗扇上常常用大理石板刻成一些几何形的装饰纹样，有时也用一些彩色玻璃，很像哥特教堂的处理手法。外墙表面常用粉刷，或用砖石、琉璃做成各种装饰图案或水平线条，成为外墙的一种特殊标志。

宫殿、礼拜寺的屋顶是从东方居住建筑的屋顶形式中演变过来的，多半为平屋顶。在屋顶的正中常做成尖形圆顶，高高地架在鼓形座上，外形像一个洋葱头。圆顶有时用砖或石块砌成，放在方形平面上，用帆拱支承。这是吸取了拜占庭建筑的传统做法。

礼拜寺的内部远比外部更为重要，初期的礼拜寺内部特征是丛密的柱林上面支承着拱券。晚期的特点则是丰富的墙面装饰。内墙所有的装饰花纹都是几何的图案，不用人像、动物和写实的植物题材，因为《古兰经》上禁止这样做。只是到了后期，才有一些程式化的植物装饰母题。颜色多用红、白、蓝、银和金，这样处理的结果，可以产生一种非常光

图 16-3　伊斯兰建筑的钟乳拱

图16-4 阿拉伯图案

辉灿烂的表面（图16-4）。

　　旅馆常设于大城市，它有一个院子，周围是无数的房间，一般有两层，可供给商人或旅客居住。在君士坦丁堡曾有180处这种旅馆。

　　住宅的平面常朝东，内部有院子，正对院子的一面为主要房间。大型的府邸常有一个主要院子正对入口，是夏房和喷泉的所在地。朝街的窗户是很小的，而且窗外常做有木格子。在宫殿和贵族府邸中，通常用廊子把眷属和妇女的用房分隔开来。这类住宅的形制以埃及最为典型。开罗的住宅有很多是多层的。底层用石头砌，上面几层用砖砌，常常在墙面上挑出很轻的木质阳台或房间的一部分，使建筑物轻快而生动。男子的居室在下层，围绕着客厅布置，楼上是妇女居室，外面常有内阳台。立面上是两开间的，中央立一根柱子，左右各发一券。室内有很轻巧的装饰，天花、窗格、门环等都精雕细琢。在一些富有人家，还用大理石做装饰材料（图16-5a，b）。

图16-5 阿拉伯住宅
（a）开罗街道上的住宅；
（b）阿拉伯住宅室内

（a）　　　　　　　　　　　　　　　　　（b）

16.3　伊斯兰建筑的典型实例

16.3.1　麦加　克尔白（Kobah，Mecca，公元 630 年，图 16-6）

克尔白意为"天房"，实际上是一座立方体的房子，它是经过历代哈里发与苏丹改建而成的，现在的平面尺寸大约为 11 米 × 16 米，在它的东墙上镶嵌着一块神圣的墨石，这就是伊斯兰教朝觐的对象，也被称之为圣地。天房内有圣泉。至今每年朝圣者仍以近百万计。

16.3.2　开罗　伊本·土伦礼拜寺（The Mosque of Ibn Tulan，公元 876 ~ 879 年，图 16-7a, b)

伊本·土伦礼拜寺是礼拜寺中最典型的一个例子。寺的三面有小街围绕，平面本身布置成四合院形式，院内东、西、北三面绕以回廊，朝麦加的一面有祈祷室（礼拜堂）和圣龛。院子内部约 90 米见方，中间有喷泉亭。寺前中央与东北角各有一座螺旋形光塔，用石灰石砌成，很像古代西亚星象台的样子。寺的造型受到了罗马、拜占庭风格的影响。

礼拜寺与回廊都使用尖拱，以墩子与倚柱承托尖券，尖券下弧向内收进，后来演变成马蹄形券。祈祷室内做成一排排的拱廊，都平行于朝麦加一面的墙，整个结构都用砖砌成，表面粉以灰泥，并用阿拉伯文字、花纹及色彩装饰。窗子上布满了几何花纹。整个建筑造型比较沉重森严，宗教气氛很浓。

图 16-6　麦加克尔白

图 16-7
开罗伊本·土伦礼拜寺
（a）平面；（b）内院

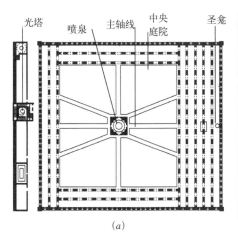

（a）

（b）

16.3.3　格拉纳达　阿尔汗布拉宫（The Palace of Alhambra，Granada，公元 1338 ～ 1390 年，图 16-8）

　　西班牙格拉纳达的阿尔汗布拉宫位于一个地势险要的山上，是由许多院子组成的单层平房的建筑群。平面上有两个主要的庭院，一个是番石榴院（Court of the Myrtles），一个是狮子院（Court of Lions），它们的纵轴互相垂直，房屋都是围绕院子布置的（图 16-8a，b，c）。

　　由南边进入番石榴院，置身于一个横向的柱廊之中，透过柱廊见到纵贯全院的一个水池，能产生很好的倒影。水池两侧各有一排番石榴树的绿篱，修剪得非常整齐。北面柱廊正面是正方形的接见使节的大厅，它的上部形成一个 18 米高的方塔。廊子的柱子很细小，上面有薄薄的用木头做成的假券，券上有很大一片透空的花格（图 16-8d）。

　　狮子院有一圈内柱廊，柱廊在东西两端各有一个凸出部分。院内 124 根白色云石柱和番石榴院内的一样纤细，但它上面的券及券以上的

图 16-8

格拉纳达阿尔汗布拉宫

(a) 局部平面；(b) 剖面；

(c) 宫殿远眺

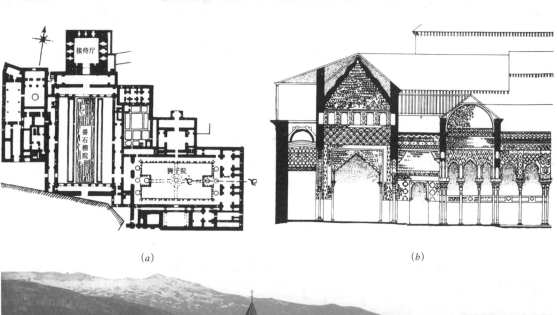

(a)　　　　　　　　　　　　　　　　　(b)

(c)

(d)　　　　　　　　　　(e)　　　　　　　　　　(f)

装饰要复杂得多，不仅用几何图案，而且用阿拉伯文字组成极其精美的装饰纹样。院子中央有一个喷泉，它的基座上刻着 12 个大理石的狮子，院子即以此得名。在喷泉的四面各有一条水沟，既能排水，又起装饰作用，是伊斯兰教建筑常用的手法（图 16-8e）。

在阿尔汗布拉宫东北的一个小庭院内，也有比较规则的绿化布置，减少了院子的单调感。

该建筑群极尽华丽之能事，其拱券的形式与组合、墙面与柱子上的钟乳拱和铭文饰都达到极高的水平。它的内墙面都布满了很精致的图案，是画在土坯墙抹灰面上的，以蓝色为主，间施以金、黄和红，有庄严富丽的效果（图 16-8f）。

在西班牙，还有两个著名的伊斯兰园林。格拉纳达的"园丁之园"（詹诺瑞利夫园 Generalive Garden，14 世纪初），是利用地形做成 7 层的台地园，虽然平面布置规则，但游览路线曲折，有东方的特点。另一个是西维拉的"城堡园"（阿尔卡扎园 Alcazar，Sevilia，14 世纪），是皇家园林之一，规模极大，长度约有 300 米，平面是规则式的布置，道路交叉口设有喷泉，园内还布置有绿篱的迷阵。

16.3.4　亚格拉　泰姬·马哈尔陵（The Taj Mahal，Agra，公元 1630 ~ 1653 年，图 16-9a，b，c，d，e）

泰姬·马哈尔意为宫廷的花冠。这是莫卧儿帝国皇帝沙叶汗为其妃蒙泰吉（Mumtaji-ma hal）建造的陵墓，位置在印度亚格拉的宫殿附近，是一片巨大的建筑群，有"印度的珍珠"之称，也是世界著名的纪念建筑之一。

陵园占据一片很大的长方形地段，长约 576 米，宽约 293 米，四

图 16-8　格拉纳达阿尔汗布拉宫（续）
(d) 番石榴院；
(e) 狮子院；
(f) 宫殿室内

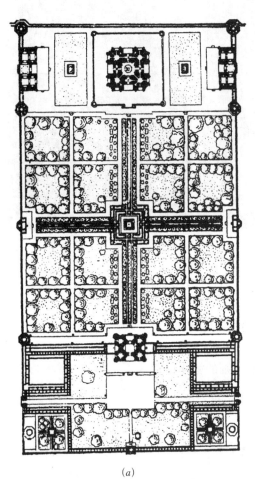

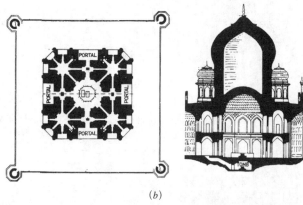

(a)

(b)

(c)

(d)

(e)

图 16-9　印度泰姬陵

(a) 总平面；(b) 主体平面和剖面；(c) 鸟瞰；(d) 主体立面；(e) 陵墓室内

面都有不高的围墙，围墙正面第一个门不大，进了这个门，是一个宽约161米，深约123米的入口院子。院子后面是第二座大门，比第一个门大多了，其立面是传统的做法，长方形墙面，正中开一个尖券大龛，龛底是入口。它的墙面装饰着各种不同颜色的材料。

穿过第二道大门，是一个近乎正方形的院子，宽293米，深297米。院子被十字形的水渠分成四等份，水渠的交点是正方形的水池，里面有喷水口。院子里长着茂盛的常绿树，水面倒影颤动，更是增色不少。

在这一片绿地后面是陵墓和礼拜寺（左）、陈列厅（右）。陵墓居于正中，在5.4米高的平台上。平台每边长95米，四角有四个高41米的光塔。

陵墓的四面完全一样，每边长56.7米，用白色大理石砌成。每边的中央有尖券龛式门殿，通过门经通道而入墓室，墓室上覆盖着直径为17.7米的穹窿顶，在这个穹窿顶外面还有一个高高耸起的外壳穹顶，从它的穹顶尖到平台面约为61米。

陵墓的两侧各有一个小水池，后面是杰姆那河（Jumna）。陵墓两侧的礼拜寺与陈列厅是用赭红的砂石建造的，它们对比出白色大理石陵墓和光塔的高贵美丽。陵墓内外的装饰都很精致，窗子和内屏风都是大理石板刻的透空花纹。整个建筑格调统一、手法洗练、施工精巧，充分表现了古代伊斯兰匠师的惊人技艺，同时也反映了当时封建帝王的奢华铺张。

16.4　结语

（1）伊斯兰教的范围非常广大，无论是阿拉伯国家或非阿拉伯国家，都因伊斯兰教宗教习俗的统一而在文化上、建筑上都有着共同特点。

（2）伊斯兰教国家的建筑兼收并蓄了东方和西方建筑的成就，并创造了自己的风格。在造型处理上、拱券结构上、装饰艺术上、图案色彩上都有独创之处，因此为世界建筑宝库留下了丰富的遗产，并对欧洲部分地区的建筑产生过一定的影响。

17 俄罗斯建筑 Russian Architecture

（公元 10 ~ 19 世纪）

17.1 俄罗斯建筑发展的社会背景

公元 882 年，居于欧洲东部地区的斯拉夫各族以基辅（现属乌克兰）为中心建立了基辅罗斯大公国。这个封建制的国家与拜占庭帝国在经济、军事、宗教和文化方面有密切的联系。

10 世纪前，东斯拉夫人一直信奉多神教。10 世纪末从拜占庭传入了基督教，到 11 世纪前期，基辅设立大主教区，兴建许多教堂和修道院。基督教的传入有利于俄罗斯和拜占庭的文化交流，促进俄罗斯封建文化的成长。同时也将建筑技术传入俄罗斯，促进了建筑水平的提高。

12 世纪时，基辅罗斯大公国开始分裂为十多个公国，封建割据带来了内忧外患，建筑物的规模缩小了，建筑的地方性增强了。

1237 年，蒙古人侵入俄罗斯，严重地破坏了它的经济，许多地方的建设活动几乎陷于停顿。

15 世纪末，莫斯科王公伊凡三世摆脱了鞑靼人的压迫，建立了统一的俄罗斯中央集权国家。伊凡四世（雷帝）从 1547 年起改称沙皇，并开始向东扩展版图。随着俄罗斯国家的统一与强盛，在莫斯科展开了规模浩大的建设活动。

16 世纪后半期，俄罗斯商业的发展扩大了地主的消费，对农民的剥削加重了；同时，伊凡雷帝为争取波罗的海的出海口而进行了 25 年的战争，引起了经济的衰落，建筑活动也随着衰落了。

17 世纪中叶，经济逐渐恢复，手工业与商业发达起来。全俄罗斯统一市场的形成和资本主义关系的成长使商人们发了财，从而使他们在国家的经济、政治与文化方面起了较大影响。新兴的上层市民阶级在城市里建造了玻璃、纺织、造纸、制革等工场建筑物，建造了一些公共与居住建筑物。在建筑造型上，这时期已经接受了欧洲文艺复兴与巴洛克的风格。

18 世纪初，彼得大帝的改革促进了俄罗斯文化和西方的接触，打破了俄罗斯文化闭关自守的状态，彼得堡成为学习西方先进文化的巨大的实验室，这是彼得大帝实现其伟大的理想而奠基的新都。

19 世纪初，俄罗斯资本主义工商业进一步发展，农奴制开始衰落。城市里公共建筑的活动扩大了。在这个时期，曾建造了海军部、总司令部、国务院、兵营、粮库、交易所、银行、剧院、学校、旅馆等。

17.2　俄罗斯建筑的特点

俄罗斯的建筑传统最早表现在基辅城中，从 10 世纪开始，那里已建造了克里姆林（卫城）、宫殿、修道院等建筑群。这些建筑物是在拜占庭建筑的影响下建成的。外表是厚厚的墙，小小的窗子，密集的鼓座与洋葱形的穹窿顶；内部装饰主要用湿粉画，间有彩色镶嵌。基辅罗斯的主要建筑实例是基辅的索菲亚教堂（1017 ~ 1037 年）和诺夫哥罗德的克里姆林及圣索菲亚教堂（1045 ~ 1052 年，图 17-1）。

12 世纪，基辅罗斯分裂，建筑的形制仍是继承原有的传统，教堂的特点是在一个近乎正立方体的基本体形上冒出高高的鼓座，上面立着轮廓富有弹性的穹窿顶。这时期比较有代表性的例子是符拉基米尔的乌斯平斯基教堂（12 世纪）和诺夫哥罗德附近的斯巴斯——尼列基茨教堂（1198 ~ 1199 年）。

15 世纪末莫斯科王公统一俄罗斯以后，建筑特点是在教堂建筑中仍继承着原有的传统，而在世俗建筑中则受到文艺复兴建筑的影响。前者可以莫斯科克里姆林宫的乌斯平斯基教堂（1475 ~ 1479 年）和伊凡大帝钟塔（1505 ~ 1600 年）为例；后者则如莫斯科多棱宫（1487 ~ 1496 年）。

16 世纪时，由于民族复兴的鼓舞，民间建筑的造型对上层统治阶级的建筑与教堂曾有过一定的影响，因而产生了 16 世纪的"帐篷顶"教堂。这种帐篷顶的建筑形式后来发展为俄罗斯建筑独特的民族风格。这时期比较有代表性的例子是莫斯科附近的伏兹尼谢尼亚教堂和莫斯科克里姆林宫墙外的华西里·柏拉仁诺教堂等。

图 17-1
诺夫哥罗德的圣索菲亚教堂

17世纪，俄罗斯的资本主义生产关系开始形成，在世俗建筑物中，很自然地接受了意大利文艺复兴建筑的成就。17世纪末期已经流行着从西欧传入的巴洛克建筑风格。但是，俄罗斯巴洛克风格仅仅是华丽的、过分的装饰而已，并不追求天主教的宗教效果。典型的例子如莫斯科附近费尔的波克洛伐教堂（1693年）。

18世纪初，由于彼得大帝的社会改革，使俄罗斯建筑全面地吸收了法国古典主义的建筑处理手法。这种古典主义建筑和俄罗斯传统建筑相结合，在圣彼得堡产生了不少很有特点的大型宫殿和有纪念性的公共建筑物。在18世纪中，圣彼得堡特别有代表性的建筑是皇家村的叶卡捷琳娜宫（1752～1756年）和冬宫（1755～1762年）。

19世纪初，俄罗斯已经成为欧洲的强国，重要的公共建筑物都有比较强烈的纪念性。在1812年的卫国战争胜利之后，凯旋的激情成了大型公共建筑物的主要思想内容，如凯旋门、光荣的马车、各种纪念性雕刻等不断出现。同时，俄罗斯建筑还吸收了18世纪下半叶在西欧流行起来的古典复兴建筑潮流，有一些甚至吸收了法国的帝国风格。

17.3　俄罗斯建筑的典型实例

17.3.1　基辅　索菲亚教堂（S. Sophia, Kiev，公元1017～1037年，图17-2a, b)

基辅的索菲亚教堂是基辅罗斯大公国的标志，也曾是基辅城的骄傲。其平面近乎方形，外墙厚重，窗户狭小，东面有5个半圆形神坛。它有12个立在高高鼓座上的穹顶。整个建筑物有浓厚的拜占庭色彩，风格是沉重的。

图17-2　基辅的索菲亚教堂
(a) 平面；(b) 教堂外观

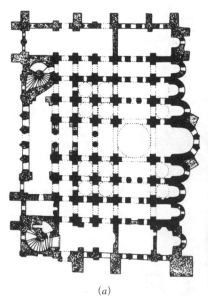

(a)

(b)

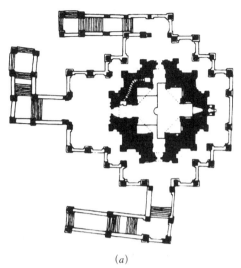

(a)　　　　　　　　　　　　　　　　　　　(b)

17.3.2　莫斯科　伏兹尼谢尼亚教堂（Church of the Ascension, Kolomenskoy, Moscow，公元 1530 ～ 1533 年，图 17-3a, b）

图 17-3　伏兹尼谢尼亚教堂
(a) 平面；(b) 外观

伏兹尼谢尼亚教堂是为纪念伊凡雷帝诞生而建的（图 17-3），位于莫斯科郊区克罗明斯基村。这是一个高高的塔式建筑物，塔高约 62 米，立在宽展的基座上，以锋利的帐篷顶结束。建筑物的主要部分分为两层，底层平面是十字形的，二层是八角形的，两层之间用三层重叠的船底形装饰过渡。顶部冠以帐篷式八角形尖塔。建筑物给人挺拔而向上的感觉，这感觉的获得依靠整个体积的宽度自下而上逐渐缩小；主要部分的划分，下层较高，上层较矮；多棱的体积以及棱角上的壁柱；层层向上的船底形装饰；瘦长的窗子；峻峭的顶以及窗子与壁柱的向上逐层缩小。此外，基座的水平构图不仅使这建筑物显得稳定，与大地紧密贴合，而且也对比了它的垂直构图，加强了向上的动势。

伏兹尼谢尼亚教堂用白色石头建成，是华西里第三在莫斯科附近科洛敏斯基村的离宫建筑群的一部分，靠近宫殿的大门。教堂内部极狭窄，只有 60 余平方米，显然它不是为宗教仪式用的，而是为纪念新生国家而建的。这样的思想内容促使建筑匠师从民间建筑形式中吸取营养，并使它成为具有俄罗斯民族风格的纪念性建筑。

17.3.3　莫斯科　华西里·柏拉仁诺教堂（St. Basil's Cathedral, Moscow，公元 1550 ～ 1560 年，图 17-4a, b）

华西里·柏拉仁诺教堂是伊凡雷帝为纪念攻破蒙古人最后的根据地喀山而建造的，位于莫斯科红场旁。和伏兹尼谢尼亚教堂一样，它没有为宗教仪式留下足够的内部空间，它是一个纪念碑。

教堂的位置不像传统的大教堂那样造在宫廷里，却破天荒地建造在宫墙外的城市主要广场上，每个普通人都可以走近它。教堂由几个独立

(a)

(b)

图 17-4　莫斯科华西里·柏拉仁诺教堂
(a) 平面；(b) 外观

图 17-5　彼得保罗教堂

的墩式部分组成，中央一个最高，以帐篷顶结束，其余 8 个围绕着它的穹窿是形状色彩与装饰各不相同的葱头式穹窿。教堂全用红砖砌筑，以白色石头做装饰构件，穹窿顶上用绿色和金色，因而在色彩上也表现了人民喜悦的心情。

教堂斜对着广场，以致它向广场展现出最复杂的轮廓。整个教堂像一团熊熊烈火，高低错落、参差不齐的大大小小的穹窿顶，像火苗一样争相向上跳跃，因而造就了激动与欢腾的形象。

17.3.4　圣彼得堡　彼得保罗教堂（S. Peterspolo Cathedral，公元 1712 ～ 1733 年，图 17-5）

彼得保罗教堂位于圣彼得堡涅瓦河分叉的华西里岛上，成为俄罗斯北方海口的标志。1703 年，彼得大帝在彼得保罗堡垒为圣彼得堡奠基，1712 年下令在彼得保罗堡垒里建造教堂，指定教堂的尖塔超过莫斯科的伊凡钟塔，并且必须先把这塔建成，然后才建造教堂的本身。彼得保罗教堂的塔高 130 米，用

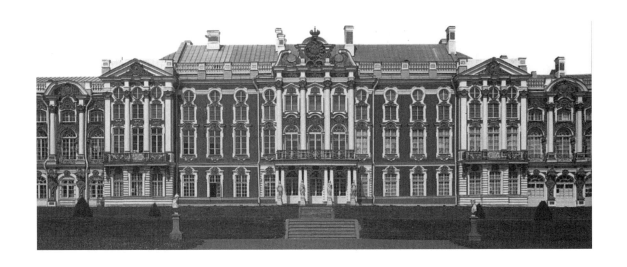

图 17-6　叶卡捷琳娜宫

壁柱分成三层，在细部上有巴洛克的影响。它的 34 米高的金色尖顶，把河岸上零散的、平平的房子统一在整体构图之下。这高耸的尖塔和广阔的水面以及紧贴着水面的围墙相对比，造成了雄伟而生动蓬勃的景色。教堂是巴西利卡式的，实际上不过是纪念性尖塔的附属品而已。

17.3.5　圣彼得堡　叶卡捷琳娜宫（Ekatepuhckuǔ Palace，公元 1752～1756 年，图 17-6）

叶卡捷琳娜宫位于圣彼得堡皇家村大花园的东北角上。由于皇家村的入口在宫殿的东边，而宫殿的入口却在西端，所以来人必须在它前面走过，宫殿遂有机会向人炫耀它的力量和豪华。整个建筑造型是法国古典式的，它的平面很简单，呈长方形，长 300 米。东端是一个小小的教堂，其他部分就是一串长方形的连列厅。建筑物的形体和平面相适应，也很简单，总轮廓很明确。雄伟的柱子强调着皇家的至尊气派，宽大的窗子给宫廷生活以充足的光线。它的室内外装饰非常华丽，墙蓝，柱白，雕像细部则是金色的。

17.3.6　圣彼得堡　冬宫（The Winter Palace，公元 1755～1762 年，图 17-7a，b）

冬宫在圣彼得堡涅瓦河畔、海军部旁边，这里原来就有一个小小的游乐用的皇家别墅。重建时，想把它建成彼得堡的中心，在其之前设计了广场，和它相对应的是后来建造的总司令部大厦。冬宫的主要连列厅朝向涅瓦河和海军部。对着广场的都是服务房间，这样安排很适合使用要求。它的立面是古典式的，节奏复杂，装饰很多，大量使用断折檐口，反映了受法国古典主义建筑风格的影响。

图 17-7 冬宫
(a) 冬宫前的广场；
(b) 宫殿一角

17.3.7 圣彼得堡 海军部大厦（The Department of the Navy，公元 1806 ～ 1823 年，图 17-8a，b）

　　这是 19 世纪上半叶俄罗斯建筑的杰出代表。海军部是在造船厂原址上改建的，原来的造船厂是个三合院，以敞开的一面朝向涅瓦河，海军部正面长 407 米，侧面长 163 米。正面的正中大门上有一个尖塔，圣彼得堡的三条放射形大街对着它。这种处理手法显然是受了法国凡尔赛宫的影响。

　　海军部的正立面很长，但不高，如果按照古典主义建筑传统的五段划分将不能得到良好的比例。因此，它突破了传统的手法，在正立面的

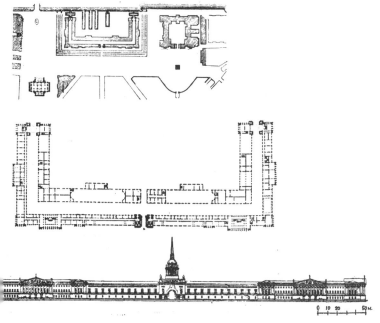

(a)

(b)

图 17-8 圣彼得堡海军部
(a) 广场平面和海军部平、立面；
(b) 海军部中央塔楼

两侧作了五段划分，使正立面有三个轴线。中央塔楼总高 72 米，是整座建筑物构图的中心。它在平而长的立面正中挺拔而起，显得特别有向上的动势。塔楼最上部冠以 23 米高的尖顶，尖顶上托着一只帆船，这是俄罗斯海上威力的象征。塔楼的第一层处理得非常稳重，加上一些主题性雕刻，因而很有纪念性。塔楼的尖塔对着城市的三条放射性干道，把建筑物和整个城市联系了起来，也使海军部隔着涅瓦河与彼得保罗教堂和交易所形成完整的建筑群。海军部在建筑造型上是吸收了古典手法并结合民族传统而有创造性的一例。

17.4 结语

（1）俄罗斯建筑最初是接受了拜占庭的建筑成就，之后结合本民族的传统，建立了自己的民族风格。由于政治、经济上的长期闭关自守，以及受到蒙古人的侵略，俄罗斯文化在中世纪落后于西欧，并且很少受到西欧建筑和伊斯兰教建筑的影响。

（2）在资本主义萌芽时期，俄罗斯开始接受了欧洲文艺复兴的建筑成就。17 世纪，在俄罗斯已经流行着意大利文艺复兴建筑与巴洛克建筑的风格。与此同时，民间的帐篷顶建筑形式也有了进一步的发展。

（3）18 世纪以后，由于彼得大帝的社会改革，法国的古典主义建筑成为当时的学习榜样，俄罗斯民族建造了不少壮丽的宫殿和很有纪念性的公共建筑物。造型上利用了古典的手法结合自己原有的传统，使其仍具有强烈的民族特色。

下篇

近现代建筑

Modern Architecture

近现代社会的发展，促使了建筑的革命，它为人类创造了史无前例的建筑奇迹。百层以上的摩天大楼，200多米跨度的大空间建筑，一望无边的大型厂房，以及形形色色的建筑类型和外观，不断地改变着人们对建筑的印象，反映了现代化的胜利。这是时代的呼唤，是社会进步的象征。

近现代建筑为什么会发生如此巨大的变化呢？这是与当时的社会历史条件分不开的。17世纪英国资产阶级革命（1640～1660年）确立了资本主义制度在英国的统治，它为英国的工业革命提供了重要的条件。英国革命不仅对本国，而且对欧洲各国的反封建革命运动，都产生了巨大的影响。因此，1640年开始的英国资产阶级革命成了世界近代史的开端。

18世纪中叶，英国是一个拥有大量手工业工场的国家，当时最主要的工业部门是纺织业。正是从这个部门开始了18世纪60年代到19世纪三四十年代的英国工业革命。由于工业革命，大量使用机器，英国变成了世界工厂。继英国之后，机器生产开始普及到欧美各国。

资本主义社会的发展，给建筑事业带来了一系列的问题。

首先是城市因工业生产集中，也集中了大量受雇佣的劳动群众，城市迅速地膨胀起来。城市人口已经不像中世纪按几千人计算，而是按百万计算了。由于土地的私有制和建设的无政府状态，造成了城市的混乱。

其次是住宅问题严重。尽管大生产能有足够的生产力来解决这一问题，但是由于资本主义私有制的束缚，阶级鲜明的对立，在资产阶级高楼大厦的背后便是无产阶级居住的贫民窟。

再次是建筑技术与建筑艺术的矛盾。新的科学技术和新的建筑类型的出现对建筑形式提出了新的要求。旧的历史样式已不能满足新兴的资本主义社会的需要，于是旧形式崩溃的末日来临了，探讨新建筑形式的思潮风行一时。此外，由于 1914 ~ 1918 年的第一次世界大战，使欧洲经济受到很大损伤，于是以廉价与简洁为特征的现代建筑得到了迅速发展的条件。

近几十年来，随着科学技术与工业生产的发展，在建筑材料、建筑结构、施工技术以及建筑设计方法等方面又有了很大的进步，致使各种建筑类型都获得了新的成就。特别是轻质高强材料的出现，以及混凝土、钢材、铝板、玻璃、塑料的大量应用，使建筑的面貌大为改观。

世界近现代建筑是极为复杂而又有趣的。它的变化反映着当代的物质生产和科学技术的水平，也反映了一定的社会意识形态的状况。西方现代建筑既是现代物质生产发展的结果，又是资本主义社会精神世界的标记。毫无疑问，近现代建筑比封建社会的建筑大大向前跨进了一步。在建筑设计上更注意功能的处理，现代技术的应用以及经济效果，从而为大量建筑的工业化建造开辟了广阔的前景。同时，建筑艺术方面的变化也相当大，从豪华的折中主义风格到取消装饰、净化建筑，继而走向丰富空间、增加艺术享受，出现了不少新的理论与手法，使当代建筑为之一新。

在城市建设方面，近现代时期也出现过一些探讨解决矛盾的理论与实践，例如巴黎的改建、"花园城市"、"卫星城市"、"工业城市"、"新城"、"生态城市"等理论也都在不同时期有过一定的影响。

18 近代建筑的新技术与新类型
New Technique & New Types in Architecture

（19世纪前后）

恩格斯曾经告诉我们："在资本主义初期，如果生产受科学之惠，那么科学受生产之惠则更是无穷之大。"

英国资产阶级革命虽然出现于17世纪，但是欧美建筑的重大变化却出现在18世纪的工业革命前后。由于资本主义大生产的发展，特别是工业革命以后，建筑科学有了很大的进步，新的建筑材料、新的结构技术、新的施工方法的出现，为近代建筑的新发展提供了无限的可能，因而在建筑上摆脱折中主义束缚的要求就更加迫切。资产阶级终于在建筑上显示出了自己的力量。"它第一次证明了，人的活动能够取得什么样的成就。它创造了完全不同于埃及金字塔、罗马水道和哥特式教堂的奇迹……"（《共产党宣言》）。

18.1 初期生铁结构

金属作为建筑材料，在古代的建筑中就已开始，至于大量的应用，特别是以钢铁作为建筑结构的主要材料则始于近代。随着铸铁业的发达，1775～1779年第一座生铁框架桥在英国塞文河上建造起来了，桥的跨度达30米，高12米。1793～1796年在英国伦敦又出现了一座新式的单跨拱桥——森德兰桥，桥身亦由生铁制成，全长达72米，是这一时期构筑物中最早、最大胆的尝试。

真正以铁作为房屋的主要材料，最早是应用于屋顶上，如戏院、仓库等。1786年在巴黎为法兰西剧院建造的铁框架屋顶，就是一个明显的例子。后来这种铁构件在建筑物上的大量应用便逐步得到推广。铁构件首先在工业建筑上取得了阵地，因为它没有传统的束缚。典型的例子如1801年建的英国曼彻斯特的萨尔福特棉纺厂的七层生产车间。它是生铁梁柱和承重墙的混合结构，在这里铁构件首次采用了工字形的断面。在民用建筑上，典型的例子是英国布赖顿的印度式皇家别墅（1818～1821年），它重约50吨的大洋葱顶就是支撑在细瘦的铁柱上（图18-1）。看来，这类建筑应用生铁构件，可能多是为了追求新奇与时髦。

18.2 铁和玻璃的配合

为了采光的需要，铁和玻璃两种建筑材料配合的应用，在19世纪建

图 18-1　英国皇家布莱顿别墅

图 18-2　巴黎植物园温室

筑中获得了新的成就。1829 ~ 1831 年最先在巴黎旧王宫的奥尔良廊顶上应用了这种铁框架与玻璃配合的建筑方法，它和周围折中主义的沉重柱式与拱廊形成强烈的对比。1833 年便出现了第一个完全以铁架和玻璃构成的巨大建筑物——巴黎植物园的温室（图 18-2）。这种建筑方式对后来的建筑有很大的启示。

18.3　向框架结构过渡

框架结构最初在美国得到发展，它的主要特点是以生铁框架代替承重墙。1854 年在纽约建造了一座五层楼的印刷厂，便是初期生铁框架形式的例子。美国于 1850 ~ 1880 年之间所谓的"生铁时代"中建造的商店、仓库和政府大厦多应用生铁框架结构。如美国西部的贸易中心圣路易斯市的河岸上就聚集有 500 座以上这种生铁结构建筑。在外观上以生

图18-3　芝加哥家庭保险公司大厦

铁梁柱纤细的比例代替了古典建筑沉重稳定的印象。尽管如此，它仍然未能完全摆脱古典形式的羁绊。高层建筑在新结构技术的条件下得到了建造的可能性。第一座依照现代钢框架结构原理建造起来的高层建筑是芝加哥家庭保险公司的十层大厦（1883～1885年，图18-3），它的外形仍然保持着古典的比例。

18.4　升降机与电梯

随着近代工厂与高层建筑的出现，再靠传统的楼梯来解决垂直交通问题，已有很大的局限性，这就促使了升降机的发明并使人类长期向往的理想获得了实现。最初的升降机仅用于工厂中，后来逐渐用到一般高层房屋上。第一座真正安全的载客升降机是在美国纽约1853年世界博览会上展出的蒸汽动力升降机。1857年这部升降机被装置于纽约的一座商店。1864年这种升降机技术传至芝加哥。1870年贝德文在芝加哥应用了水力升降机。此后，一直到1887年才开始发明电梯。欧洲升降机的出现则较晚，直到1867年才在巴黎国际博览会上装置了一架水力升降机，1889年应用在埃菲尔铁塔内。

随着生产的发展与生活方式的日益复杂，19世纪末人们对建筑提出了新的任务，建筑需要跟上社会的要求。这时建筑负有双重职责：一方面需要解决不断出现的新建筑类型的问题，如火车站、图书馆书库、百货商店、市场、博览会等；另一方面则更需要解决新技术与新建筑形式的配合问题。建筑师与社会生活的关系以及与工程技术、艺术之间的关系更加紧密了，这就促使建筑师在新形势下摸索出建筑创作的新方向。

18.5　博览会与展览馆

19世纪后半叶，工业博览会给建筑的创造性提供了最好的条件与机会。显然，博览会的产生是由于近代工业的发展和资本主义工业品在市场竞争的结果。博览会的历史可分为两个阶段：第一个阶段是在巴黎开始和终结的，时间为1798～1849年，范围只是全国性的；第二个阶段则占了整个19世纪后半叶，具体时间为1851～1893年，这时它已具有国际性质，博览会的展览馆便成为新建筑方式的试验田。博览会的历史不仅表现了在建筑中铁结构的发展，而且还在审美观点上有了重大的转变。在国际博览会时代中有两次最突出的建筑活动，一次是 1851 年在英国伦敦海德公园举行的世界博览会的"水晶宫"展览馆，另一次则是 1889 年在法国巴黎举行的世界博览会中的埃菲尔铁塔与机械馆。

　　1851 年建造的伦敦"水晶宫"展览馆（图 18-4a，b，c），开辟了建筑形式的新纪元。它的出现过程是非常有趣的，原来在 1850 年初，英国政府为了新建博览会展览馆，曾公开向世界征求设计方案，共收到 245 种图样，可是结果很难有方案能够在 9 个月内实现，虽然漂亮的外形很吸引人注意，然而单是所需的 1500 万块砖就无法供应，更不要谈到内外装饰与艺术要求了。工期紧迫成了首要矛盾。就在这个关键时刻，英国的一位名叫派克斯顿的园艺师，他聪明地提出了一个方案，依照装配花房的办法来建造一个玻璃铁架结构的庞大外壳。建筑物长度达到 1851 英尺（563 米），象征 1851 年建造；宽度为 408 英尺（124.4 米），共有五跨，以 8 英尺为单位（因当时玻璃长度为 4 英尺，用此尺寸作为模数）。外形为一简单阶梯形的长方体，并有一个垂直的拱顶，各面只显

图 18-4　伦敦水晶宫
(a) 复原鸟瞰图；
(b) 立面外观；
(c) 室内场景

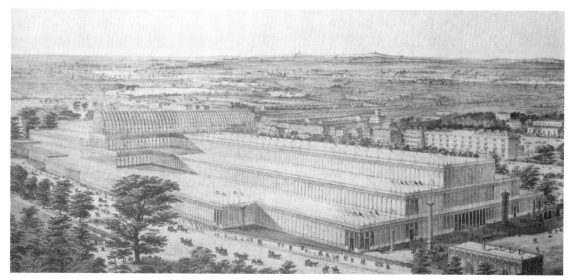

(a)

(b)

(c)

图18-5 1889年巴黎博览会埃菲尔铁塔

出铁架与玻璃，没有任何多余的装饰，完全表现了工业生产的机械本能。在整座建筑物中，只应用了铁、木、玻璃三种材料，施工从1850年8月开始，到1851年5月1日结束，总共花了不到九个月的时间，便全部装配完成。"水晶宫"的出现，曾轰动一时，人们惊奇地认为这是建筑工程的奇迹。1852～1854年，"水晶宫"被移至锡德纳姆，在重新装配时，将中央通廊部分原来的阶梯形改为筒形拱顶，与原来纵向拱顶一起组成了交叉拱顶的外形。整个建筑于1936年毁于大火。

此后，国际博览会的中心转移到了巴黎，如1855年、1867年、1878年、1889年在巴黎所举行的国际博览会。

1889年的国际博览会是这一历史阶段的顶峰。这次博览会主要以埃菲尔铁塔与机械馆为中心。铁塔是在埃菲尔工程师领导下，于17个月中建造成的一座巨大的高架铁结构（图18-5）。塔高达328米，内部设有四部水力升降机，这种巨型结构与新型设备显示了资本主义初期工业生产的强大威力。根据实测，铁塔早晨向西偏100mm，白天向北偏70mm，严冬时矮170mm，图纸共有5000张。

机械馆布置在塔的后面，是一座空前未有的大跨度结构（图18-6a，b），它刷新了世界建筑的新纪录。这座建筑物长度为420米，跨度达115米，主要结构由20个构架所组成，四壁全为大片玻璃，结构方法初次应用了三铰拱的原理，拱的末端越接近地面越窄，每点集中压力有120吨，这种新结构试验的成功，有力地促使了建筑艺术不得不探求新的形式。机械馆直到1910年才被拆除。

19世纪末叶，美国工业迅猛上升，于是也开始举行了国际博览会。其中1893年在芝加哥举办的国际博览会规模较大。在这次博览会中，美国资产阶级为了急于表现当时自己在各方面的成就，迫切地需要"文化"来装饰一下自己的门面以和欧洲相抗衡，所以芝加哥博览会的建筑物都采用了欧洲折中主义的形式，并且特别热衷于古典柱式的表现。它和欧洲新建筑发展相比较，显然是落后了一大步。

(a)　　　　　　　　　　　　　　　　　　　(b)

图 18-6　1889 年巴黎博览会机械馆
(a) 机械馆室内场景；(b) 机械馆三铰拱结构

18.6　钢筋混凝土

钢筋混凝土在 19 世纪末到 20 世纪初被广泛地采用，给建筑结构方式与建筑造型提供了新的可能性。钢筋混凝土的出现和在建筑上的应用是建筑史上的一件大事。在 20 世纪头十年，它几乎成了一切摩登建筑的标志。钢筋混凝土结构一直到现在仍表现出它在建筑上所起的重大作用，它的可塑性更使建筑的体形变得丰富多彩。

钢筋混凝土的发展过程是很复杂的。早在古罗马时代的建筑中，就已经有过天然混凝土的结构方法，但是它在中世纪时失传了，真正的混凝土与钢筋混凝土是近代的产物。

1824 年英国首先生产了胶性波特兰水泥，为混凝土结构的试制提供了条件。1829 年把水泥和砂石作铁梁中的填充物，进一步发展了用水泥楼板的新形式。1868 年有位法国园艺师蒙湟，以铁丝网与水泥试制花钵成功，因而启发了后来的工程师以交错的铁筋和混凝土作为建筑屋顶的主要结构，这一试验为近代钢筋混凝土结构奠定了基础。

钢筋混凝土的广泛应用是 1890 年以后的事。它首先在法国与美国得到发展。1894 年包杜在巴黎建造的蒙玛尔特教堂（图 18-7）是第一个全部用钢筋混凝土框架结构建造房屋的例子。接着钢筋混凝土结构传遍欧美。

1916 年，在法国巴黎近郊的奥利建造了一座巨大的飞机库（图 18-8），它是用钢筋混凝土建造的抛物线形的拱顶结构，跨度达到 96 米，高度达到 58.5 米。拱顶肋间有规律地布置着采光玻璃，具有非常新颖的效果。

瑞士著名工程师马亚曾设计过许多新颖的钢筋混凝土桥梁，这些桥梁的轻快形式和结构应力分布一致（图 18-9）。此外，马亚于 1910 年还在苏黎世城建造了第一座无梁楼盖的仓库。

所有这些新结构形式的出现，对于现代的工业厂房、飞机库、剧院、大型办公楼、公寓等的设计，可以更加自由、更加合理了，同时也可以更充分地利用空间和发挥建筑师的想象力。

图 18-7　巴黎蒙玛尔特教堂

图 18-8　奥利飞机库

图 18-9　瑞士横跨 Salgina
峡谷的公路桥

19 建筑创作中的复古思潮
Architectural Revival in Early Modern Times

（18 ~ 20 世纪初）

建筑创作中的复古思潮是指从 18 世纪 60 年代到 19 世纪末在欧美流行着的古典复兴、浪漫主义与折中主义。它们的出现，主要是因为新兴的资产阶级有政治上的需要，他们之所以要利用过去的历史样式，是企图从古代建筑遗产中寻求思想上的共鸣。

古典复兴、浪漫主义与折中主义在欧美流行的时间大致如下：

	古 典 复 兴	浪 漫 主 义	折 中 主 义
法　国	1760 ~ 1830 年	1830 ~ 1860 年	1820 ~ 1900 年
英　国	1760 ~ 1850 年	1760 ~ 1870 年	1830 ~ 1920 年
美　国	1780 ~ 1880 年	1830 ~ 1880 年	1850 ~ 1920 年

19.1　古典复兴建筑思潮（Classical Revival Architecture）

古典复兴是资本主义初期最先出现在文化上的一种思潮，在建筑史上是指 18 世纪 60 年代到 19 世纪末在欧美盛行的古典建筑形式。这种思潮曾受到当时启蒙运动的影响。

启蒙运动起源于 18 世纪的法国，这是资产阶级批判宗教迷信和封建制度永恒不变的传统观念，为资产阶级革命所作的舆论准备。18 世纪法国资产阶级启蒙思想家著名的代表主要有伏尔泰、孟德斯鸠、卢梭和狄德罗等人。虽然他们的学说反映了资产阶级各阶层的不同观点，但他们却都具有一个共同的核心，那便是资产阶级的人性论，"自由"、"平等"、"博爱"又是人性论的主要内容，是为资产阶级专政服务的口号。正是由于对民主、共和的向往，唤起了人们对古希腊、古罗马的礼赞，因此，法国资产阶级革命初期曾向罗马共和国借用英雄的服装自然不足为奇了，这也就是资本主义初期古典复兴建筑思潮的社会基础。马克思说："人们自己创造自己的历史，但是他们并不是随心所欲地创造，并不是在他们自己选定的条件下创造，而是在直接碰到的、既定的、从过去承继下来的条件下创造。一切已死的先辈们的传统，像梦魇一样纠缠着活人的头脑。当人们好像只是在忙于改造自己和周围的事物并创造前所未闻的事物时，恰好在这种革命危机时代，他们战战兢兢地请出亡灵来给他们以帮助，借用它们的名字、战斗口号和衣服，以便穿着这种久受崇敬的服装，用这种借来的语言，演出世界历史的新场面。"①

　　18 世纪古典复兴建筑的流行，固然主要由于政治上的原因，另一方面则因为考古发掘进展的影响。它使人们认识到古典建筑的艺术质量远远超过了巴洛克与洛可可，这也是古典亡灵再现的条件。

　　古典复兴建筑在各国的发展，虽然有共同之处，但多少也有些不同。大体上在法国是以罗马式样为主，例如巴黎万神庙（图 19-1），而在英国、德国则希腊式样较多。采用古典形式的建筑主要是为资产阶级服务的国会、法院、银行、交易所、博物馆、剧院等公共建筑。此外，法国在拿破仑时代还有一些完全是纪念性的建筑。至于一般市民住宅、教堂、学校等建筑类型则受影响较小。

图 19-1　法国古典复兴建筑：巴黎万神庙

图 19-2　巴黎凯旋门

　　拿破仑帝国时代，在巴黎曾建造了许多国家性的纪念建筑，例如星形广场上的凯旋门（1808 ～ 1836 年，设计人：J.F. Chalgrin，图 19-2）、马德伦教堂（The Madeleine, Paris, 1806 ～ 1842 年，设计人：Pierre Alexandre Vignon）等建筑都是罗马帝国建筑式样的翻版。在这类建筑中，它们追求外观上的雄伟、壮丽，内部则常常吸取东方的各种装饰或洛可可的手法，因此形成所谓的"帝国式"风格（Empire Style）。

　　美国在独立以前，建筑造型都是采用欧洲式样。这些由不同国家的殖民者所盖的房屋风格称为"殖民时期风格"（Colonial Style），其中主要是英国式。独立战争时期，美国资产阶级在摆脱殖民地制度的同时，曾力图摆脱"殖民时期风格"，由于他们没有悠久的建筑传统，也只能用希腊、罗马的古典建筑去表现"民主"、"自由"、"光荣"和"独立"，所以古典复兴建筑在美国曾盛极一时，尤其是以罗马复兴为主。1793 ～ 1867 年建的美国国会大厦（设计人：William Thornton and B. H. Latrobe）就是罗马复兴的例子，它仿照了巴黎万神庙的造型，极力表现雄伟的纪念性。

---

① 马克思恩格斯选集．第一卷．北京：人民出版社，1972：P603.

美国国会大厦（图 19-3）

1793 ~ 1867 年建造的美国国会大厦是罗马古典建筑复兴的重要实例，它仿照了巴黎万神庙的造型，极力表现雄伟的纪念性。

美国国会大厦是在 1792 年举行设计竞赛的，当时曾征集到 17 个方案，获奖者是一位医生和业余建筑师，名叫威廉·桑顿（1759 ~ 1828年），他设计的古典方案宏伟壮丽，但技术要求很高，因此他无法承担具体的技术任务，只得请其他一些专业建筑师协助进行工作，其中起作用较大的是拉特罗伯。在施工到大圆顶时，发生了新的技术难题，于是又在 1850 年举行竞赛，最后由托马斯·瓦特获胜，继续主持国会大厦的工程设计，直到 1867 年。大厦中有些设备与装修到 20 世纪中叶才完成。国会大厦外部全是用灰白色石块砌筑，上部圆顶是用铸铁构件建造的，这样可以减少一些圆顶的侧推力，在铸铁圆顶的外部刷上一层白漆，远远望去，和下部石墙面很协调。在圆顶的下部开有一圈小窗，既能采光和减轻重量，又能在造型上产生虚实的对比，避免了沉重的感觉。在圆顶的上部还加上一个圆形的亭子和华盛顿的青铜雕像，使这座古典建筑成为华盛顿市的制高点，也成为华盛顿重要的标志性建筑。

美国国会大厦虽然是采用罗马古典复兴的建筑风格，但是由于在大圆顶下的两层圆厅是用壁柱和柱廊环绕，两翼上层外观也都采用柱廊形式，因此给人的感觉是既庄严伟大，又亲切开敞，能表达一定的民主思想。在国会大厦的内部圆形大厅中，还布置有许多历届著名美国总统的雕像以作纪念，也烘托了大厦的中心气氛。大厦的底层外部是仿照巴黎卢佛尔宫东立面的做法，处理成一个基座承托着上部的柱廊，显得整座建筑稳重坚实。大厦的周围种植有许多樱花和一些灌木，初春时刻，花红草绿，配置在庄严典雅的灰白色大厦前，使国会山形成了一片迷人的景色，已融建筑美与自然美于一体。

美国国会大厦在轴线上与华盛顿纪念塔遥相呼应，塔身高达 166.5米，这样更增加了国会大厦前景的雄伟景观。

图 19-3 美国国会大厦

19.2　浪漫主义建筑思潮（Romanticism Architecture）

　　浪漫主义是 18 世纪下半叶到 19 世纪上半叶活跃在欧洲文学艺术领域中的另一种主要思潮，它在建筑上也得到一定的反映，不过影响较小。

　　浪漫主义一开始就带有反抗资本主义制度与大工业生产的情绪，另一方面它却夹杂有消极的虚无主义的色彩。

　　浪漫主义在要求发扬个性自由、提倡自然天性的同时，用中世纪艺术的自然形式来反对资本主义制度下用机器制造出来的工艺品，以及用它来和古典艺术相抗衡。

　　浪漫主义始源于 18 世纪下半叶的英国。18 世纪 60 年代到 19 世纪 30 年代是它的早期，或者叫做先浪漫主义时期。先浪漫主义带有旧封建贵族追求中世纪田园生活的情趣，以逃避工业城市的喧嚣。在建筑上则表现为模仿中世纪的寨堡或哥特风格。模仿寨堡的典型例子如埃尔郡的克尔辛府邸（Culzean Castle，Ayrshire，1777 ~ 1790 年），模仿哥特教堂的例子如称为威尔特郡的封蒂尔修道院（Fonthill Abbey，Wiltshire，1796 ~ 1814 年，图 19-4）。此外，先浪漫主义在建筑上还表现为追求非凡的趣味和异国情调，有时甚至在园林中出现了东方建筑小品。例如英国布赖顿的皇家别墅（Royal Pavilion，Brighton，1818 ~ 1821 年，参见图 18-1）就是模仿印度伊斯兰教礼拜寺的形式。

　　从 19 世纪 30 年代到 70 年代是浪漫主义的第二个阶段，是浪漫主义真正成为一种创作潮流的时期。这时期浪漫主义的建筑常常是以哥特风格出现的，所以也称之为哥特复兴（Gothic Revival）。尤其是它富于

图 19-4
英国威尔特郡封蒂尔修道院

宗教神秘气氛，适合于教堂建筑。哥特复兴式不仅用作教堂，而且也出现在一般世俗性建筑中，这反映了当时西欧一些人对发扬民族传统文化的恋慕，认为哥特风格是最有画意和神秘气氛的，并试图以哥特建筑结构的有机性来解决古典建筑所遇到的建筑艺术与技术之间的矛盾。

浪漫主义建筑最著名的作品是英国国会大厦（Houses of Parliament，1836 ~ 1868 年，设计人：Sir Charles Barry）。

英国国会大厦（图 19-5a，b）

英国国会大厦位于伦敦的泰晤士河西岸，由于它的造型和西敏寺教堂很相像，故亦别称西敏寺新宫，它建于 1836 ~ 1868 年。老建筑因在 1834 年被毁于火，这便促使了新国会大厦的诞生。但是在设计的过程中曾引起了风格的激烈争论，最后在 1836 年决定聘请查尔斯·巴里爵士作为建筑师设计新的议会大厦。英国国会大厦是浪漫主义建筑的代表作品，也是英国最著名的建筑物之一，它具体表现为采用了亨利第五时期的哥

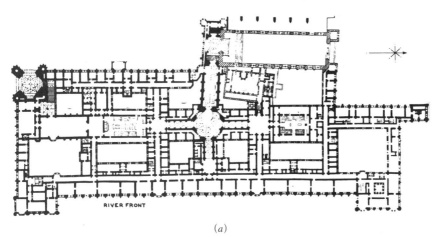

(a)

(b)

图 19-5　英国国会大厦
(a) 平面；
(b) 国会大厦外观

195

特垂直式，原因是亨利第五（1387～1422年）曾一度征服过法国，采用这种风格便象征着民族的自豪感。英国国会大厦的造型和美国的完全不同，它强调的是一系列垂直线条组合成的一条水平带，在这个水平带中再突出几座高塔，作为建筑的标志，其中尤以北面高达96米的大本钟塔和南面高达102米的维多利亚塔楼最为壮观，它形成该组建筑的主要轮廓线，使建筑物显得既庄严而又富有变化，它是英国最秀丽的建筑物之一。

这组建筑的特点有三：首先是建筑造型采用了地道的哥特式细部，反映了当时哥特复兴的倾向；其次是这组建筑非常严谨，但平面却并不完全对称，它必须适应新西敏寺大厅的功能需要；第三是不规则不对称的塔楼组合与丰富的天际线，尤其是从河岸一边看去，如同优美的图画一般。

资产阶级在大革命初期，不论建筑是采用哥特复兴式或古典复兴式，目的都是为了表达新阶级的强大。建筑形式必须满足统治阶级的政治要求，这也正说明建筑艺术的创造脱离不了政治羁绊的原因，同时也表明了新建筑艺术的创造还必须经过艰苦的探索过程。

19.3 折中主义建筑思潮（Eclecticism Architecture）

折中主义是19世纪上半叶兴起的另一种创作思潮，这种思潮到19世纪末和20世纪初在欧美盛极一时。折中主义为了弥补古典主义与浪漫主义在建筑上的局限性，曾任意模仿历史上的各种风格，或自由组合各种式样，所以也被称之为"集仿主义"。

折中主义的建筑并没有固定的风格，它讲究比例权衡的推敲，沉醉于"纯形式"的美。但是它仍然没有摆脱复古主义的范畴。建筑在内容和形式之间的矛盾，一直到20世纪初才逐渐获得解决。

折中主义在欧美的影响非常深刻，持续的时间也比较长。19世纪中叶以法国最为典型，19世纪末与20世纪初又以美国较为突出。

巴黎歌剧院（1861～1874年，设计人：J.L.C.Garnier，图19-6a,b）是折中主义的代表作，是法兰西第二帝国的重要纪念物，是欧斯曼改建巴黎的据点之一，立面是意大利的晚期巴洛克风格，并掺杂了烦琐的洛可可雕饰。巴黎歌剧院的艺术形式在欧洲各国的折中主义建筑中有很大的影响。

法国大革命以后，原来由路易十四奠基的古典主义大本营——皇家艺术学院，曾被解散。1795年重新恢复，1816年艺术学院扩充调整，改名为巴黎美术学院（Ecole des Beaux Arts），它在19世纪内成为整个欧洲和美洲各国艺术和建筑创作的领袖，是传播折中主义的中心。

20世纪前后，社会形势的急剧变化，导致了谋求解决功能、技术与艺术之间矛盾的"新建筑"运动。于是，当时占主要地位的折中主义思潮逐渐为"新建筑"运动所代替。

(a)

(b)

图 19-6 巴黎歌剧院
(a) 立面外观；
(b) 室内大厅

20 现代建筑运动
Modern Movement in Architecture

（20 世纪上半叶）

20.1 近代欧美探求新建筑思潮的社会背景

19 世纪下半叶到 20 世纪初是自由竞争的资本主义与垄断资本主义更替的时期。在这个时期内，资本主义国家的德、法、英、美最有代表性。

普法战争之后，普鲁士统一了德国，1871 年宣告德意志帝国成立，从而使统一的国内市场与资本主义经济得到迅速发展。同时，由于德国工业革命开始较晚，因而它新建立起来的工业部门，如钢铁、电机、化学工业等可以利用当时最先进的技术加以装备。在 19 世纪 70 年代德国的钢产量占世界第三位，但到了 19 世纪末已超过了英、法两个老牌资本主义国家而仅次于美国。电机、化学工业发展更为迅速，1833 年，德国的化学染料产量占世界 2/3 以上。19 世纪末至 20 世纪初，德国在生产集中的基础上形成了垄断组织，开始进行资本输出，于是与英、法展开了激烈的斗争，要求重新瓜分世界。

从德、法、英、美等国的发展过程中，可以看出资本主义世界工农业产量在这个时期不断增长。在冶金工业中，贝塞麦、马丁、汤麦斯炼钢法已经广泛应用。钢铁产量的增长又促进了机器、钢轨、车厢、轮船的制造。在动力工业方面，这时期出现比旧式蒸汽机更经济、效能更高的蒸汽涡轮机和内燃机。内燃机需要液体燃料，它的出现促进了石油的开采。内燃机的发明又推动机器工业的发展，并为汽车和飞机的制造创造了条件。化学工业和电气工业是这一时期新出现的工业部门。19 世纪70 年代至 90 年代，电话、电灯、电车、无线电等先后发明。19 世纪 90 年代初，远距离送电试验获得成功，这就为工业电气化开拓了广泛的可能性。

19 世纪末，资本主义世界工业生产产值比 30 年前增加了约一倍多，随之而来的是城市人口不断增长，城市建设也不断发展。资本主义国家经济向世界范围的扩大，进一步密切了各地区之间的经济与文化联系。

在这个时期中，生产急骤的发展，技术飞速的进步，资本主义世界的一切都处在变化之中，昨天的新东西，到今天就已陈旧，一件新东西还来不及定型就已经过时了。这时的生产既然发展得如此之快，建筑作为物质生产的一个部门，不能不跟上社会发展的要求。它迅速地在适应新社会的要求下摆脱了旧技术的限制，摸索着材料和结构的更新。随着钢和钢筋混凝土应用的日益频繁，新功能、新技术与旧形式之间的矛盾也日益尖锐。于是引起了对古典建筑形式所谓的"永恒性"提出了质疑，并在一些对新事物敏感的建筑师中掀起了一场积极探求新建筑的运动。

20.2　艺术与工艺运动

19 世纪 50 年代在英国出现的"艺术与工艺运动（Arts and Crafts Movement）"是小资产阶级浪漫主义的社会与文艺思想在建筑与日用品设计上的反映。

英国是世界上最早发展工业的国家，也是最先遭受由工业发展带来的各种城市痼疾及其危害的国家。面对当时城市交通、居住与卫生条件越来越恶劣，以及各种粗制滥造而廉价的工业产品正在取代原来高雅、精致与富于个性的手工业制品的市场，社会上，主要是一些小资产阶级知识分子，出现了一股相当强烈的反对与憎恨工业，鼓吹逃离工业城市，怀念中世纪安静的乡村生活与向往自然的浪漫主义情绪。以罗斯金（John Ruskin，1819 ～ 1900 年）和莫里斯（William Morris，1834 ～ 1896 年）为代表的"艺术与工艺运动"便是这股思潮的反映。

"艺术与工艺运动"赞扬手工艺制品的艺术效果、制作者与成品的情感交流与自然材料的美。莫里斯为了反对粗制滥造的机器制品，寻求志同道合的人组成了一个作坊，制作精美的手工家具、铁花栏杆、墙纸和家庭用具等，由于成本太贵，未能大量推广。他们在建筑上主张迁到城郊建造"田园式"住宅来摆脱象征权势的古典建筑形式。1859 ～ 1860 年由建筑师韦布（Philip Webb）在肯特建造的"红屋"（Red House，Bexley Heath，Kent，图 20-1a，b）就是这个运动的代表作。"红屋"是莫里斯的住宅，平面根据功能需要布置成 L 形，使每个房间都能自然采光，

图 20-1　肯特郡红屋
（a）外观；（b）平面

（a）

（b）

并用本地产的红砖建造，不加粉刷，大胆摒弃了传统的贴面装饰，表现出材料本身的质感。这种将功能、材料与艺术造型结合的尝试，对后来的新建筑有一定的启发，受到不求气派、着重居住质量的小资产阶级的认同。但是莫里斯和罗斯金思想的消极方面，即表现为把用机器看成是一切文化的敌人，他们向往过去和主张回到手工艺生产，显然是向后看的，也是不合时宜的。相对来说，后来欧洲大陆的新建筑运动就多少反映了工业时代的特点。[①]

20.3　新艺术运动

在欧洲真正提出变革建筑形式信号的是19世纪80年代始于比利时布鲁塞尔的新艺术运动（Arts Nouveau）。

比利时是欧洲大陆工业化最早的国家之一，工业制品的艺术质量问题在那里也显得比较尖锐。19世纪中叶以后，布鲁塞尔成为欧洲文化和艺术的一个中心。当时，在巴黎尚未受到赏识的新印象派画家塞尚（Cezanne）、凡高（Van Gogh）和苏拉（Seurat）等都曾被邀请到布鲁塞尔进行展出。

新艺术运动的创始人之一，费尔德（Henry van de Velde，1863～1957年）原是画家，19世纪80年代致力于建筑艺术革新的目的是要在绘画、装饰与建筑上创造一种不同于以往的艺术风格。费尔德曾组织建筑师讨论结构和形式之间的关系，并在"田园式"住宅思想与世界博览会技术成就的基础上迈开了新的一步，肯定了产品的形式应有时代特征，并应与其生产手段一致。在建筑上，他们极力反对历史样式，意欲创造一种前所未有的，能适应工业时代精神的装饰方法。当时新艺术运动在绘画与装饰主题上喜用自然界生长繁盛的草木形状的线条，于是建筑墙面、家具、栏杆及窗棂等也莫如此。由于铁便于制作各种曲线，因此在建筑装饰中大量应用铁构件，包括铁梁柱。

新艺术派的建筑特征主要表现在室内，外形保持了砖石建筑的格局，一般比较简洁。有时用了一些曲线或弧形墙面使之不致单调。典型的例子如霍塔（Victor Horta，1861～1947年）在1893年设计的布鲁塞尔都灵路12号住宅（12 Rue de Turin，图20-2a，b），费尔德在1906年设计的德国魏玛艺术学校（Weimar Art School）等。后来费尔德就任该校的校长，直到1919年格罗皮乌斯接替为止。

1884年以后，新艺术运动迅速地传遍欧洲，甚至影响到了美洲。正是由于它的这些植物形花纹与曲线装饰，脱掉了折中主义的外衣。新艺术运动在建筑中的这种改革只局限于艺术形式与装饰手法，终不过是以一种新的形式反对传统形式而已，并未能全面解决建筑形式与内容的关系，以及与新

---

① 本节参见：《外国近现代建筑史》有关部分。

(a)

(b)

技术的结合问题，这也就是它为什么在流行一时之后，在 1906 年左右便逐渐衰落。虽然如此，它仍是现代建筑摆脱旧形式羁绊过程中的一个有力步骤。

　　西班牙建筑师高迪（Antonio Gaudi，1852 ~ 1926 年）虽被归纳为新艺术派的一员，但在建筑艺术形式的探新中却另辟蹊径。他与比利时的新艺术运动并没有渊源上的联系，但在方法上却有一致之处，即努力探求一种与复古主义学院派全然不同的建筑风格。他以浪漫主义的幻想竭力使塑性的艺术形式渗透到三度的建筑空间中去，还吸取了东方伊斯兰的韵味和欧洲哥特式建筑结构的特点，再结合自然的形式，精心地独创了他自己的具有隐喻性的塑性造型。西班牙巴塞罗那的米拉公寓（Casa Mila，1905 ~ 1910 年，图 20-3a，b，c）便是典型的例子。

　　高迪的建筑使人赞叹，但由于过于独特对建筑界的影响不大。在他的作品中看不出功能与技术上的革新，技术也仅仅是用来为艺术的偏爱服务。过去他并未受到很大的重视，但近 20 余年却在西方国家被追封为伟大的天才建筑师，以其浪漫主义的想象力和建筑形式的出其不意而备受赏识。因为这正符合当前西方资本主义世界标新立异追求非常规的创造精神[①]。

图 20-2
布鲁塞尔都灵路 12 号住宅
(a) 住宅外观；
(b) 室内楼梯间

---

　　① 本节参见《外国近现代建筑史》有关部分。

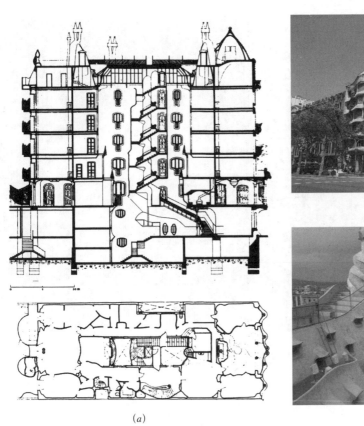

(b)

(a)

(c)

图 20-3　巴塞罗那米拉公寓
(a) 一层平面和剖面图；
(b) 外观；
(c) 屋顶现状

20.4　奥地利的探索

在新艺术运动的影响下，奥地利形成了以瓦格纳（Otto Wagner, 1841～1918年）为首的维也纳学派。瓦格纳是维也纳学院的教授，曾是桑珀的学生，原倾向于古典建筑，后来在工业时代的影响下，逐渐形成了新的建筑观点。1895年他发表了《现代建筑》（Moderne Architeketur）一书，指出新结构、新材料必然导致新形式的出现，并反对历史样式在建筑上的重演。然而"每一个新格式均源于旧格式"[①]，因而瓦格纳主张对现有的建筑形式进行"净化"，使之回到最基本的起点，从而创造新形式。瓦格纳的代表作品是维也纳的地下铁道车站（1896～1897年）和维也纳的邮政储蓄银行（The Post Office Saving Bank, 1905年，图 20-4）。车站上还有一些新艺术派特点的铁花装饰；而银行的大厅里却线条简洁，所有的装饰都被废除了，玻璃和钢材被用来为现代的功能和结构理论服务。

瓦格纳的见解对他的学生影响很大，到1897年间，维也纳学派中

①《现代建筑史》—J.Joedicks，第38页。

图 20-4　维也纳邮政储蓄银行大厅

图 20-5　分离派展览馆

的一部分人员成立了"分离派"（Vienne's Secession），宣称要和过去的传统决裂。1898 年在维也纳建的分离派展览馆（设计人奥尔布里希，图 20-5）就是一例。他们主张造型简洁，常是大片的光墙和简单的立方体，只有局部集中装饰。但和新艺术派不同的是装饰主题常用直线，使建筑造型走向简洁的道路。瓦格纳本人在 1899 年也参加了这个组织。这派的代表人物是奥尔布里希和霍夫曼（J.C.Hoffmann，1870～1965 年）等。

　　在维也纳的另一位建筑师路斯[①]（Adolf Loos，1870～1933 年）是一位在建筑理论上有独到见解的人。当瓦格纳还没有完全拒绝装饰的时候，路斯就开始反对装饰，并反对把建筑列入艺术范畴。他针对当时城市生活的日益恶化，指出"城市离不开技术"，"维护文明的关键莫过于足够的城市供水"。他主张建筑以实用与舒适为主，认为建筑"不是依靠装饰而是以形体自身之美为美"，甚至把装饰与罪恶等同起来。路斯的思想反映了当时某些资产阶级建筑师在批判"为艺术而艺术"中的一个极端。他的代表作品是 1910 年在维也纳建造的斯坦纳住宅（Steiner House，图 20-6），建筑外部完全没有装饰。他强调建筑物作为立方体的组合同墙面和窗子的比例关系，是一完全不同于折中主义并预告了功能主义的建筑形式。因此路斯可以说是新建筑运动中一杰出人物。

图 20-6　斯坦纳住宅

① A·路斯《装饰与罪恶》（1906 年）。转摘自 K.弗兰姆普敦："新的轨迹：20 世纪建筑学的一个系谱式纲要"，张钦楠译。

20.5　欧洲的先锋学派

除上述外，欧洲许多国家还在 20 世纪初期掀起了一系列的艺术创新运动，成立了各种前卫的艺术与建筑流派，对艺术与建筑的发展都产生过一定的影响。比较重要的有立体派、未来派、表现派、风格派、构成派、装饰艺术派（Art-Deco）等。

● 立体主义（Cubism）是 20 世纪初期在法国艺术界出现的一种先锋流派，代表人物是毕加索、布拉克等人。他们是在抽象绘画中的一支新秀。这种画派是以抽象的空间穿插形体为其特征，有时既表现正面，又显现侧面或内部，造成新的视觉印象。它表现了时间中的空间新思维，其典型的绘画作品是《亚威农少女》和《西班牙内战》。正是受这一艺术思想的影响，在现代建筑中出现了大片玻璃墙面的做法，从而可以同时表现正面、侧面与内部的建筑时空新思维，包豪斯的教学楼就是这一思维的反映。虽然立体主义并未在建筑思潮中形成流派，但其思想影响却是深远的。

● 未来主义（Futurism）也是在第一次世界大战前出现于意大利的一种艺术流派，它是强调画面的动态来反映时代特征的。典型作品是《打网球的人》，画面上用无数运动着的网球拍表现出运动的效果。他们赞美现代大城市，欣赏现代城市的快速节奏与速度变化。这种艺术思潮也曾影响到建筑领域。意大利未来主义代表人物之一的安东尼·圣泰利亚（Antonio Sant'Elia，1888～1916 年）曾做过一些未来城市的设想图，道路立体交叉，建筑转角都是弧形，道路上都是奔驰的车辆。虽然当时并未实现，但却预示着未来的前景。

● 表现主义（Expressionism）是 20 世纪初出现在德国和奥地利先锋派画坛与建筑界的流派。这一派强调艺术家主观对外界的感受，寻求对现代社会的新反映，因此画面与建筑作品多表现出色彩强烈，建筑流线体形以及在室内的繁琐装饰。建筑中的代表性例子是 1918～1920 年建的德国波茨坦的爱因斯坦天文台，它的流线型外形就像是奔驰的火车。

● 风格派（De Stijl）是在 1917 年由一批荷兰青年艺术家成立的先锋组织，代表人物是蒙德里安和范·陶斯堡等人。画面一反传统表现方式，主要利用抽象构图拼成各式色彩的几何图案。这一派也称之为新造型主义或要素主义。由于当时有些建筑师也参与其中，因此对建筑领域也有一定的影响。典型的例子是 1924 年在荷兰乌德勒支建造的一座住宅，体形完全由一片片的板块构成，组合抽象新颖，并有局部色彩点缀，形成一种新颖的风格。

● 构成派（Constructivism）是第一次世界大战前后由俄国的青年艺术家组成的艺术团体，他们常与风格派艺术家共同活动，颇有思想共同之处，其不同点是强调体形的抽象组合，在建筑创作中强调表现结构构造的力量，俄国的第三国际纪念碑方案设计就是一例。

20.6　德制联盟

在现代建筑的创立过程中，1907 年由德国企业家、艺术家、工程技术人员联合组成"德意志制造联盟"（简称"德制联盟"）曾起过重要作用。德制联盟中有许多著名的建筑师，他们认识到建筑必须和工业结合。其中享有威望的是彼得·贝伦斯（Peter Behrens，1868 ~ 1940 年），他是第一个把工业厂房升华到建筑艺术领域的人。

1909 年贝伦斯在柏林为德国通用电气公司设计的透平机制造车间（图 20-7），开始走向现代建筑面貌，是建筑设计上的一次重大创新。贝伦斯提出的主要论点是：建筑应当是真实的。他说："现代结构应当在建筑中表现出来，这样会产生前所未见的新形式。"这个透平机车间山墙面外形和它的大跨钢屋架完全一致，坦率地表现出结构形式，整个外立面除了钢窗和墙面外，摒弃了任何附加的装饰，它为探求新建筑起了一定的示范作用，在现代建筑史上是一座里程碑，所以这座建筑也被称之为第一座真正的"现代建筑"。

贝伦斯对下一代影响很大。今天西方所称道的第一代建筑大师，格罗皮乌斯（1883 ~ 1969 年）、密斯·凡德罗（1886 ~ 1969 年）、勒·柯布西耶（1887 ~ 1965 年）都曾在贝伦斯的事务所工作过。他们从贝伦斯那里学到些什么呢？格罗皮乌斯体会了工业化在建筑中的深远意义，为他后来教学与开业奠定了基础。密斯则继承了贝伦斯的严谨简洁的设计规范。柯布西耶懂得了新艺术的科技根源。三个人的信徒再把这些信条广为传播，就出现了今天西方建筑设计思想上各引一端的五花八门局面。

图 20-7　德国通用电气公司透平机车间

继承并推进贝伦斯传统的是格罗皮乌斯，1911 年他在阿尔费尔德设计的法古斯鞋楦厂（图 20-8），被西方称为第一次世界大战前最先进的建筑，是首创的现代作品。鞋楦厂的造型简洁明快，一片轻灵，特别在外墙转角处，不用厚重墙墩而用玻璃，表现了现代建筑的特征，这是继贝伦斯 1909 年透平机车间

图 20-8　法古斯鞋楦厂

图 20-9　1914年德意志制造联盟科隆展览会办公楼

之后在建筑设计上的一次重大改革。此外，格罗皮乌斯早在1910年就设想用预制构件解决经济住宅问题，可以说是对建筑工业化最早的探索。

1914年，德意志制造联盟在科隆举行展览会，除了展出工业产品之外，也把展览会建筑本身作为新工业产品展出。展览会中最引人注意的是格罗皮乌斯设计的展览会办公楼（图20-9），建筑物在构造上全部采用平屋顶，经过技术处理后，可以防水和上人，这在当时还是一种新的尝试。在造型上，除了底层入口附近采用一片砖墙外，其余部分全为玻璃窗，两侧的楼梯间也做成圆柱形的玻璃塔。这种结构构件的暴露，材料质感的对比，内外空间的流通等设计手法，都被后来的现代建筑所借鉴。

20.7　芝加哥学派

19世纪70年代，在美国兴起了芝加哥学派，它是现代建筑在美国的奠基者。南北战争以后，北部的芝加哥就取代了南部的圣路易斯城的位置，成为开发西部前哨和东南航运与铁路的枢纽。随着城市人口的增加，兴建办公楼和大型公寓是有利可图的，特别是1871年的芝加哥大火，使得城市重建问题特别突出，为了在有限的市中心区内建造尽可能多的房屋，于是现代高层建筑便开始在芝加哥出现，"芝加哥学派"也就应运而生。

芝加哥学派最兴盛的时期是在1883～1893年。它在工程技术上的重要贡献，是创造了高层金属框架结构和箱形基础。在建筑造型上趋向简洁与创造独特的风格，因此它很快地在市中心区占有统治地位，并接二连三地建造起来。

芝加哥学派中最有影响的建筑师之一是沙利文（1856～1924年），他早年在麻省理工学院学过建筑，1873年到芝加哥，曾在詹尼建筑事务所工作。后来去巴黎，再返回芝加哥开业。沙利文是一位非常重实际的人，在当时时代精神的影响下，他最先提出了"形式随从功能"的口号，为功能主义的建筑设计思想开辟了道路。他的代表作品是1899～1904年建造的芝加哥百货公司大厦，它的外立面采用了典型的"芝加哥窗"形式的网格式处理手法（图20-10）。

芝加哥学派在 19 世纪建筑探新运动中起着一定的进步作用。首先，它突出了功能在建筑设计中的主要地位，明确了功能与形式的主从关系，力求摆脱折中主义的羁绊，为现代建筑摸索了道路。其次，它探讨了新技术在高层建筑中的应用，并取得了一定的成就，因此使芝加哥成了高层建筑的故乡。最后，是建筑艺术反映了新技术的特点，简洁的立面符合于新时代工业化的精神。

20.8　现代建筑学派

现代建筑学派是在 20 世纪 20 年代逐渐兴起的，它既反对折中主义，也不同于 20 世纪初欧洲"新艺术运动"时期的某些新建筑流派。它的指导思想是要使当代建筑表现工业化的精神。虽然现代建筑存在着不少流派，但其基本观点大致是：

图 20-10　芝加哥百货公司

（1）强调功能。提倡"形式随从功能"，设计房屋应自内而外，先平面、剖面，然后设计立面，建筑造型自由且不对称，形式应取决于使用功能的需要。

（2）注意应用新技术的成就，使建筑形式体现新材料、新结构、新设备和工业化施工的特点。建筑外貌应成为新技术的反映，而不去掩饰。

（3）体现新的建筑审美观，建筑艺术趋向净化，摒弃折中主义的繁琐装饰，建筑造型要成为几何体形的抽象组合，简洁、明亮、轻快便是它的外部特征。勒·柯布西耶为达到上述效果，还提出了新建筑的五点手法：立柱与底屋透空；平屋顶与屋顶花园；平面自由布置；外观自由设计；水平带形窗。

（4）注意空间组合与结合周围环境。流动空间论、通用空间论、有机建筑论和开敞布局都是具体表现。

无疑，现代建筑的出现在历史上曾起过一定的进步作用。尤其是在 1919 年第一次世界大战以后，欧洲许多城市遭到战争的破坏而急需恢复，以简朴、经济、实惠为特点的现代建筑能够较快地满足大规模房屋建设的需要，不像传统建筑那样麻烦。其次是现代建筑能够适应于工业化的生产，符合新时代的精神。同时，现代建筑的艺术造型体现了新的艺术观，简洁抽象的构图给人以新颖的艺术感受。更有意义的是现代建筑注重使用功能，用起来方便，居住舒适，比折中主义建筑只追求形式的设计方法在当时显然是前进了一大步。

但是，现代建筑由于历史和认识的局限不可避免地还存在着某些片面性。过分强调纯净，否定装饰，已到了极端的地步，致使建筑成为冷冰冰的机器，缺乏人的生活气息。所谓形式与功能的关系，往往总是相互依存，相互影响，在一定的情况下，功能是起主导作用，但并非绝对化。否则，势必限制了建筑艺术的创造性，使现代建筑都变成千篇一律的方盒子。至于艺术形式与建筑技术的关系问题，虽然值得慎重考虑，而且要适应于工业化生产的要求，这是无可非议的。但是完全脱离精神要求，忽视审美观点，一味只屈从于工业生产的羁绊，显然会遭到愈来愈多的人的反感，于是不少建筑师逐渐冲破金科玉律，探求新的创作方向。

　　1928 年，由于现代建筑学派思想逐渐发展壮大，在欧洲由 8 个国家，24 位志同道合的现代建筑师在瑞士拉萨拉兹（La Sarraz）召开了第一次国际现代建筑协会（Congrès International d'Achitecture Moderne），简称 C.I.A.M.。主要的组织者是建筑师格罗皮乌斯、勒·柯布西耶和建筑理论家吉迪安。这个组织一直到 1959 年解散，前后共召开过 11 次会议。各次会议均有不同的议题，进一步加强了对现代建筑思想的传播。特别是在 1933 年的会议上制定了《雅典宪章》，指出现代城市应解决好居住、工作、游憩、交通四大功能，曾对现代城市规划理论有过重要影响。

20.9　包豪斯学派

　　包豪斯是一所高等建筑学校的名称，由于它传播着新的建筑思想使它成了欧洲现代建筑学派的奠基者。

　　包豪斯的前身是德国魏玛建筑学校，1919 年由格罗皮乌斯（Walter Gropius，1883～1969 年）将原来的一所工艺学校和一所艺术学校合并而成为这所培养新型设计人才的学校，简称为包豪斯（Bauhaus）。格罗皮乌斯担任了这所学校的校长（图 20-11）。

　　在格罗皮乌斯的指导下，包豪斯贯彻了一套新的教学方针与方法，它的特点是：第一，在设计中强调自由创造，反对复古与因循守旧；第二，将建筑艺术与现代工业生产结合起来，使高质量的建筑艺术作品能够通过工厂进行成批生产；第三，提倡新建筑艺术和抽象艺术结合，吸收抽象艺术的构图原则，使建筑艺术形式走向简洁抽象的道路；第四，培养学生既有理论知识又能进行实际操作，鼓励学生能够自己动手；第五，提倡学校教育与生产实际相结合，使师生的工艺品设计能够投入生产，也培养学生进行实际建筑工程设计的能力，使学生能及时掌握社会生产的需要，适应建筑的时代精神（图 20-12）。

　　在包豪斯的创办过程中，曾请了欧洲许多著名的现代建筑师与艺术家担任教师，使这所学校成了 20 世纪 20 年代欧洲最激进的建筑与艺术学派的据点之一。它培养了一代新建筑师，他们不仅在欧洲为宣传现代建筑观点起了重大作用，而且还对美国产生了广泛的影响。

图 20-11　格罗皮乌斯

图 20-12　包豪斯的部分产品设计

1925 年，包豪斯学校从魏玛迁到德绍，格罗皮乌斯为这所学校设计了一所新校舍，同时和市内另外一所职业学校放在一起，连成了一个风车形的建筑体形，整座建筑面积近 1 万平方米，是一座不对称的由许多功能部分组成的新颖公共建筑，它成了包豪斯现代建筑学派的示范作品（图 20-13）。包豪斯校舍有下列一些特点：

一是建筑设计从功能出发，自内而外地进行设计，把整个校舍按功能的不同分成几个部分，然后再确定它的位置和体形。工艺车间和教室需要充足的光线，就设计成框架结构和大片玻璃墙面，位置放在临街处，使其在外观上特别突出。学生宿舍则采用多层混合结构和一个个窗洞的建筑形式。食堂和礼堂则布置在教学楼和宿舍之间，联系比较方便。职业学校则布置在单独的一翼，它和包豪斯学校的入口相对而立，而且正好在进入校区通路的两边，使内外交通都很便利。

二是采用了不对称不规则的灵活布局，其平面体形基本呈风车形，使各部分大小、高低、形式和方向不同的建筑体形有机地组合成一个整体，它有多条轴线和不同的立面特色，因此，它是一个多方向、多体量、多轴线、多入口的建筑物。它给人的印象是错落对比、变化丰富的造型效果。

三是充分利用了现代建筑材料与结构的特点，使建筑艺术表现出现代技术的特点，尤其是包豪斯校舍应用平屋顶的构造方法，承重的屋顶与挑檐消失了，轻快的女儿墙使建筑物一反传统的印象，取得了新颖的艺术效果。整个造型异常简洁，它既表达了工业化的技术要求，也反映了抽象艺术的理论已在建筑艺术中得到了实践。它不仅取得了现代建筑的新面貌，而且可以降低造价，相对比较经济实惠。

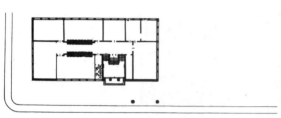

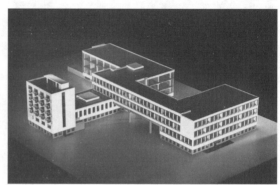

(b)

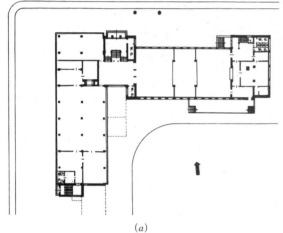

(a)

(c)

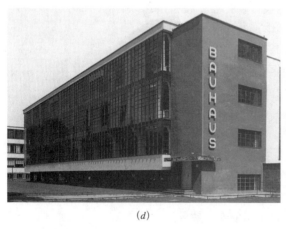

(d)

(e)

图 20—13 德绍包豪斯校舍
(a) 平面；
(b) 鸟瞰；
(c) 学校入口；
(d) 工艺车间外观；
(e) 学生宿舍

包豪斯校舍确实是现代建筑史上的一座重要里程碑，是现代建筑理论的具体体现。

20.10　现代建筑的新动向

近几十年来，西方建筑比 20 世纪上半叶已有显著变化。1945 年第二次世界大战后，由于工业生产的增长，科学技术的进步，以及伴随而来的经济不稳定，引起了建筑界的动荡。一方面是建筑活动与建筑技术有突飞猛进的发展，建筑与科学技术紧密结合。在城市现代化发展过程中，城市规划与环境科学问题日益突出。另一方面则是建筑设计竞争加剧，建筑思潮比较混乱，艺术造型目无准则。特别自 1973 年底资本主义世界陷入战后最严重的经济危机期间，造成的市场萧条进一步刺激了对建筑理论的探讨，形形色色的流派层出不穷。正如爱因斯坦所说：“我们时代的特征是工具完善与目标混乱。”一语道破了这种窘境。

虽然西方建筑思潮在发展的巨浪中，不免鱼龙混杂、泥沙俱下，但细细研讨，仍能总结出一些经验教训，以资借鉴。

20 世纪 50 年代初，现代建筑思潮盛极一时，大量建筑从适用出发，倾向于盒子式的简单外形和光墙大窗，常被称之为纯洁主义。原来二三十年代不少欧美建筑大师在建筑创作上所具有的鲜明个性特色，经过长期沿用和各地相互转抄，到后来已逐渐变成千篇一律的教条。尤其是战后这种僵化了的盒子式建筑，各处所见大同小异，缺乏艺术个性，使人感到枯燥单调，同时也使功能与技术的发展受到了局限。如此等等不能不引起一部分建筑师的深思，建筑应向何处去？

值得注意的是 1956 年现代建筑国际协会（CIAM）第十次会议在南斯拉夫的杜布罗夫尼克召开时，一群筹备会议的青年建筑师，如巴凯马、坎迪利斯等人曾公开对国际式提出挑战，他们宣称要“反对机械秩序的概念”，建筑师的创作“要有个性、特征及明确的表达意图”，要注重建筑的“精神功能”，强调“今天新精神的存在”等，从而动摇了现代建筑的基本观点，以致造成 CIAM 内部新、老两派意见的分歧。由于新派负责筹备该次会议，故有“十次小组”的称号。1959 年第十一次会议在荷兰奥特洛召开，矛盾进一步激化，最后导致 CIAM 宣告解散。当然，并不是说，国际式盒子建筑在 20 世纪 50 年代以后由于反对思潮的出现就不在各地继续发展（尤其是在大量性建筑中），而应该看到的是对新建筑艺术方向的探讨在近几十年来确已成为一股强大的思潮。这股思潮有别于 20 世纪 20 年代功能主义者主张的现代建筑观点，因此便形成了多元论的倾向，例如悉尼歌剧院、纽约环球航空公司候机楼、华盛顿美术馆东馆、巴黎蓬皮杜文化艺术中心等都是个性特殊的例子。

21 玻璃盒子与流动空间
Glass Building and Flowing Space

图 21-1　密斯·凡·德·罗像

全部用钢和玻璃建造的建筑虽然早已出现，如在1833年建成的巴黎植物园温室和在1851年伦敦的水晶宫展览馆，但是很长时期并未得到普及。真正大量全部用玻璃做外墙来建造房屋的思潮还是20世纪50年代以后的事。

20世纪中期世界上最著名的四位现代建筑大师之一的密斯·凡·德·罗（Ludwig Mies van der Roche，1886～1969年），就是钢与玻璃建筑最积极的倡导者，为玻璃盒子建筑的广泛流行作出了重大的贡献，他曾被誉为钢与玻璃建筑之王。

密斯·凡·德·罗原名路德维希，姓密斯，后来为了表示对母亲的敬仰，他在父姓之后又加上了母姓：凡·德·罗。现在一般都称他为密斯·凡·德·罗，或简称密斯（图21-1）。

密斯出生于德国，后入美国籍。他是一位个性非常鲜明的建筑师，也是一位卓越的建筑教育家。他平时沉默寡言，考虑问题富有远见，思维逻辑严谨，工作讲究实效。

20世纪二三十年代，密斯是倡导现代建筑的主将，皮包骨的建筑是他作品的明显特征，严谨而有秩序的思想使他坚持"少就是多"（Less is More）的建筑设计哲学。在处理手法上，他主张流动空间的新概念，这也正是区别于旧传统的标志。密斯不仅擅长建筑设计，而且也是一名造诣很深的室内设计师，他设计的巴塞罗那椅至今仍享有盛名。密斯除了不断进行创作外，1930～1933年还曾任德国包豪斯学校的校长。1938年到美国后，又长期担任伊利诺伊理工学院建筑系主任的职务，他在包豪斯教育的基础上融合了芝加哥学派的传统，创立了密斯学派。

由于密斯作品的独特风格，以及在美国与世界各地有许多密斯的学生和追随者，他们崇拜密斯的原则，并在创作中发展了他的理论，以致在建筑界形成了密斯风格而载入史册。密斯风格的特点是力图创造非个性化的建筑作品，于是非个性化便成了密斯风格的个性。这种风格以讲究技术精美著称，大跨度的一统空间和钢铁玻璃摩天楼就是密斯风格的具体体现。尤其是他从1921年开始对玻璃摩天楼进行探索，经过坚持不懈的努力，终于使光亮式的玻璃摩天楼在20世纪50年代以后成为当代世界最流行的一种风格。

21.1　划时代的两个玻璃摩天楼方案

在 1921 年，德国柏林钟楼公司曾主持了一个高层办公楼的设计竞赛，地点准备放在柏林市中心区一块三角形的地段上，靠着腓特烈大街和斯帕烈河，边上还有一座巨大的铁路车站。设计竞赛的任务书要求建筑布置在规定的范围内，并且三边都要有专门的出入口，建筑物的高度建议不超过 80 米。整个建筑里包括有各种不同的功能（办公室、工作室和各种公共机构），要求各层平面要单独设计。底层平面还要包括一家咖啡馆，一家电影院，各种商店，以及车库等。

在 145 份设计方案中，大多数都是中间有一座塔楼，侧面各翼低下，或者是做成从中间向外面呈阶梯状的建筑。但是其中有一份图的形状特殊，它应用了表现主义的手法，平面设计成三个锐角，外观是长而尖的大块体量，用炭笔画了一张大幅的透视图，图签上的署名为"蜂巢"。当时在评议中，马克思·伯格很赞扬这个方案，指出它"具有高度的简洁性，……开阔的思路，……它是对高层建筑方案富有想象力的一种尝试"。

"蜂巢"就是密斯的方案，虽然他的大胆创新受到赞扬，但却没有在设计竞赛中获奖（图 21-2a，b）。原因是密斯几乎不管设计竞赛中对功能与建筑布局要求的规定。他不服从规定要求各层平面都需按不同的功能来进行布置，因为他认为所有楼层平面应该是同样的。他设计了三个几乎对称的棱柱体塔楼都有通道与中间的公共圆形核心部分相连，在核心部分设有电梯、楼梯和卫生间。整个体形与环境很适应，和美国的摩天楼迥异。结构采用钢框架和悬臂楼梯的做法，外部全包以玻璃表皮。从三角形位置的每一边都可清楚地看到两个棱柱体的边，它们由深而直的凹槽分开，并且再由浅凹槽把每一个边分成两个面，而这两个面都微微向内倾斜。伯格评论说："平面没有完全符合建筑物多

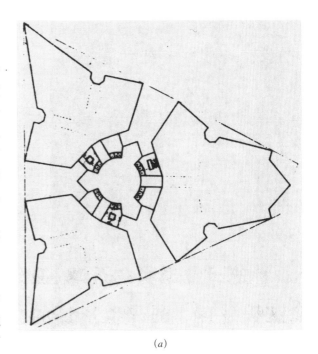

(a)

(b)

图 21-2　密斯 1921 年设计的塔楼方案
(a) 平面；(b) 外观效果图

(a)

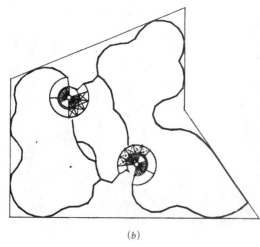

(b)

图 21-3　密斯 1922 年设计的玻璃摩天楼方案
(a) 外观效果图；(b) 平面

功能的要求。如果它只意味着是一座仓库，这也许可以解释房间为什么这样的理由。用玻璃做外墙，透进的阳光肯定是太多了。"

虽然伯格并不了解密斯为什么要这样做，而他的看法还是对的。可以有足够的理由设想当时德国的经济情况是不可能允许建造这样的建筑的，即使他的设计获得了竞赛的头等奖。密斯作出这个设计与其说是一个实际的建筑作品，还不如说是一个建筑宣言，是一种富有想象力的尝试。对于密斯以后的创作来说，没有一个比他这第一个现代设计方案更具有特征的了。

密斯的这个设计竞赛方案对后来建筑的发展有很深的影响，尤其是建筑立面造型的突然升起，以及建筑表皮的玻璃幕墙都在高层建筑设计中开创了先例。密斯应用玻璃幕墙的方法不仅是为了表示建筑物形式的简洁，而且是充分利用了这种材料的最大优越性，同时在这个方案中通过立面的锐角和钝角的生动错综排列，使它可以获得反射的效果。腓特烈大街这个高层办公楼方案明显地受到了表现主义崇拜纯净思想的影响，同时也暗示了战后玻璃摩天楼实现的可能性。

1922 年，密斯设想了一座新的玻璃摩天楼方案（图 21-3a, b），它无业主，无特殊的功能要求，也无实际的地段，而且比腓特烈大街摩天楼方案更为大胆与抽象，是一座完全用玻璃外皮做成的自由平面塔楼。

此塔楼高 30 层，相对来说较为细长，平面表示在一处不规则五边形的地段上，位于两条宽马路的交叉点处。密斯在这里布置的自由平面塔楼，是由三个曲线形的平面所组成，每个都包含有一个不同大小的门厅，三个曲线形平面中有一个在尽端采用了尖角和一边直线，其余全是曲线。这三个体形都用深凹槽互相分开，有两个入口通向巨大的前厅，在前厅的两端各有一个圆形的服务核心，其中包括电梯、楼梯与卫生间，旁边还有值班室。这座玻璃摩天楼因无特殊的功能要求，所有楼层平面都做成同样的大空间，只不过表示了框架柱的位置。

在这个方案中，柱子和几何形布置系统已由

变形虫似的平面所取代，本身所有合理的规则都消失了。因此不难看出密斯在这里并没有对实际的结构感兴趣，他首先想到的只是形式。虽然他的建筑模型很美，但很难付诸实践，因为各层楼板太薄，加之在空调系统尚未应用的条件下，不考虑通风措施，确实存在不少问题。

密斯醉心于玻璃美学的可能性，把发扬技术美信奉为他的建筑哲学，并以极大的热情来对待玻璃材料。他曾在《早上的光》这篇文章中，大力提倡玻璃外表的效果，他说，"我尝试用实际的玻璃模型帮助我认识玻璃的重要性，那不在于光和影的效果，而在于丰富的反射作用。"

密斯后来参加了"十一月学社"的艺术团体，1922年这座玻璃摩天楼模型便首次在大柏林艺术展览会的"十一月学社"部分展出，受到了广泛的注意。

21.2　湖滨公寓

密斯第一次真正实现全玻璃外墙的高层建筑是1948～1951年兴建的芝加哥湖滨路860～880号公寓姐妹楼（图21-4a，b），这是一对在20世纪具有深刻影响的高层建筑。它们的比例修长，26层高，平屋顶，玻璃墙面，成了新摩天楼的原型。即使在20世纪80年代中期，反对密斯和现代主义呼声日高的时候，在世界范围内还有相当一部分高层建筑仍然采用湖滨公寓的处理手法。

在湖滨路的这块地段上，密斯布置了两座长方形平面的大楼，它们互相之间成曲尺形相连。每座公寓大楼的平面为3×5开间，每开间均为21英尺（约6.4米）见方。大楼的结构由框架组成，其目的是尽可能明显地表现结构的特性。支柱和横梁组成了立面构图的基调，中

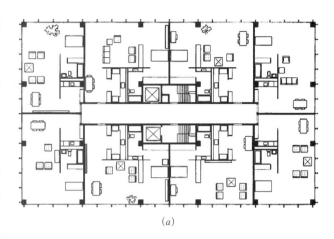

(a)

(b)

图21-4　芝加哥湖滨公寓
（a）平面；（b）公寓外观

间再由窗棂分隔，每开间有铝合金窗框四樘，都呈长方形。为了打破建筑表面的平淡，密斯在窗棂和支柱外面又焊接了工字形钢，以加强建筑物的垂直形象。底层的墙体退在支柱的后面，目的是为了形成一圈敞廊。湖滨路的这两座塔楼，平面呈长方形，布局紧凑，但在总体上却采用了风格很不对称的几何构图。860号楼短边朝东，880号楼短边朝北，它们之间用一层高的钢结构敞廊连接起来。

随着这两座公寓塔楼的完工，密斯积累了适应美国社会需要的建筑经验，这是在其原有建筑哲学基础上的进一步发展。他的愿望终于实现了，例如高层建筑的形式来自结构；将建筑还原到结构要素，以表达他充满时代精神的探索等。湖滨公寓体现了时代的技术精神，这种精神在他以后的十几年建筑生涯中不断地反映出来。

公寓楼附加的工字钢不仅有加固窗棂的作用，而且还能取得美学的效果。但密斯自己说，他最初采用这种手法，是因为如果没有它，建筑物"看上去不直"，这明显地说明了他原来的目的是出于美观而不是结构。在他以后的许多建筑中不断地应用这一手法，实际上已经意味着将技术手段升华为建筑艺术的重要象征。那些过分强调密斯是纯客观理性的功能主义者的人需要修正一下他们的错觉了。只要看一下湖滨公寓大楼，他把长条的工字钢不仅焊在窗棂上，而且也焊在柱子外面，这显然是不起结构作用的。因此，我们可以看到密斯"精神"的最根本要素是美观，是艺术而不是理性。

追溯1921年密斯最初设计的玻璃摩天楼到这时已近30年了，此后经过许多建筑师的努力探索，尤其是在纽约由哈里森和阿布拉莫维茨负责设计的联合国秘书处大楼（1947～1950年），无疑都为湖滨公寓大楼开辟了道路。1947年密斯在现代艺术博物馆的展览使他成为国际上讲求技术精美倾向的中心人物。

湖滨公寓建成后，曾在美国产生了很大的影响。在湖滨公寓中，形式的纯净与完善已经变成为最高法则，其他任何因素都得从属于它。密斯以不屈不挠的精神不允许每一构件有任何偏差，包括玻璃的六面都要精确无误，这样似乎可以给人们以一种深刻的印象：建筑艺术就是严格的训练，建筑艺术就是工业产品。同时从湖滨公寓上也可看到一种有趣的共生现象，那就是建筑艺术创作与建筑工业化之间取得了谅解。建筑师不仅要解决使用功能问题，而且还要使建筑有相当的质量，这种质量就是人们通称的建筑艺术表现。如果有创造性的建筑师都知道怎样正确处理建筑工业化的问题，那么建筑技术与艺术的矛盾问题就可迎刃而解了。

1952年SOM建筑事务所的邦沙夫特对密斯的成就首次作出了实际的回响，设计了全玻璃的纽约利华大厦，表明湖滨公寓的处理手法同样也适用于办公楼。密斯设计的第一座高层办公楼，名声显赫的西格拉姆大厦还是在6年以后才建成的。但他利用那段时间进一步对高层建筑的变化和改进作了努力。

21.3　流动空间与通用空间（Flowing Space & Universal Space）

密斯设计手法的明显特点是皮包骨的建筑和流动空间。其实，这二者是互为依存的。后者是前者的内核，而前者则为后者的形式。早在1921年密斯设计的玻璃摩天楼方案已经反映了这种联系，他对各层的平面布置几乎都以大空间灵活分隔作为处理的方法，这样便不致影响建筑的外表。最能表达密斯流动空间手法的作品要算是1929年建在巴塞罗那国际博览会的德国展览馆（Barcelona Pavilion）了。这座建筑一直被评论家与建筑师们誉为现代建筑的里程碑之一。

1928 年密斯在接到设计巴塞罗那国际博览会德国馆的任务后，考虑到既要突出产品又要表现建筑，便把这个任务分为两座建筑来设计，一座是德国馆，另一座是电气馆。电气馆以布置德国的电气产品为主要目的，是一座实用性的展览建筑，没有特殊的个性，一般不为人所知。德国馆却是一座无明确用途的纯标志性建筑，主要为了反映德国的现代精神，同时他不受材料和经济的限制，这给密斯表现他的新建筑概念带来了非常有利的条件（图 21-5a，b，c，d，e）。

这座展览馆的平面是简单的，但空间处理却很复杂。空间内部互相穿插，内外互相流动。建筑物的主要构件是一些钢柱子和用几片大理石几片玻璃做成的外墙隔断，这些外墙自由布置，不起承重作用。在这里，流动空间的概念得到了充分的体现。除了建筑本身的必要构件之外，仅有的装饰因素就是两个长方形的水池和一个少女雕像。它们都是这个建

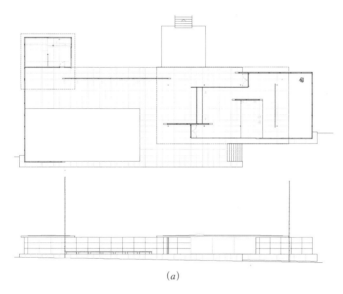

图 21-5
巴塞罗那国际博览会德国馆
(a) 平面和立面图；
(b) 正面外观

(a)

(b)

(c)

(d)

(e)

图 21-5　巴塞罗那国际博
览会德国馆（续）
(c) 入口平台；
(d) 室内；
(e) 院中的水池和雕塑

筑空间组合中不可缺少的因素。

　　这座建筑的美学效果除了在空间与体形上得到反映外，还着重依靠建筑材料本身的质地和颜色所造成的强烈对比来体现。全部地面用灰色的大理石，外墙面用绿色的大理石，主厅内部一片独立的隔墙还特别选用了色彩斑斓的条纹玛瑙石作材料。玻璃隔墙有灰色和绿色两种，它那明净含蓄的色调配以挺拔光亮的钢柱和丰富多彩的大理石墙面，确实显得高雅华贵，具有新时代的特色。

伊利诺伊理工学院克朗楼（Crown Hall）是建筑与规划学院的所在地，它将通用空间与玻璃盒子外形结合为一个整体（图21-6a，b，c）。克朗楼建于1950～1956年，是密斯在校园内的代表作。建筑基地为一长方形，面积为120米×220米，上层内部是一个没有柱子的大通间，四周除了几根钢结构支柱之外，全是玻璃外墙。里面可供400多名学生使用，包括有绘图房、图书室、展览室和办公室等，这些不同的部分都是用一人多高的活动木隔板来划分的，表现了通用空间的新概念，它是流动空间手法的发展。下面是半地下室，按照传统，用隔墙划分为一个个封闭的房间，其中包括有车间、教室、办公室、机电设备间、贮藏室和盥洗室等，在它们的外墙一面都开有高窗。建筑的主要入口设在南面，正对州街，入口前有悬空的平台板与踏步可供上下，北面设有次要入口。

通用空间是采用静止的一统空间的构思。同时，密斯在这座建筑上还努力表现结构，使它升华为建筑艺术的新语言。在密斯对建筑物要求简洁的思想指导下，克朗楼的造型表现出与所有密斯作品共有的逻辑明晰性以及细部与比例的完美。它不但在形态美学与规模方面凌驾于校园内已有的建筑物之上；它更采用了一种不同的形式，仅使用钢框架与玻璃组成建筑物外观。全部玻璃外墙都是固定的，下半截是磨砂玻璃窗，上半截为透明玻璃窗，里面有活动的百叶窗帘。所有外部钢框架与窗框都漆成煤黑色，它与透明的玻璃幕墙相配，显得十分清秀淡雅。由于建筑物所有的玻璃都是固定的，新鲜空气只得借助于地面层上的百叶透气扇进入室内。

克朗楼所采用的室内一统空间方式，除了体现密斯以不变应万变的理性主义思

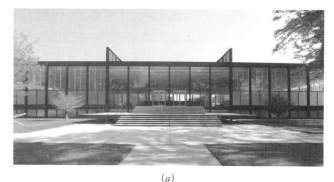

(a)

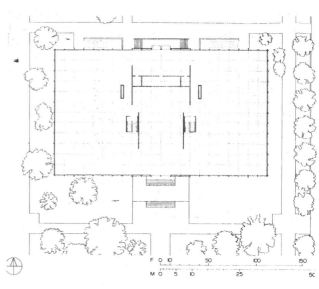

(b)

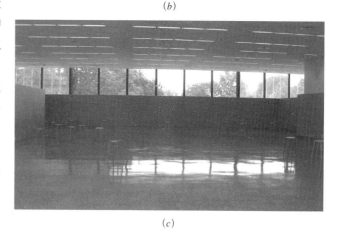

(c)

图21-6　伊利诺伊理工学院克朗楼
(a) 主立面外观；(b) 平面和立面图；(c) 室内场景

想以外，他还有一个想法，那就是把这座建筑变为现代意义上的中世纪手工作坊，里面容纳着老板、工人和徒弟，在一起工作、劳动和学习。他认为在这里可以把现代世界的"混乱秩序"整理得井然有序，使教师和学生们可以得到精神上的温暖，至于使用上的不便就不太考虑了。

21.4　玻璃盒子住宅的风波

密斯对理想化建筑的过分追求有时产生与业主的严重冲突，最典型的事例表现在女医生范斯沃斯住宅的纠纷上。1953 年春，他告范斯沃斯和范斯沃斯告他的案子，导致了法院开庭审理。业主与建筑师互不相让，于是产生了一场漫长的、耗费精力的官司。

关键的问题在于到底是谁欠谁的账？这是两个个性极强的人之间力量和权力的冲撞。问题的产生和发展过程是非常富有戏剧性的。

1945 年，出身自芝加哥一个有名望家庭的范斯沃斯在朋友家里认识了密斯。早年，她曾献身于小提琴，因而在意大利学习过一段时间，后来她从西北大学的医学院毕业，在芝加哥开设了诊所，终于成为国内著名的肾脏病专家。她一直希望在她中年时期建造一座周末乡村别墅，她曾请教纽约现代艺术博物馆，要他们推荐一名建筑师。他们推荐了勒·柯布西耶，赖特和密斯，她选择了后者，也许因为密斯是三人中最容易接近的。

委托合约于 1945 年签订，1946 年密斯设想的小住宅方案很快就已经形成，密斯把这所住宅看作是实现他理想的一次绝好机会。作为单身妇女的乡村别墅，它坐落在一块 9.6 英亩的绿地上，南面是福克斯河，位置在芝加哥西面 47 英里（约 75.6 公里）处的普南诺地方。这样一个环境可以让建筑师随心所欲地设计。虽然密斯早就已经有了住宅的构想，但随后他就放松了。直到 1947 年现代艺术博物馆展出这一住宅的模型后两年，也就是 1949 年 9 月基础部分才正式动土，整个住宅直到 1951 年才竣工。

住宅的构思别具一格，它是一个全玻璃的方盒子，地板架空，从地面抬高约 5 英尺（约 1.5 米），这是为了预防洪水的泛滥。整个住宅由八根柱子支撑，每边四根，住宅两端向外悬挑。住宅平面大小为 28 英尺×77 英尺（约 200 平方米），北面是平缓的草地，南面是树木茂盛的河岸，门廊设在住宅的西边，宽一个开间（图 21-7a，b，c）。

看来，与其说它是一座别墅，不如说它更像一座亭阁，它获得了美学上的价值，尽管没有满足居住的私密性要求。实际上，密斯所谓的技术精美，却与物质功能产生了许多矛盾。在严冬季节，由于供暖系统的不平衡，大片的玻璃面凝冻；夏天，尽管南面有郁葱的糖枫林遮阴，但强烈的阳光仍把室内变成烘箱，对流不起什么作用，窗帘也没有什么效果。密斯反对在门外再装纱门，直到他受到蚊虫叮咬的痛苦后才同意范斯沃斯的主张，在门廊的顶棚上装搭钩，挂上纱帘。

范斯沃斯住宅（Farnsworth House，Plano）的纯净与精美是无可

(a)

(b)

(c)

图 21-7 范斯沃斯住宅
(a) 住宅立面；
(b) 住宅平面；
(c) 入口外观

否认的，它与自然环境的结合也处理得极其协调。在住宅里可以从各个角度坐视外部景色的变化，它可以说是密斯具有浪漫主义意识的代表作，体现了密斯建筑的非物质化，并表达了固定的、超感官的秩序。

自范斯沃斯住宅建成以后，经过 50 多年，它已被广泛地认为是现代建筑的典范之一。同时，范斯沃斯住宅也标志着密斯后期设计的转折点——全神贯注于结构形式。的确，这所住宅是建筑史上一次难得的机遇，不论业主或委托业务本身，对建筑师均给予无限制的自由。范斯沃斯住宅这种在工字钢框架内设玻璃幕墙的处理，似乎已成为后来无数幕墙式建筑的预言。

由于范斯沃斯住宅内部需要设置服务核心，还不可能像克朗楼那样成为真正统一的空间，然而这所住宅的空间组织却具有另一番新颖效果，其开敞性似乎拥抱了整个周围环境，它虽有玻璃隔开，但那些树群与灌木丛则仿佛穿梭于室内外，使空间连成一体。基地的特点催生了这个抬高的构架，内容则促进了对建筑本质的还原。两者均促成了这独特的建筑与环境，使密斯能够获得那已成为和自己名字同义的不朽的纯净性。同时，这种住宅也只能适用于周围有大片绿化土地的空旷地段，它的造型和自然环境相配，可以相得益彰。然而对于住宅的私密性来说却是考虑得太少了。由于这所住宅过于讲究细部处理，以致在建成后，女主人发现房屋的造价是73872 美元，而不是预算的 4 万美元，使她大吃一惊。

现在我们可以来了解这座住宅最后怎样成为密斯和业主之间产生裂痕的契机了。住宅越接近完工，他就越关心自己的理想是否转化为现实，而越不关心他与业主的关系。同时，造价也急剧上升，比原来预算 4 万美元增加50％，密斯一点都不顾及当时由于朝鲜战争而造成的通货膨胀，只管选用优质的材料和精美的施工方法。因而使范斯沃斯越来越对密斯感到不满。尽管造价上的争吵与审美趣味的分歧也很严重，但还不致闹到感情上的破裂，关键的问题是在于范斯沃斯感到密斯对她的人格有了损伤。

1953 年春夏之交，在伊利诺伊州约克维尔镇的一个小法院里开庭审理双方的诉讼案，密斯告女主人欠了他为住宅垫付的 28173 美元，而范斯沃斯却说密斯还要她为工程预算再多支付 33872 美元。再加上许多其他的问题，使得双方闹得不可开交。但是最后范斯沃斯败诉了，密斯获得了一笔 14000 美元的补偿费。在诉讼事件结束后，建筑杂志刊登了这场官司的评论，范斯沃斯曾难过地写道：

"精彩的评论用漂亮的辞藻修饰，使头脑简单的人迫切地以一睹玻璃盒子为快。那玻璃盒子轻得像飘浮在空中或水中，被缚在柱子上，围成那神秘的空间……今天我所感到的陌生感有它的因头，在那葱郁的河边，再也见不到苍鹭，它们飞走了，到上游去寻找它们失去的天堂了。"

官司之后，范斯沃斯于 1962 年便将这座住宅卖给了伦敦一位房地产商彼得·帕隆博（Peter Palumbo），他是密斯的崇拜者，一年中只在这里住很短一段时间，主要是满足精神享受。

22　居住机器与抽象雕塑
Living Machine and Abstract Sculpture

把房屋做成像机器和雕塑是 20 世纪 20 年代末和 30 年代在欧洲兴起的一种思潮。

著名现代建筑大师之一的勒·柯布西耶（Le Corbusier，1887 ~ 1965 年，图 22-1）在早期就是居住机器理论的倡导者，后期则转变为强调雕塑个性与粗犷形式的浪漫主义者。

勒·柯布西耶于 1887 年出生于瑞士制表工人的家庭，少年时曾在钟表技术学校学习过。后来于 1908 年到巴黎进入著名建筑师贝瑞的建筑事务所学习建筑，1909 年又转到柏林跟随德国著名建筑师贝伦斯工作。因为贝瑞以善于运用混凝土闻名，而贝伦斯则提倡建筑的时代性和建筑与工业技术的结合，因此他在二位老师处受益颇深，体会到建筑艺术的发展必须紧密结合科技特点，才能有强大的生命力。这样，使他从一步入建筑领域开始，就决定要走新建筑的道路，开创建筑的新时代。1917 年勒·柯布西耶移居巴黎，并在后来加入法国籍，现在一般人均把勒·柯布西耶称为法国建筑师。

图 22-1　勒·柯布西耶像

22.1　走向新建筑

勒·柯布西耶在早期提倡新建筑运动，他曾于 1923 年写了一本小书，名为《走向新建筑》，内容主要是批判 19 世纪以来的复古主义与折中主义建筑思想，提倡功能主义观点，把居住建筑与机器相比，他给住宅下了一个新的定义，指出："房屋是居住的机器。"他说："如果我们头脑中清除所有关于房屋的固有概念，而用批判的、客观的观点来观察问题，人们就会得出住房机器的概念。"

他在书中极力歌颂现代工业成就。他说："当今出现了大量由新精神所孕育的产品，特别在生产中能遇到它。"他指出轮船、汽车、飞机，就是表现了新时代精神的产品。并认为"这些机器产品有自己的经过试验而确立的标准，它们不受习惯势力和旧式样的束缚，一切都建立在合理地分析问题的基础之上，因而是经济和有效的"。接着他说："建筑艺术被习惯势力所束缚"，"传统的建筑式样是虚假的"。在他的这种思想指导下，他极力鼓吹用工业化的方法建造大量性房屋，努力使建筑造价降低，并减少房屋的组成构件，让房屋进入工业制造的领域。

　　他在建筑艺术上追求机器美学，认为房屋的外部是内部的结果，平面必须自内而外的进行设计。并且认为可以用几何学来满足我们的眼睛，用数学来满足我们的理智，这样就能得到良好的艺术效果。他还在书中写道，"建筑艺术超出实用的需要，建筑艺术是造型的东西"，"建筑师用形式的排列组合，实现了一个纯粹是他精神创造的程式"。从上述论点中，我们可以看到他既是理性主义者，又是一位浪漫主义者。在前期作品中，理性主义占主要地位；在晚期作品中，则表现出更多的浪漫主义倾向。

22.2　萨伏伊别墅（Villa Savoy，图 22-2*a*，*b*，*c*，*d*，*e*）

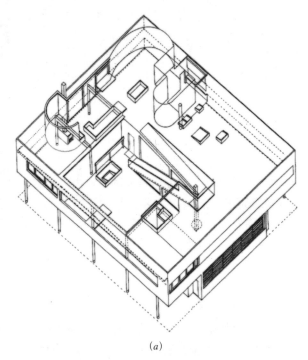

图 22-2　萨伏伊别墅
（*a*）内部轴测图；
（*b*）平面和剖面图

（*a*）

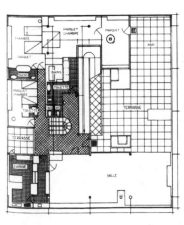

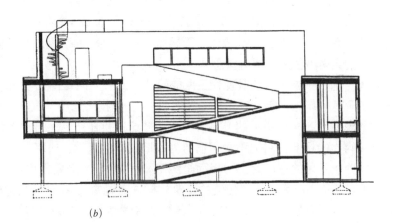

（*b*）

(c)

(d)

(e)

图 22-2　萨伏伊别墅（续）
(c) 外观；
(d) 别墅天台；
(e) 楼梯间

这座建筑是勒·柯布西耶应用居住机器和抽象雕塑理论的代表性作品之一。它建于 1928 ～ 1930 年，位于巴黎近郊的一块开阔地段。住宅平面约为 22.50 米 ×20 米的方块，全用钢筋混凝土结构。底层三面均用独立柱子围绕，中心部分有门厅、车库、楼梯和坡道等。二层为客厅、餐厅、厨房、卧室和小院子。三层为主人卧室和屋顶花园。勒·柯布西耶在这里充分表现了机器美学观念和抽象艺术构图手法。他把住宅当成是一个抽象雕塑进行处理，长方形的上部墙体支撑在下面细瘦的立柱上，虚实对比非常强烈，他提倡的新建筑五点手法也在这里得到了充分展示。虽然住宅的外部相当简洁，而内部空间却相当复杂，它如同一个简单的机器外壳中包含有复杂的机器内核。他的这种手法曾对后来的现代建筑发展产生了一定的影响。

22.3　马赛公寓大楼（Unité d'Habitation at Marseille，图 22-3a, b, c, d, e）

建于 1946 ～ 1952 年，这是勒·柯布西耶的居住机器理论在战后的新发展。这座公寓大楼可容 337 户共 1600 人左右。地点在法国马赛市。建筑物长 165 米，宽 24 米，高 56 米，地面以上高 17 层，其中 1 ～ 6 层和 9 ～ 17 层是居住层，户型很多，共有 23 种不同的大小。建筑为钢筋混凝土结构。内部平面布置采用跃层式，这是他最早的创造性尝试，各户均有自己的小楼梯上下，而且客厅空间较高，通二层。每 3 层有一条公共走廊，减少了不少交通面积。大楼的七八层为商店和服务设施用房。在第 17 层和屋顶上设有幼儿园和托儿所，在屋顶上还设有儿童游戏场和小游泳池。此外，屋顶上还有供成人用的健身房和电影厅等。日常居民生活所需设施基本都能得到解决。大楼的外表是粗混凝土形式，不加粉刷，既有粗犷感觉，而且增加了坚实新颖的效果。在窗格的内侧面还涂有不同的鲜艳色彩，可以减少一些沉重的气氛，相对有一点活泼的感觉。这座建筑是最早的粗野主义作品之一。

(a)   (b)

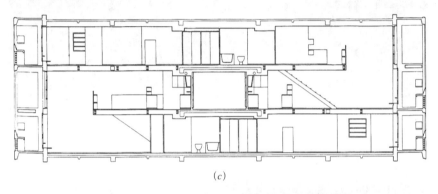

(c)

图 22-3　马赛公寓
(a) 公寓外观；
(b) 架空的底层；
(c) 典型的跃层户型剖面；
(d) 公寓内走道；
(e) 屋顶

(d)   (e)

22.4　朗香教堂（Nortre-Dame-du-Haut，Ronchamp，图 22-4 a，b，c，d）

　　建于 1950～1953 年，地点在法国孚日山区的一座小山顶上，周围是河谷和丘陵山地。这是一座规模很小的天主教堂，但是它却是一座影响极大的建筑艺术杰作，也是勒·柯布西耶作品中的一颗明珠。

朗香教堂是勒·柯布西耶在战后转变为浪漫主义倾向的最有力的代表作。教堂的平面很奇特，所有墙体几乎全是弯曲的，有一面还是斜的，表面是粗混凝土，墙面上开有大大小小的窗洞，这些可能是吸取了抽象雕塑艺术的构思。教堂的屋顶则相对比较突出，它是用钢筋混凝土板做成，端部向上弯曲，好像把船底放在墙体上。整个屋面自东向西倾斜，西头有一个伸出的混凝土管子，让雨水排出后落到地上的一个水池里。在建筑的最端部有一个高起的塔状半圆柱体，既使体形增加变化，又象征着传统教堂的钟塔。教堂造型的古怪形状，根据勒·柯布西耶的解释是有一定道理的，他认为这种造型象征着耳朵，以便让上帝可倾听到信徒的祈祷。这表明勒·柯布西耶在设计这座建筑时已应用了象征主义的手法，同时更表现了抽象雕塑的形式和粗野主义的风格。

此外，在小教堂的屋顶与墙身之间留了一道水平缝隙，中间只用几根立柱支承，于是，便在内部屋顶下形成一圈光带，使沉重的屋顶好像飘在空中，更增加了一点宗教的神秘气氛。

朗香教堂不仅意味着勒·柯布西耶创作思想的转变，而且也标志着20 世纪 50 年代以后当代建筑走向多元化和强调精神表现的一种信号。

图 22-4　朗香教堂
(a) 平面和立面图；
(b) 建筑外观 1；
(c) 建筑外观 2；
(d) 教堂室内

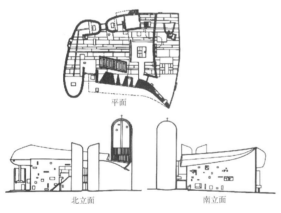

平面

北立面　　　南立面

(a)

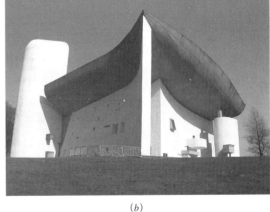

(b)

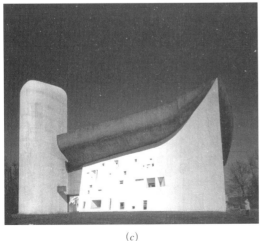

(c)

(d)

23 建筑的诗意 Architectural Poem

图 23-1 弗兰克·劳·赖特像

建筑如同文章，它可以是论文，可以是散文，也可以是抒情诗。美国著名建筑师弗兰克·劳·赖特（Frank Lloyd Wright，1869～1959年）就是一位杰出的浪漫主义建筑诗人，他的许多作品至今仍被视为世界重要文化遗产，他的建筑艺术始终给人以诗一般的享受（图 23-1）。

赖特是世界现代建筑大师之一。1869年出生在美国威斯康星州麦迪逊市的一个乡村。1888年，他在芝加哥市进入沙利文与爱得勒的建筑事务所工作。1894年他在芝加哥独立开业，并独立地发展着美国土生土长的现代建筑。他在美国西部地方建筑自由布局的基础上，融合了浪漫主义精神而创造了富于田园诗意的"草原式住宅"，接着他便在居住建筑的设计方面取得了一系列的成就。后来他提倡的"有机建筑"，便是这一概念的发展。

23.1 草原式住宅（Prairie House）

草原式住宅最早出现在 20 世纪初期。它的特点是在造型上力求新颖，摆脱折中主义的常套；在布局上与大自然结合，使建筑物与周围环境融为一个整体。"草原"就是表示他的住宅设计与美国西部一望无际的大草原结合之意。

在芝加哥的郊区有大片的森林，那里是中等资产阶级建造别墅的理想地带，草原式住宅就是为了适应这一环境而创作的。这种住宅的平面布置常作成十字形，以壁炉为中心，起居室、书房、餐室都围绕着壁炉布置，卧室常放在楼上。室内空间尽量做到既分隔又连成一片，并根据不同的需要有着不同的净高。起居室的窗户一般都比较宽敞，以保持与自然界的密切联系。但是在强调水平体形的基础上，层高一般较低，出檐很大，室内光线是比较暗淡的。建筑物的外形充分反映了内部空间的关系，体积构图的基本形式是高低不同的墙垣、坡度平缓的屋面、深远的挑檐和层层叠叠的水平阳台所组成的水平线条，以垂直的大火炉烟囱统一起来，并且打破了单纯水平线的单调感。住宅的外墙多用白色或米黄色粉刷，间或局部暴露砖石质感，它和深色的木门木窗形成强烈的对比。在内部也尽量表现材料的自然本色与结构的特征。由于它以砖木结构为主，所用的木屋架有时就被作为一种室内装饰暴露在外。草原式住宅的内外设计都与大自然很调和，比较典型的例子如 1902 年赖特在芝加哥郊区设计的威利茨住宅（图 23-2a，b）；1907 年在伊利诺伊州河谷

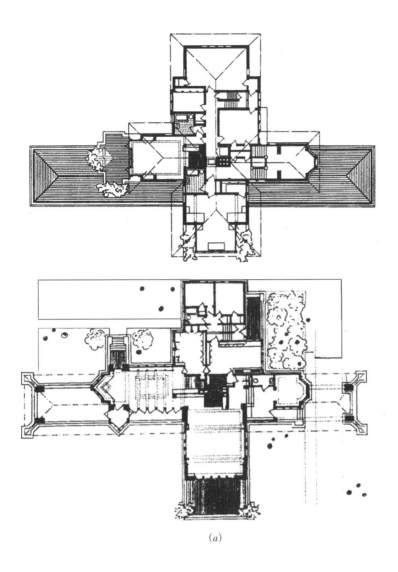

(a)

(b)

图 23-2
芝加哥郊区威利茨住宅
(a) 平面；(b) 外观

森林区设计的罗伯茨住宅；以及1908年在芝加哥设计的罗比住宅（图23-3*a*，*b*，*c*）等。

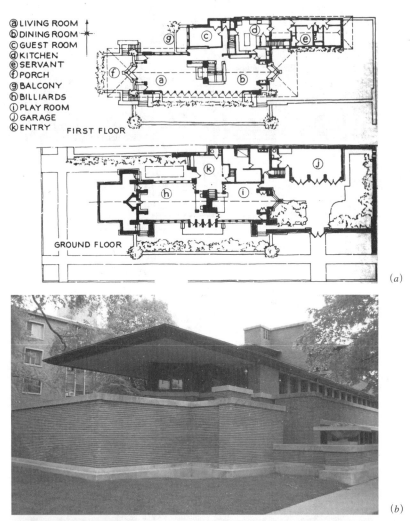

(a)

(b)

(c)

图23-3 罗比住宅
(*a*) 平面；
(*b*) 外观；
(*c*) 室内

23.2 有机建筑论

"有机建筑"是赖特倡导的一种建筑理论。根据他的解释,内涵很多,意思也很复杂,但是总的精神还是清楚的。

他认为有机建筑是一种由内而外的建筑,它的目标是整体性。意思是说局部要服从整体,整体又要照顾局部,在创作中必须考虑特定环境中的建筑性格。

其次是认为建筑必须与自然环境有机结合,因此他说有机建筑就是"自然的建筑"。他设计的建筑往往就好像是自然的一部分,或者像植物一样是从大自然中长出来的。这样,建筑物不仅不会破坏自然环境,相反,它应该为自然添色,应该为环境增美。

第三是他的建筑在结构与材料上都力求表达自然的本色,充分利用材料的质感,以求达到技术美与自然美的融合。表达了浪漫主义的建筑艺术观。

23.3 流水别墅 (Falling Water House)

赖特表现有机建筑论的典型例子就是他设计的流水别墅。流水别墅原名考夫曼别墅,房屋主人是美国匹茨堡市百货公司的老板,他在1936年请赖特为他设计的这所别墅可谓是一首被广为颂扬的建筑诗篇,建筑构思巧妙,造型奇特,房屋与自然环境互相融合,不论远观近赏,都令人心旷神怡。

流水别墅位于宾夕法尼亚州匹茨堡市郊区,是一块地形起伏的丘陵山地,那里林木繁茂,风景优美,加上还有一条溪水从岩石上流下,形成跌落式瀑布,景色十分迷人,赖特就把别墅建造在这小瀑布的上方,使山溪从它的底下缓缓流去(图23-4a,b,c)。

别墅造型高低错落,最高处有三层,整个建筑是用一高起的长条形石砌烟囱把建筑物的各部分统一起来,也因此和周围环境取得了有机的结合。建筑的主要构件均采用钢筋混凝土结构,各层均设计有悬挑的大平台,纵横交错,就像一层层的大托盘,支承在柱墩和石墙上。由于利用了现代钢筋混凝土的结构技术,挑台可以悬挑很远,因此在外观上形成一层层深远的水平线条,多少还蕴含着早期草原式住宅的遗风。建筑物的内部布置十分自由,它完全因地制宜安排所有房间的大小和空间的形状,外墙有实有虚,一部分是粗犷的石墙,一部分则是大片玻璃落地窗,使空间内外穿插,融为一体。

流水别墅与周围自然环境的有机结合是它最成功的手法之一。建筑物凌跨于溪流之上,层层交错的挑台强调了开放疏松的布局,反映了与地形、山石、流水、林木的自然结合,使人工的建筑艺术与自然景色互相对照,互相渗透,相得益彰,起到了画龙点睛的作用。在建筑外形上

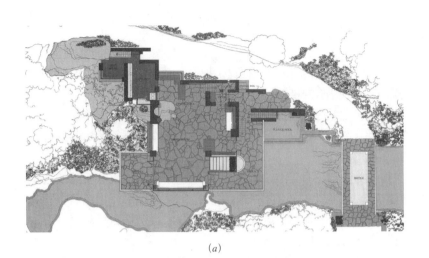

(a)

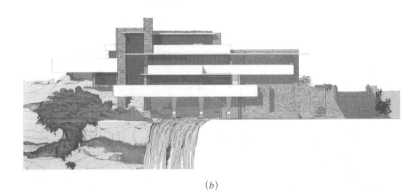

(b)

图 23-4　流水别墅
(a) 入口层平面；
(b) 南立面；
(c) 外观

(c)

的明显特征是一道道横墙和几条竖向的石墙，组成横竖交错的构图。尤其是石墙粗犷而深沉的色调和一道道光洁明快的灰白色钢筋混凝土水平挑台形成强烈的对比，再加上挑台下深深的阴影，更使体形丰富而生动。流水别墅是赖特的成名之作，也是有机建筑理论的示范作品，这一作品是在特殊条件下创作的。

赖特在小住宅的设计方面颇有成就，类似流水别墅似的其他住宅的设计也都具有自己的特色，例如他于 1911～1925 年在东塔里埃森为自己设计的住宅，1937 年和 1948 年在麦迪逊为雅各布斯设计的两座住宅，以及 1938 年赖特在西塔里埃森为自己设计的工作室（图 23-5）都是有机建筑理论的反映，这些建筑都充分表现了赖特独有的建筑艺术特色，它既是诗，也是画，更可以说是一座自然界生长出的雕刻艺术。

美国著名建筑历史学家斯卡利在评论中曾说到，"赖特的一生就是致力于使人类生活具有旋律感的诗意，他的建筑艺术正是这诗意的具体体现"。因此人们常称赖特是一位浪漫主义的建筑师。赖特自己也说过："浪漫是不朽的。机器时代的工业缺乏浪漫就只能是机器，……"，"浪漫"是赖特的有机建筑语言，他对浪漫的解释就是：想象力、自由形式、诗意。他分析说："在有机建筑领域内，人的想象力可以使粗糙的结构语言变为相应的高尚的表达形式，而不是去设计毫无生气的立面和炫耀结构的骨架。形式的诗意对于伟大的建筑就像绿叶与树木、花朵与植物、肌肉与骨骼一样不可缺少。""让我们把创造性的想象力称为人类的光华，从而与一般的智力问题有所区别，它在创造性的艺术家中是最强烈、最敏感的品质，一切已形成的个性都有这种品质。"如果使这种想象力实现，建筑创作就能富有诗意，因为任何被称赞为美的艺术总是富有诗意的。

图 23-5
西塔里埃森工作营地

23.4　古根海姆美术馆（The Guggenheim Museum，New York）

　　赖特也设计过一些公共性建筑，这些公共建筑也都别具一格，充分表现了他的想象力和创作的诗意，著名的纽约古根海姆美术馆就是其中比较有代表性的一座（图23-6a，b，c）。在20世纪40年代初，古根海姆先生为收藏大量现代艺术品而聘请赖特为他在纽约设计这座博物馆，但是当他最初见到赖特的构思草图时曾大吃一惊，螺旋形的美术馆使他不安，他坚持要赖特更改设计，这使赖特在实现自己理想的道路上遇到了障碍，因此他为之花费了16年的努力，到1959年才使原来的方案得以实现。

　　古根海姆美术馆的设计很奇特，内部是一个螺旋形的空间走道不断盘旋而上，顶部中央是一个大玻璃穹窿顶。外部造型直接表现了内部空间的特征，立面上也是应用圆形和螺旋形的构图，窗子做成细细的一长条，嵌在螺旋线的下方，使人不注意它的存在，这样就可达到内外隔绝，避免都市嘈杂的环境，使内部形成一个独立的世外桃源。参观者进门后可以先乘电梯至展览顶层，然后沿螺旋坡道逐渐向下，直至参观完毕，又可回到底层大厅，这一奇特的构思也曾对后来某些展览馆的设计有过一定的影响。赖特在这一设计中所采用的圆与方的空间组合，螺旋形与中央贯通空间的结合，能给人一种动态感，这是赖特发挥他所追求的连续性空间理论的具体体现，也是他利用钢筋混凝土材料的可塑性进行自由创作的最大胆的尝试。

图 23-6
纽约古根海姆美术馆
(a) 外观；
(b) 室内中庭；
(c) 平面

(a)

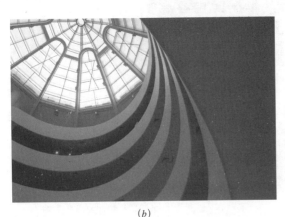

(b)

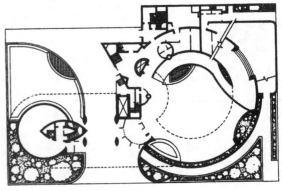

(c)

24 建筑人情化 Architectural Humanity

世界著名建筑大师阿尔瓦·阿尔托（Alvar Alto，1896～1976年）是倡导"建筑的民族化与人情化"的杰出代表，至今仍在世界上具有广泛的影响（图24-1）。

图 24-1　阿尔瓦·阿尔托像

阿尔托出生于芬兰的库尔坦纳，他一生所创作的建筑都表现了独到的见解，丰富的构思，灵活的手法，以致形成他那特有的诗一般的建筑风格。根据他建筑思想的发展和作品的特点大致可以把他的创作历程分为三个阶段：第一阶段从1923～1944年，是他创作的初期阶段，也称之为"第一白色时期"。在这个时期的创作基本上是发展欧洲的现代建筑，并结合芬兰的特点。作品外形简洁，多呈白色，有时在阳台栏板上涂有强烈的色彩；或者建筑外部利用当地特产的木材饰面，内部采用自由设计。第二阶段从1945～1953年，是他创作的中期，或成熟时期，也称之为"红色时期"或"塞尚时期"（塞尚是19世纪后半期法国著名的印象派画家）。这时期他常喜欢利用自然材料与精细的人工构件相对比，建筑外部经常用红砖砌筑，造型自由弯曲，变化多端，且善于利用地形和自然绿化。室内强调光影效果，形成抽象视感。第三个阶段从1953～1976年，是他创作的晚期，也被称之为"第二白色时期"。这时期又再次回到白色的纯洁境界，建筑作品空间变化多，进一步表现流动感，外形构图既有功能因素，更强调艺术效果。

要真正了解阿尔托建筑的特点及其诗一般的意境，还需要对他的一些代表性作品进行分析。

24.1　帕米欧结核病疗养院

（Tuberculosis Sanatorium at Paimio，图24-2*a*，*b*，*c*）

芬兰帕米欧结核病疗养院（1929～1933年）是阿尔托的成名之作。该建筑位于离城不远的一个小乡村，1928年他在设计竞赛中获头奖，表现了现代建筑功能合理、技术先进与造型活泼的设计手法，是他在第一白色时期创作的代表性作品之一。疗养院的环境幽美，周围全部绿化。平面大体可以分为一长条和二短条，中间用服务部分相串联。整个疗养院建筑顺着地势高低起伏自由舒展地铺开，和环境结合得非常妥帖。主楼的外部以白色墙面衬托着大片的玻璃窗，最底层用黑色石块砌筑，在侧面的各层阳台上还点缀有玫瑰红的栏板，色彩鲜明清新，掩映于绿树丛中，颇使人心旷神怡。病房内部的墙面与窗帘均采用悦目的色调，以

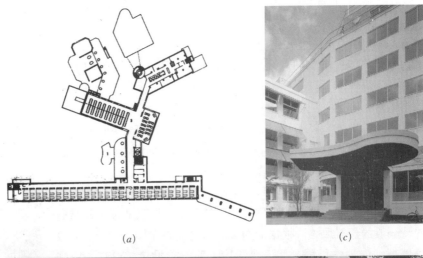

(a)

(c)

图 24-2
帕米欧结核病疗养院
(a) 疗养院总平面；
(b) 建筑群外观；
(c) 主楼入口

(b)

增加病人的愉快心情。建筑的结构用钢筋混凝土框架，外形如实地反映了它的结构逻辑性。在日光室部分则以六根扁柱作为主要支撑，楼板四面悬挑，外墙不承重，这种大胆尝试丝毫不逊色于 20 世纪 50 年代以后的玻璃幕墙手法。帕米欧疗养院以其亲切、明快、自由、活泼的艺术造型，成了现代建筑在 20 世纪 30 年代出现于芬兰的一朵奇葩，并因此香馥万里、声誉长传。

24.2 玛利亚别墅（Villa Mairea，Noormarkku，图 24-3a，b，c）

为古利申夫妇设计的玛利亚别墅，建于 1939 年，是阿尔托的得意之作，它位于芬兰的努玛库城。整座建筑处理得自由灵活，空间的连续性富有舒适感。住宅的平面大体呈曲尺形，后面单独设有一个蒸汽浴室和游泳池。周围是一片茂密的树林。对着住宅入口的是餐厅，左边进入起居室，右边通卧室。从门厅到起居室，没有设门，用几步踏步划分，导致了空间的引申。在起居室内，他把空间分为有机的两部分，一半作为会客，另一半可以安静地休息或弹琴。有趣

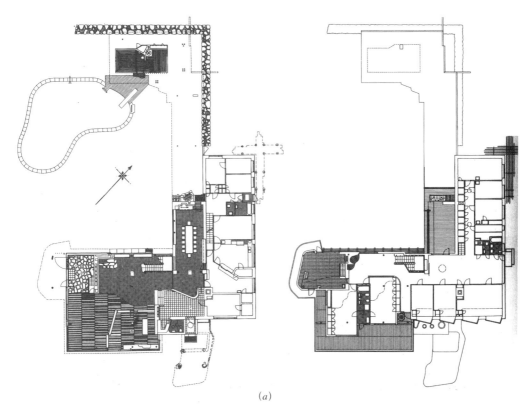

(a)

(b)

(c)

的是这两部分并没有什么分隔，也没有地坪的高差，只是用不同的地面材料区分。对于结构承重的柱子，不论内外，均加以修饰处理，形成不同视感。建筑的外表均采用直条木材饰面，富有浓厚地方色彩。在起居室的一角开有边门可进入花园，上面有意布置成曲线雨棚和房间，使造型生动活泼，以和内部流动空间相协调。阿尔托在玛利亚别墅的设计中是煞费苦心的，从建筑设计到室内装修、家具、灯具都考虑得很周到，金属柱子的下半段缠着藤条，不致显得太冷，楼梯扶手的旁边布置有藤萝攀缘，这些都增加了回归自然的意境。阿尔托在这里所采用的空间手法、室内外绿化处理、装修及家具的细致推敲等等，都往往被后来人所借鉴。

图 24-3　玛利亚别墅
(a) 别墅平面；
(b) 入口外观；
(c) 室内

图 24—4　MIT 贝克大楼

24.3　贝克大楼（Baker House Dormitory，MIT，图 24—4）

　　美国麻省理工学院学生宿舍"贝克大楼"（1947～1948年）是阿尔托在"红色时期"的著名作品之一。整座建筑平面呈波浪形，为的是在有限的地段里使每个房间都能看到查尔斯河的景色，这种手法的思路是和他早期的作品一脉相承的。7层大楼的外表全部用红砖砌筑，背面粗犷的折线轮廓和正面流利的曲线形成强烈对比，使人感到变化莫测。波浪形外观所造成的动态，多少减轻了庞大建筑体积的沉重感。贝克大楼再次显示了他设计的自由思想、独特风格和多种变异手法。

24.4　伏克塞涅斯卡教堂
（Church in Vuoksenniska，Imatra，Finland，图 24—5a, b, c）

　　位于芬兰伊马特拉城郊区的伏克塞涅斯卡教堂（1956～1958年）是阿尔托在"第二白色时期"的著名作品之一，反映了他晚期的建筑特点。教堂的大厅能容1000人，平时根据需要可用自动化隔墙分为三个独立的部分。空间处理极为复杂，从平面、外形到内部空间，所形成的各种曲线和折线的轮廓，使人感到变化莫测，既神秘而又稳重，加上入口旁边的一座高矗钟塔，不仅在构图上打破了水平线条的单调，起着强烈的对比作用，而且它象征着接近天国。教堂的外墙全部刷成白色，使圣洁之地更加纯净安详。伏克塞涅斯卡教堂已升华到雕塑艺术的领域中去了，并饱含诗意，它的隐喻意境只有勒·柯布西耶的朗香教堂可以和它相比。

　　阿尔托对建筑人情化的探求由来已久，他本人的性格就温和寡言、坚韧豪放。作为一位建筑师，他的宗旨是要为人们谋取舒适的环

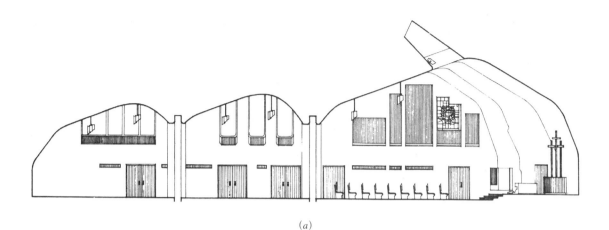

(a)

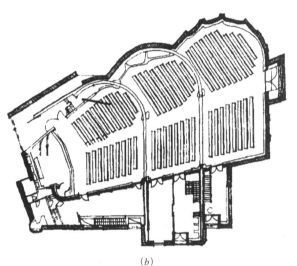

(b)

图 24-5　伏克塞涅斯卡教堂
(a) 剖面；
(b) 教堂平面；
(c) 教堂外观

境，不论是民用建筑还是工业建筑，都不放弃这一人道主义原则。他认为工业化与标准化都必须为人的生活服务，必须要适应人们的精神要求。阿尔托曾经说过："标准化并不是意味着所有的房屋都一模一样。标准化主要是作为一种生产灵活体系的手段，用它来适应各种家庭对不同房屋的要求，并能适应不同地形的位置，不同的朝向、景色等等。"1940 年阿尔托在美国麻省理工学院讲学时曾重点阐述过建筑人情化的观点。他说："现代建筑在过去的一个

(c)

阶段中，错误不在于理性化本身，而在于理性化的不够深入。现代建筑的最新课题是使理性化的方法突破技术范畴而进入人情和心理的领域。……目前的建筑情况，无疑是新的，它以解决人情和心理的问题为目标。"阿尔托对建筑人情化的表达方式是全面的，从总体环境的考虑，单体建筑的设计，一直到细部装修和家具，都考虑到人的舒适感，它包括了物质的享受和美学的要求。[1]

综上所述，可以看出阿尔托补充了 20 世纪二三十年代欧洲现代建筑唯理派的不足，使建筑创作体现了人道主义、富有情趣的艺术素养。他的作品巧妙地解决了功能、技术和造型的矛盾，手法是有机的，艺术风格具有十分动人的魅力："富有隐喻，不可预测，神秘和豪放结合，理性和反理性并存。"[2]他是一位浪漫主义与现实主义结合的建筑诗人，在他的后期也不可避免地走向追求形式主义的道路，重复的波浪曲线已使人发腻。不过，他毕竟是一位对世界建筑作出了丰富贡献的大师，一直关心着人类的需要，肩负着民族的期望，最懂得抓住优秀传统的精神，集中前人的智慧，但是他却不留恋过去，而是在原有基础上不断创造和发展。总而言之，他是一位不受约束的人，他的建筑哲学与手法对世界有着广泛的影响。

---

① 见《阿尔瓦·阿尔托》建筑专集，P30.
② 见《阿尔瓦·阿尔托》建筑专集，P4.

25　20世纪末的建筑革命
Architectural Revolution

　　当前，新技术革命的浪潮正冲击着整个世界，新兴科学技术的应用已导致生产力的迅猛发展。反过来，生产的发展、经济的上升，又促使了科学技术的革命。这种互相反馈、互相促进、周而复始、螺旋上升的现象已在加速进行。

　　建筑领域毫无例外地也在变革，它不以人们意志为转移地朝着一个崭新的方向前进。这种变革自然首先出现在工业化生产与科学技术先进的西方国家，因此，认识这种建筑变革的规律，分析其变革的趋势，对于预测未来建筑的前景，考虑城市建设的战略规划是有积极意义的。

　　20世纪60年代以前，世界工业化的形势如火如荼，形成了包括大约14个国家，约10亿人口的一个工业化带，虽然这些国家之间存在着许多差别，有不同的社会背景及意识形态，但它们之间却有着一些共同之处，那就是都强调标准化、同步化、集中化和大型化。这些原则在建筑领域中的表现也是十分明显的。

　　标准化的特点反映为大量性建筑的标准设计，构配件的标准设计，门窗的定型设计，设备的定型产品，结构和施工的定型模式等。甚至在当时的社会条件下，建筑理论也都一致趋向于现代主义。

　　同步化的特点则在大型建筑公司与建筑师事务所中可以清楚地看到，由于工程的复杂性，他们必须共同工作，互相配合，随时交换意见，改进工作。在施工单位，为了高效率地取得成果，他们必须制定施工组织计划，安排流水作业，同步前进。

　　集中化的特点在大城市中反映最为明显，分散的住宅有许多已逐渐改建为大型公寓和集中的街坊。为了适应城市人口集中的趋势，在建筑组合时也尽可能地把多种功能集中在一起，于是集中的超级市场与商业中心，以及各种集中的文娱、体育类建筑都得到了发展。

　　大型化的特点则表现为工厂要求越大越好，以便于缩短生产流程和便于管理，高层建筑越来越高，百层建筑已不稀奇，大空间建筑的跨度也越来越大，这些都是社会需要与技术进步结合的产物。

　　虽然工业化进程仍在继续，但在所有工业化国家中几乎都出现了危机，对于自己的生存前景发生忧虑。于是，就在这种危机时刻，世界上新技术革命的号角吹响了，它给人们输入了新的价值观与对世界建筑发展规律的新认识。

　　20世纪70年代以后进入了信息社会，由于新技术革命的出现，世界的工业生产体系发生了重大的变化，在建筑领域中则表现为趋向人情化、多样化、分散化、个性化，这种新的趋势已对世界建筑的发展产生了革命性的影响。

25.1 人情化

首先，在世界上旧城市与旧街坊的改造日益受到重视。由于城市居民长期生活在一定的环境中，他们对传统的建筑有深厚的思想感情但又不满足于现有的设施，因此，保留原有的建筑外观而改造建筑内部环境，以适应现代化生活的要求，已成为当代的趋向。例如，芝加哥市中心区所留下的 19 世纪后期建筑的内部大都已经过改造。波士顿的一座教堂甚至只保留正立面而将其余部分全部拆除重建。这种现象在欧洲更为普遍，悠久的历史文化使人们对自己的故乡城镇情深意长，对旧城的改造与新区的开辟应是十分慎重的。这反映了先进技术与高度人情化的结合，反映了精神功能在建筑中的重要作用。

其次，各个国家各个地区的建筑都趋向不同的特点，这是因为各个国家的气候、环境、历史、文化、生活习惯各有不同，自然对建筑也会提出不同的要求。尽管美国、英国、日本都是工业化发达的国家，但是他们对新建筑的创作都在探讨自己的特点、自己的传统，甚至再次兴起了某种复古思潮，千篇一律的国际式风格早已为人们所唾弃。群众与社会机构参加设计的呼声也日益增高，因为建筑的真正主人是使用者，建筑师与业主必须听取群众的意见，必须接受环境学家与社会学家对环境效益、社会效益的监督。高科技与高情感的结合已是时代的需要。

25.2 多样化

这一趋势表现为建筑类型、建筑形式与建筑结构正朝着多样化、不定型化的方向发展。因为工业化的发展、生产的集中，大批量的定型产品已不能满足人们日益增长的不同要求，于是建筑作为一种物质与艺术结合的产品正趋向多批量、一次建造量少、多样化的方式。我们已经可以看到，当今西方许多国家的新城或新区，几乎每幢建筑都不相同。城市中心区新建的高层建筑与公共建筑更是标新立异，充分发挥了建筑师的创作才能。

服务性建筑的多样化与专业化商店的日益增加已是大势所趋。由于在工业化发达的国家中，消费方式已经发生变化，人们购买物品已不必经常去百货公司或超级市场，他们可以定时购买，或采取电话送货、邮购到家的办法；人们外出旅游或者远至海外，可以直接到各种旅行服务社委托代办一切手续，甚至一切家庭事务都可委托代办。因此，随着服务性行业的发展，必然导致各种服务性建筑的增加。同时，由于人们需要购买不同的物品，也就促使各种专业化商店的发展。建筑的多样化势在必行。

25.3　分散化

分散化的特点表现为城市人口趋向分散到小城镇与郊区，原有大城市趋向地下发展。随着西方国家工业化的高度发展，人口城市化已非常突出。在20世纪末，世界人口已超过60亿，其中城市人口估计约占50%，尤其如比利时、美国的城市人口已达95%。由于许多大城市人口过于集中，环境日益恶化，已有不少企业与居民逐渐向郊区与小城镇迁移，希望回归自然，这种现象在美国东部较为明显。例如，纽约城市人口近年来已有下降趋势，这是和私人汽车增多相联系的。同时，为了改善原有大城市的环境，又不使城市发展无限制扩大，有的大城市已开始发展地下街或地下城，这种情况以东京较为典型。

与此同时，村庄将逐渐消失，新的小城镇正在大量出现。由于西方国家工业化的结果，农业人口渐渐减少，现在美国农业人口只不过占全国人口总数的5%，却能生产超过本国需要的农产品。在那里，分散的农场主的单独住宅已取代了集中的村庄。原有农村中的多余劳动力和大城市中的部分居民正重新在新旧小城镇中组合，他们既可以到大城市上班，也可以为农场服务，或者就在本地新建立的企事业单位工作。这种趋势已在向其他先进国家发展。

25.4　个性化

个性化的趋势明显地反映为不同城市的城市法规和建筑法规可以不同，完全根据当地的环境与具体条件而定，这也反映了建筑管理制度上的弹性，它和地方法律的弹性一脉相承。因此，城市规划与建筑设计的灵活性就增大了。

在住宅设计方面，人们都希望有自己的特色，并且大部分倾向于建造半永久性住宅，同时自己设计、自己建造的商品住宅得到了发展。因为社会生产高度工业化与自动化以后，建造自己的独院式住宅已不像以前那样困难了。现在西方许多国家已开设有专门销售建筑工具、建筑材料、建筑构配件、建筑半成品和建筑设备等的大型商场，可以供顾客选购并负责运送到指定地点。顾客只需要临时请几个人帮忙就可以在短短的一两天内把这些轻便的构配件安装完毕。同时，由于全民文化水平的提高，对于自己选择住宅形式与调整布局也已不是很大的问题了。另外，汽车拖车住宅已在一部分人中间流行，比较大型的可以停靠在固定的拖车住宅区内，作为低薪阶层居民的住所，并可为经常迁居他地谋生提供方便；比较小型的可以用作旅游时的住房。

从住宅开发的角度看，一般倾向面积大、户型多，以适应各种家庭的需要。随着社会结构的变化，家庭结构的类型也多种多样，于是对住宅的需求也各有不同，特别是由于信息化的发展，许多人的工作地点已可以从办公室、实验室或工厂转移到住宅内，这样对住宅面积的要求比以前加大了，布局也要求多样化了。

26 高层建筑的崛起 High-Rise Building

20 世纪以来，高层建筑在世界上得到了普遍发展，它成为当代社会最突出的现象之一。

为什么在近现代会出现如此众多的高层建筑呢？这是有它内在原因的。首先，由于近现代城市人口高度集中，市区用地紧张，地价高昂，迫使建筑不得不向高空发展；其次，高层建筑占地面积小，在既定的地段内能最大限度地增加建筑面积，扩大市区空地，有利于城市绿化，改善环境卫生；第三，由于城市用地紧凑，可使道路、管线设施相对集中，节省市政投资费用；第四，在设备完善的情况下，垂直交通比水平交通方便；第五，在建筑群布局上，点面结合，可以丰富城市艺术面貌；第六，在某些国家，大资产财团为了显示自己的实力与取得广告效果，彼此竞相建造高楼，也是一个重要因素。

26.1 高层建筑的发展过程

自从 1853 年奥蒂斯在美国发明了安全载客的升降机以后，高层建筑的实现才有了可能。此后，高层建筑的发展大致可以分为两个阶段：

第一个阶段是从 19 世纪中叶到 20 世纪中叶，随着电梯系统的发明与新材料、新技术的应用，城市高层建筑不断出现。1911～1913 年在纽约建造的渥尔华斯大厦（Woolworth Building，图 26-1），高度已达到 52 层，241 米。在落成典礼时，有记者报道说，仰望渥尔华斯大厦高耸的塔楼，犹如插入云霄，真可谓是"摩天大楼"！此后，摩天楼一词便广为流传，以形容高层建筑的高矗壮观。1931 年在纽约建造了号称 102 层的帝国大厦（Empire State Building，图 26-2），高 381 米，在 20 世纪 70 年代前一直保持着世界最高的纪录。

第二个阶段是在 20 世纪中叶以后，随着世界经济的繁荣，以及发展了一系列新的结构体系，使高层建筑的建造又出现了新的高潮，并且在世界范围内逐步开始普及，从欧美到亚洲、非洲、大洋洲都有所发展。总的来看，最近 30 年来，高层建筑发展的特点是：高度不断增加，数量不断增多，造型日益新颖，特别是办公楼、旅馆等公共建筑尤为显著。

高层建筑的造型在早期一般都是采用塔式的形体，既符合结构受力的特性，又有某些传统形式的含意。到了 20 世纪 50 年代以后，高层建筑在建造塔式形体的同时又发展了"板式"的新风格，这样比较符合功能要求和造型简洁的现代审美观点，1950 年在纽约建成的 39 层联合国秘书处大厦（图 26-3）就是"板式"高层建筑实例之一。1952 年史欧姆（SOM）建筑事务所在纽约建造的利华大厦（图 26-4），高 22 层，又开创了全部

图 26-1　纽约渥尔华斯大厦

图 26-2　纽约帝国大厦

图 26-3　联合国秘书处大厦

图 26-4　纽约利华大厦

(a)

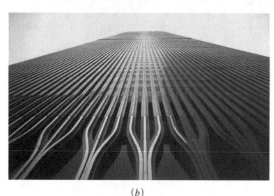

(b)

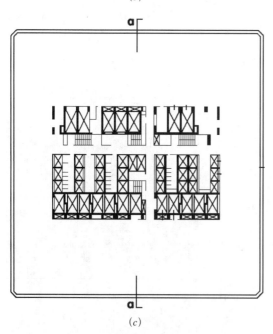

(c)

图 26-5　纽约世界贸易中心
(a) 远眺；(b) 世贸中心塔楼；
(c) 标准层平面示意图

玻璃幕墙"板式"高层建筑的新手法。到 20 世纪 60 年代以后，塔形玻璃摩天楼也应运而生。

到 20 世纪下半叶，世界上最有代表性的高层建筑实例是纽约的世界贸易中心与芝加哥的西尔斯大厦。

26.2　纽约　世界贸易中心（World Trade Center，1969 ～ 1973 年，图 26-5a，b，c）

纽约世界贸易中心是世界上最著名的高层建筑群之一，由两座并立的塔式摩天楼及四幢 7 层办公楼、一幢 22 层的旅馆组成，建造时间是 1969 ～ 1973 年，设计人为雅马萨奇（Minoru Yamasaki），两座塔式摩天楼均为 110 层，另加地下室 6 层，地面以上建筑高度为 411 米。建设单位为纽约港务局。两座高塔的建筑面积达 120 万平方米，内部除垂直交通、管道系统外均为办公面积与公共服务设施。建筑总造价为了 7.5 亿美元。

高塔平面为正方形，每层边长均为 63 米，外观为方柱体。结构全部由外柱承重，第 9 层以下外柱中距为 3 米，第 9 层以上外柱中距为 1 米，窗宽约 0.5 米，这一系列互相紧密排列的钢柱与窗过梁形成空腹桁架，即框架筒的结构体系。核心部分为电梯的位置，它仅承受重力荷载，楼板则将风力传到平行风向的外柱上。由于这两座摩天楼体形过高，虽在结构上考虑了抗风措施，仍不能完全克服风力的影响，故设计顶部允许位移为 900 毫米，即为高度的 1/500，实测位移只有 280 毫米。两座建筑因全部采用钢结构，共用去 19.2 万吨钢材。两座大厦的玻璃如以 50 厘米宽计算，长度达 104 千米。建筑外表用铝板饰面，共计 20.4 万平方米，这些铝材足够供 9000 户住宅做外墙。在地下室部分设有地下铁道车站和商场，并有四层汽车库，可停车 2000 辆。每座塔楼共设有电梯 108 部，其中快速电梯 23 部，速度达 486.5 米/分，每部电梯可载客 55 人，另有分层电梯 85 部。

设备层分别在第 7、8、41、42、75、76、

108、109 层上。第 110 层为屋面框架层。高空门厅（Sky Lobby）设在第 44 层及第 78 层上，并有银行、邮局、餐厅等服务设施。第 107 层是个营业餐厅。两座摩天楼中的一座的屋顶上装有电视塔，塔高 100.6 米；另一座屋顶对外开放，供游人登高游览。

这两座建筑可供 5 万人办公，并可接待 8 万来客，但经过 20 年使用后，发现有许多不便之处，主要是人流拥挤，分段分层电梯关系复杂；同时，由于窗户过窄，在视野上不够开阔。事实说明，这样的高楼并不是从解决实际功能出发的，只是起了商标广告作用而已。但是，从这里也可以看到进行了一些建筑艺术处理，底下 9 层开间加大，上部采用哥特式连续尖券的造型，因此有人称它为 20 世纪 70 年代的"哥特复兴"。可惜这两座大楼在 2001 年"9·11"事件中已被毁。

26.3　芝加哥　西尔斯大厦（Sears Tower，1970 ~ 1974 年，图 26-6）

图 26-6　芝加哥西尔斯大厦

这是 20 世纪 90 年代前世界上最高的摩天楼，建于 1970 ~ 1974 年，由 SOM 建筑事务所设计。建筑总面积为 41.8 万平方米，总高度 443 米，达到了芝加哥航空事业管理局规定房屋高度的极限。建筑物地面上有 110 层，另有地下室 3 层。

这座塔式摩天楼的平面为束筒式结构，将 9 个 22.9 米见方的管形平面拼在一个 68.7 米见方的大筒内。建筑物内有两个电梯转换厅（高空门厅），分设于第 33 层与第 66 层，并有 5 个机械设备层。全部建筑用钢 7.6 万吨，混凝土 5.57 万立方米，有高速电梯 102 部，并有直通与区间之分。这座建筑的外形特点是逐渐上收，第 1 ~ 50 层为 9 筒组成的正方形平面，第 51 ~ 66 层截去对角，第 67 ~ 90 层再截去两角成十字形，第 91 ~ 110 层由两个管形单元直升到顶。这样既在造型上有所变化，又可减少风力的影响。实际上大楼顶部由于风力作用而产生的位移仍不可忽视，设计时顶部风压采用 2990 帕，设计允许位移为建筑物高度的 1/500，即 900 毫米左右，实测位移为 460 毫米。西尔斯大厦的出现，标志着现代建筑技术的新成就，也是美国垄断资产阶级显示实力的反映。

26.4　20 世纪 80 年代以后的高层建筑

从 20 世纪 80 年代开始，西方资本主义国家的经济逐渐由衰退走向复苏，作为支柱产业的建筑业也相应有了新的发展，能表现经济实力的高层建筑，尤其是超高层建筑的建造形成热点。这一时期，不仅欧美各国，而且第三世界，特别是亚洲一些国家和地区的高层建筑如雨后春笋般出现，反映了经济的发展与强烈的竞争意识，其中以办公楼居多。建筑的数量与平均高度都在逐年增加，在建筑的功能与技术方面已日益综合化与智能化，建筑造型也越来越多样化。近几十年来，世界各国高层建筑的造型特点大致如下：

（1）标志性。属这一类的高层建筑数量最多，也最普遍，它们的体形多采用超高层的塔式建筑，层数一般在 40 层以上，重点强调塔顶部位的高耸尖顶处理，以便成为城市的主要标志。其代表性的例子如马来西亚吉隆坡的双塔大厦（1995 ~ 1997 年）等。中国近些年标志性高层建筑的发展也很快。尤其值得一提的是在 2009 年建成的阿联酋国迪拜的哈里发塔，已高达 828 米，远远超过了其他各国的高层建筑，是当今世界高层建筑之最（图 26-7）。

图 26-7　阿联酋哈里发塔

（2）高技性。属这一类的高层建筑虽数量不多，但在世界上的影响却很大，它主要在建筑内外表现了高科技的时代特点，使人们在传统艺术王国之外看到了一个技术美的新世界。它那震撼人心的工程威力与技术成就，已使它的建筑价值超越了其自身的实用性而具有某种精神的意义。香港新汇丰银行大厦（1979 ~ 1985 年）、伦敦劳埃德大厦（1978 ~ 1986年）、大阪新梅田空中大厦（1989 ~ 1993 年）等均是此类例子。

（3）纪念性。这一类的高层建筑常隐喻某一思想，或象征某一典范，以取得永恒的纪念形象。它们并不强调建筑的高度或形式的新颖，而是追求建筑比例的严谨、造型的宏伟，使人永记不忘。例如东京都厅舍（1986 ~ 1991 年，图 26-8）基本上是模仿巴黎圣母院的造型，不过两侧的钟塔部位作了 45° 的旋转，使其具有新颖的变体，同时也不乏永恒的纪念形象。

（4）生态性。这是在当今建筑设计思想中的一种新潮流。为了使城市建设能够适应生态要求，不致对环境造成不利影响，于是不少建筑师正在探讨符合生态的设计，其中高层建筑也不例外，而且格外受到青睐。这类高层建筑的生态设计具有一些共同特点，即都注重把绿化引入楼层，考虑日照、防晒、通风以

图 26-8 东京都厅舍

图 26-9 香港奔达中心

及与自然环境有机结合等因素，使建筑重新回到自然中去，成为大自然的一员，并努力做到相互共生，体现了人类的理想。这类建筑的典型例子如印度尼西亚雅加达的达摩拉办公楼（1990 年）、德国法兰克福商业银行大厦（1994 ~ 1996 年，参见图 30-22）、马来西亚槟榔屿的 MBF 大厦（1994 年）等。

（5）装饰性。高层建筑在满足功能与技术之后，外表的装饰艺术已成为近期建筑师热衷的另一倾向。目前常见的是使建筑体形进行有规律的变化，或在建筑顶部进行与众不同的标志性处理，或在建筑基部进行大量丰富的装饰，以便使这座高层建筑给人留下难忘的印象。这类建筑比较有代表性的如香港奔达中心双塔（1986 ~ 1990 年，图 26-9）、法兰克福 DG 银行总部大楼（1986 ~ 1993 年）等。

（6）文化性。在高层建筑上表现文化历史特征是后现代主义惯用的手法，迈克尔·格雷夫斯、菲利普·约翰逊等人的作品尤为明显。其中有的表现了新哥特的风格，有的表现了新古典的风格，有的则表现了后现代的混合风格，这使高层建筑的艺术处理又增添了新的文化特征。比较有代表性的例子如美国路易斯维尔市的休曼那大厦（1985 年，参见图 28-17），休斯敦的共和银行中心大厦（1984 年）等。

26.5 马来西亚吉隆坡 双塔大厦

(The Petronas Towers, Kuala Lumper, 1995 ~ 1997 年，图 26-10)

它亦称云顶大厦，位于吉隆坡市中心区，建造时间为 1995 ~ 1997 年间，设计人是美国建筑师西萨·佩里。双塔均为 88 层，包括塔尖总高

图 26—10
吉隆坡双塔大厦

为 445 米，建成后成为当时世界最高建筑，它的顶点高度已超过了芝加哥的西尔斯大厦。大厦底部有两个电梯厅，设有 24 部电梯，分两个低层区和三个高层区，分别解决高速直达与区间上下之用。塔的平面为多棱角的柱体。两塔总建筑面积为 21.8 万平方米。底部四层为裙房，用花岗石砌筑，裙房之上的塔身全为玻璃幕墙与不锈钢组成的带状外表。随着建筑高度的不同，立面大致可分为五段，逐渐收缩，最上形成尖顶，多少有点模仿伊斯兰教的光塔形象。在双塔第 41 层与第 42 层之间有一座"空中天桥"连接两塔，桥长 58.4 米、高 9 米、宽 5 米，桥的两端是双塔的高空门厅。从桥的中部下面分别向两端伸出一个斜撑，固定在双塔身上，这样可以大大增加桥和塔的刚度，同时也象征着城市的大门。双塔的外部色彩呈灰白色，造型与细部在设计中都明显吸收了伊斯兰建筑传统的几何构图手法。

关于"世界之最"的桂冠，说来还有一段趣闻。当马来西亚方面宣布已成功地建成了世界最高的双塔大厦之后，立刻引起了美国方面的反驳，他们说，芝加哥的西尔斯大厦建筑主体高 443 米，加上楼顶所立电视天线高度 77 米，两者相加为 520 米。于是在争论不休之后诉诸世界摩天楼委员会仲裁，经过委员会的认真讨论之后，判定西尔斯大厦的电视天线为附属结构，与主体无关，高度不计在内，而吉隆坡的双塔大厦顶部塔尖为固定装饰性结构，故高度计算在内。这样，一场国际官司才暂时得到了结。

26.6 伦敦 劳埃德大厦（Lloyd's of London，1978～1986 年，图 26-11）

这是一座典型的高技派高层建筑，位于伦敦金融区的干道上，用作保险公司的办公大楼，设计人是建筑师理查德·罗杰斯。主楼北面是商业广场，地面以上空间为 12 层，周围有 6 座附有楼梯和电梯的塔楼，加上设备层共有 15 层。另有地下室两层。总建筑面积约 35000 平方米。主楼从底到顶高 72 米。大厅内有两部交叉上下的自动扶梯，四周均为金属装修。大厦内共安装有 12 部玻璃外壳的观景电梯，建筑外观由 2 层钢化玻璃幕墙与不锈钢外装修构架组成，表现了机器美学的特征。

图 26-11 伦敦劳埃德大厦

图 26-12 大阪新梅田空中大厦

26.7 大阪 新梅田空中大厦
（Umeda Sky Building，Osaka，1989 ～ 1993 年，图 26-12）

这是日本建筑师、东京大学教授原广司的著名作品，建于 1989 ～ 1993 年。新梅田空中大厦由北面两幢超高层办公楼和西南面一幢高层旅馆组成，分布在长方形地段的三个角上。两座办公楼为 40 层，总高 170 米，在顶部用空中庭园相连，形成门形大厦。顶部空中庭园中央有一个巨大的圆形孔洞，内外装修主要用铝合金板，效果新颖奇特。办公楼外表主要以玻璃幕墙组成门式空间内外的两边墙面也设计了部分面砖外表，起到了一定的装饰与过渡作用。在横跨门式空间的中部布置有悬空的巨型桁架通廊，并在前后设计有垂直的钢架作为电梯竖井。更为奇特的是从左边办公楼颈部建有两条斜置的钢构架直达顶部空中庭园的大圆洞上，使空中庭园的交通系统显得复杂而具有高度的神秘感。在门式空间的底部是一个方形的中央广场。在高层旅馆的对面是一些零散的低层商店，以满足游客的需要。在旅馆和商店之间是原广司特意设计的"中央自然之林"，这是一座下沉式的园林，在它的北面布置有九根不锈钢的喷泉柱，前面是弧形的水池，池内由散石点缀，它们与中央大片自然式园林相映成趣，成为观赏的焦点。原广司的这组建筑群造型在某种程度上有点类似于巴黎的新凯旋门，但他构思的不同处是在于要建立空中城市，使将来的高层建筑都在空中相互联系起来，成为一种创造新都市的技术。

26.8 阿联酋 哈里发塔（Dubai Tower，2004 ～ 2009 年，图 26-7）

位于阿联酋国迪拜的哈里发塔是当今世界上最高的建筑，也是一座非常雄伟的塔式高层建筑。建于 2004 ～ 2009 年，由美国芝加哥的阿德里安·史密斯设计，韩国三星公司负责建造，在 2004 年 9 月 21 日开始动工，2010 年 1 月 5 日投入使用。总高 828 米，160 层。34 层以下是一家酒店，45 ～ 108 层作为公寓，123 层是一个观景台，可在上面俯瞰整个迪拜市。其余各层作为办公与服务层、设备层之用。

26.9　高耸的构筑物

近些年来，国外构筑物的高度也有了惊人的增长。1962 年在莫斯科建造的电视塔，采用钢筋混凝土结构，圆形平面，高度达到 532 米，是 20 世纪 70 年代前世界最高的构筑物。1974 年在加拿大多伦多建造的国家电视塔（图 26-13），高度达到 548 米，曾取代莫斯科电视塔而成为当时世界最高的构筑物。这座电视塔的平面为 Y 形，钢筋混凝土结构，在顶部还设有 400 人的餐厅，并可容纳 1000 人参观。20 世纪 80 年代初在波兰华沙建造的一座新电视塔，高度达到 645.33 米，成为目前世界最高的构筑物。

图 26-13　多伦多电视塔

27 形形色色的大空间建筑 Long-Span Building

　　19 世纪后期大空间建筑在世界上已有了很大成就，1889 年巴黎世界博览会上的机械馆就是一例，它采用了三铰拱的钢结构，使跨度达到 115 米。20 世纪初随着金属材料的进步与钢筋混凝土的广泛应用，大空间建筑有了新的进展。1912 ～ 1913 年在波兰布雷斯劳建成的百年大厅，采用钢筋混凝土肋骨穹窿顶结构，直径达 65 米，面积 5300 平方米。

　　20 世纪 30 年代以后，尤其是在第二次世界大战后的几十年中，大空间建筑又有了突出的成就。它主要用于展览馆、体育馆、飞机库以及一些公共建筑。

　　大空间建筑的发展，一方面是由于社会的需要，另一方面也是因为新材料与新结构提供了技术上的可能性，大空间的理想才能得以成为现实。在近一段时期内，不仅钢材与混凝土提高了强度，而且新建筑材料的种类也大大增加了，各种合金钢、特种玻璃、化学材料已开始广泛应用于建筑，为大跨度建筑轻质高强的屋盖提供了有利条件。大空间建筑的屋顶结构，除了传统的梁架或桁架屋盖外，比较突出的是新创造的各种钢筋混凝土薄壳结构、折板结构、网架结构、钢管结构、悬索结构、张力结构、悬挂结构、充气结构等。这些新结构形式的出现与推广，象征着科学技术的进步，也是社会生产力突飞猛进发展的一个标志。

　　为了适应工业生产与人们生活的需要，大跨度建筑的外貌已逐渐打破了人们习见的框框，越来越紧密地与新材料、新结构、新的施工技术相结合，朝着现代化、科学化的道路前进。大空间建筑发展的另一趋势，则是覆盖空间越来越大，甚至设想覆盖一块地段或整个城镇，以便形成人造环境。

27.1　钢筋混凝土薄壳结构

　　利用钢筋混凝土薄壳结构来覆盖大空间的做法已越来越多，屋顶形式也多种多样。由意大利工程师奈尔维设计，在 1950 年建造的意大利都灵展览馆就是一波形装配式薄壳屋顶（图 27-1）。1957 年建造的罗马奥运会的小体育宫（图 27-2）是网格穹窿形薄壳屋顶。1960 年完成的纽约环球航空公司航空站的主厅屋顶则是用四瓣薄壳组成的。1963 年在美国建成的伊利诺伊大学会堂，圆形平面，共有 18000 个座位，屋顶结构为预应力钢筋混凝土薄壳，直径为 132 米，重 5000 吨，屋顶水平推力由后张预应力圈梁承担，造型如同碗上加盖，具有新颖的外观。世界上最大的壳体是 1958 ～ 1959 年在巴黎西郊建成的国家工业与技术中心陈

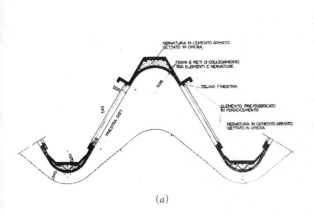

(a)　　　　　　　　　　　　　(b)

图 27-1
意大利都灵展览会薄壳屋顶
(a) 顶棚设计大样；
(b) 室内顶棚

(a)

图 27-2　罗马小体育宫
(a) 外观；
(b) 剖面示意图

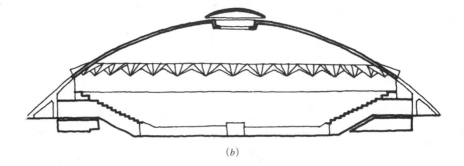

(b)

列大厅，它是分段预制的双曲双层薄壳，两层混凝土壳体的总厚度只有
12 厘米。壳体平面为三角形，每边跨度达 218 米，高出地面 48 米，建
筑使用总面积为 90000 平方米。此外，采用钢丝网水泥结构，已可使薄
壳厚度减小到 1 ~ 1.5 厘米，1959 年建造的罗马奥运会的大体育宫的屋
盖便是采用波形钢丝网水泥的圆顶薄壳。

27.2　折板结构

这种结构在大空间建筑中的应用也有发展。比较著名的例子如1953～1958年在巴黎建造的联合国教科文组织会议大厅的屋盖，这是奈尔维工程师的又一杰作。他根据结构应力的变化，将折板的截面由两端向跨度中央逐渐加大，使大厅顶棚获得了令人意外的装饰性的结构韵律，并增加了大厅的深度感。

27.3　钢网架结构

这是大空间建筑中应用得最普遍的一种形式。1966年在美国得克萨斯州休斯敦市用钢网架结构建造的一座圆形体育馆，直径达193米，高度约64米。1976年在美国路易斯安那州新奥尔良市建造了当时世界上最大的体育馆，圆形平面直径达207.3米，屋顶为钢网架结构，内部空间可容纳观众9万多人。20世纪70年代末在美国底特律的韦恩县建立了一座体育馆，圆形平面，直径达266米，是目前世界上跨度最大的建筑。

27.4　钢管结构

国外还有利用短钢管或合金钢管拼接成的平面桁架、空间桁架或网状穹窿顶等。这种钢管结构的特点是结构与施工方便，目前用来建造体育馆、展览馆、飞机库的例子颇多。1967年加拿大蒙特利尔世界博览会上的美国馆（图27-3）就是一个76.2米直径的球体网架结构，设计人是美国结构工程师富勒。球体网架外表全用塑料敷面，并可启闭，夜间内外灯火相映，整个球体透明，别开生面。

图 27-3
蒙特利尔博览会美国馆

27.5 悬索结构

由于钢材强度不断提高，在 20 世纪 50 年代以后，国外已开始试用高强钢丝悬索结构来覆盖大跨度空间。这种建筑最初是受悬索桥的启发。由于主要结构构件均承受拉力，以致外形常常与传统的建筑迥异，同时由于这种结构在强风引力下容易丧失稳定，因此应用时技术要求较高。1953 ～ 1954 年美国罗利市的牲畜展览馆就是这类建筑早期著名的实例之一，屋顶是一双曲马鞍形的悬索结构，造型简洁新颖。它的试验成功，使这种新结构形式在大空间建筑中得到了进一步的推广。

1964 年日本建筑师丹下健三在东京建造的奥运会代代木游泳馆与小体育馆（球类比赛馆），又使悬索结构技术与造型有所创新（图 27-4），不仅技术合理，造型新颖，而且平面适合于功能，内部空间经济，可以节省空调费用，同时还隐喻一定的民族特点。游泳馆平面为蚌壳形，主要跨度 126 米，能容纳观众 15000 人。小体育馆平面呈圆形，并有喇叭形的人口，内部可容纳观众 4000 人。

(a)

(b)

图 27-4　东京代代木体育馆
(a) 建筑外观；(b) 体育馆室内

27.6 张力结构

在悬索结构基础上进一步发展了钢索网状的张力结构，这种结构轻巧自由，施工简易，速度快。例如 1967 年，加拿大蒙特利尔世界博览会上由古德伯罗和奥托设计的联邦德国馆就是采用钢索网状的张力结构，屋面用特种柔性化学材料敷贴，呈半透明状，远看犹如蜘蛛网一般。1972 年奥托在德国慕尼黑奥运村设计的奥运场馆也采用了这种结构方法（图 27-5）。

图 27-5　慕尼黑奥运会主会场

27.7　悬挂结构

目前国外又试用悬挂结构来建造大跨度建筑，基本原理与悬索桥相同。如 1972 年在美国明尼苏达州明尼阿波利斯市建造的联邦储备银行就是采用悬索桥式的结构，把 11 层的办公楼建筑悬挂在 83.82 米跨度的空中。

27.8　活动屋顶

美国匹茨堡的公共会堂兼体育馆是一个活动屋顶的著名大空间例子。它建于 1961 年，具有多种功能。其平面为圆形，直径 127 米，内部有 9280 个固定座位。它的特点是半球形的钢屋顶可以自由启闭，圆屋顶下有凹槽与墙身上的圈梁相连接，顶部中央有轴心固定在三足悬臂支架上。整个圆形屋顶由八个大小相似的叶片组成，其中六个是活动的，两个是固定的，当按电钮之后，六个活动叶片会缩至两个固定叶片上面，这样就可以变成露天体育场了。

27.9　充气结构

随着化学工业的发展，近年来已开始用充气结构来构成建筑物的屋盖或外墙，多作为临时性工作或大空间建筑之用。充气结构可分为气柱式与气承式两种。气柱式犹如儿童玩具；气承式则是在建筑物内加上一定的气压，使屋顶飘浮在上空，同时四周门窗必须紧闭，靠人工通风控制室内气压高低。充气结构使用材料简单，一般用尼龙薄膜、人造纤维或金属薄片等，表面常涂有各种涂料，这种结构可以达到很大的跨度，安装、充气、拆卸、搬运均较方便。

近些年来，美国常采用薄膜气承结构作大型体育馆的屋盖，典型的例子如 1975 年建造的密歇根州庞提亚克体育馆，跨度达 168 米，可容纳观众 80400 人，薄膜气承屋面覆盖 35000 平方米，是当时世界上最大的充气建筑。它备有电子报警系统，如遇漏气或损坏能自动反映，及时修理。

27.10　20 世纪 80 年代以后的大跨度建筑

从 20 世纪 80 年代开始，随着工程技术的进步，在大跨度建筑领域内已取得了一系列新的成就，特别明显地表现在体育场馆与交通类建筑方面，其空间开阔灵活，造型新颖别致，结构与使用功能先进，受到举世瞩目。在这些大跨度屋盖中，悬索结构、预制钢筋混凝土结构、钢网架结构、活动屋顶、木结构弧形网架体系、充气结构都有所发展。

图 27-6
莫斯科奥运会主场馆

● 莫斯科 奥运会体育馆（Olympic Complex，Moscow，1980年，图 27-6）

在莫斯科奥运会场馆中有两座比较著名，一座是自行车赛车馆，另一座为主场馆，均建于 1980 年。赛车馆建在克雷拉特斯克区的河边坡地上，设计人是德国建筑师赫尔伯特·沙曼恩，结构由俄国工程师完成。馆内可容纳观众 6000 人，平面呈椭圆形，跑道长 333.3 米，是世界上自行车赛车跑道中最长的一个馆。屋顶采用了反高斯曲线，由两个外拱和两个内拱组成，内拱作屋脊，外拱支在悬挑看台上，拱间为拉索，上铺 4 毫米厚的钢板。拱本身亦由 20 毫米与 40 毫米厚的钢板焊成 3 米 × 2 米的方筒组成，抛物线拱券的跨度达 156 米。整座建筑造型似蝴蝶状，颇富有表现力。

主场馆平面亦为椭圆形，长轴径 210 米，短轴径 171 米，内部高 30 米，可容纳观众 45000 人。建筑外形呈圆柱体状，屋盖采用内凹式钢网架结构体系，使其在节约空间与节省空调能源方面具有明显效果。

● 福冈体育馆（Fukuoka Dome，Japan，1991 ~ 1993 年，图 27-7）

图 27-7 福冈体育馆鸟瞰

福冈体育馆亦称福冈穹窿，建于1991～1993年，是日本第一座屋顶可启闭的大型多功能体育馆。设计单位为前田建设工业公司，建筑师是村松映一、平田哲、村上吉雄。体育馆占地面积为169160平方米，主体建筑面积为69130平方米，地面以上高7层，墙体由钢筋混凝土筑成。穹窿顶直径为212米，由三片总重达12000吨的扇形钢结构球面屋盖组成，屋顶有厚0.3毫米的钛合金皮铺于45000平方米的表面上，以防止酸雨的腐蚀破坏。屋盖开敞时的形象可以让我们联想到犹如飞鸟展开双翼在空中翱翔，也使得"晴天在户外活动而雨天则在室内"这一人们的梦想成为现实。

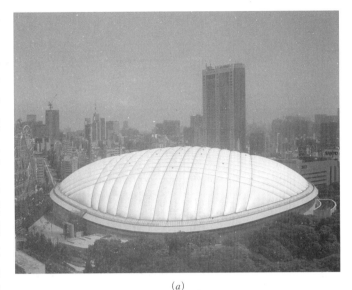

(a)

(b)

● 东京　充气圆顶竞技馆（Tokyo Air Dome Arena, Tokyo，1988年，图27-8a，b）

由日建设计事务所和竹中工务店联合设计的这座竞技馆是一座多功能的室内体育馆，主要用作棒球训练及竞赛场地，也可进行其他体育比赛或各种演出。这座大型充气膜式圆顶的永久性体育设施位于东京市中心，

图 27-8
东京充气圆顶竞技馆
(a) 鸟瞰；(b) 室内

建于1988年。竞技馆内有观众席三层，可容纳观众5万多人，比赛场两侧还可根据需要临时增加1.3万个可移动的座位。充气屋顶的长边为180米，对角线为201米×201米，是一个近似长方形的椭圆形，覆盖着1.6万平方米的巨大空间，室内容积约为124万立方米。充气屋顶由225块厚度为0.8毫米的双层聚氟乙烯树脂涂层的玻璃纤维布组成（其内膜厚度为0.3毫米），每边各用14根直径为80毫米、间距为8.5米的钢索交叉固定屋顶。每平方米屋顶的重量只有12.5千克。屋顶在充气状态下，室内气压只比室外气压稍稍高一些，人们并不会有不适之感。由于圆顶薄膜有较好的透光性，故室内可以获得所需的自然采光。竞技馆的外观非常突出，洁白的椭圆形屋顶衬托在周围红、黄、蓝、绿等五彩缤纷的建筑群之中，显得格外引人注目。此外，圆顶上还装有先进的避雷导体和融雪系统。

● 伦敦　滑铁卢国际铁路旅客枢纽站（Waterloo International

(a)

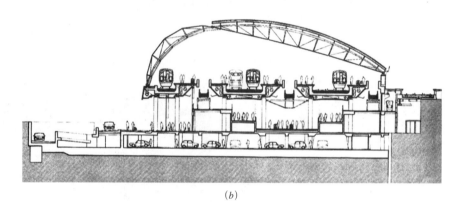

图 27-9
伦敦滑铁卢国际铁路车站
(a) 外观；(b) 剖面图

(b)

Channel Passenger Rail Terminal, London, 1993 年, 图 27-9a, b）

　　这座大跨度的车站形体呈自由的曲线形连续拱状, 由于新颖与结构精巧, 曾获欧洲 1994 年密斯·凡·德·罗大空间奖。设计人是英国建筑师格里姆肖（Nicholas Grimshaw）。在这座车站中特别强调建筑的可识别性, 用以提高建筑的视觉效果。为此, 建筑师将这座车站设计成长 400m, 跨度为 35～55m 不等的自由曲线体封闭空间, 屋顶与外表用亚光不锈钢和玻璃构成。建筑的屋顶构架是由一系列三铰拱钢架并列而成, 顶部呈扁拱形状, 拱架由一根根钢管连接而成, 外表面构成网格状, 钢管外部涂成鲜艳的蓝色, 衬以底部的银色不锈钢板, 给人强烈的视觉印象。

28　现代主义之后的建筑进展
The Architectural Development after Modernism

　　20 世纪 50 年代以后，世界建筑艺术思潮的总趋势是朝多元化方向发展，战前现代建筑单一纯净的风格受到了严重的冲击。所谓多元化，在建筑领域中是指风格与形式的多样化，这种趋向的目的是要求获得建筑与环境的个性及明显的地区性特征。

　　地区性的特征不仅表现为地理因素（地形、地貌、地质、环境、气候等）的影响，而且要求反映民族、生活、历史和文化的背景。长期以来，人们对泛滥了的国际式方盒子建筑已感到厌倦，怎么能不使人留恋起故乡的山山水水和村镇的特色呢？因此，"要回家"、"要自由"的呼声非常强烈，这也就是多元化在战后迅速发展的缘由。如果追溯渊源，早在 20 世纪 30 年代芬兰著名建筑师阿尔托就主张建筑走"民族化"和"人情化"的道路，美国建筑大师赖特曾提倡建筑的"有机性"。但是，在当时都只不过是一种流派，并未能左右现代建筑沿国际式道路的发展，然而，如今情况不同了，一支支小小溪水已汇为浩浩江河，成为不可抗拒的潮流了。建筑风格表现多样化的个性在 20 世纪 50 年代以后非常突出，许多建筑师由于挣脱了精神枷锁，突破了现代建筑观点的禁锢，大胆创新，于是形形色色的流派竞相出现，以求业主的青睐。

　　多元化的表现非常之多，常见的流派有：粗野主义、新古典主义或典雅主义、隐喻主义、光亮式、高技派、建筑电讯派、新陈代谢派、新乡土派、后现代主义、晚期现代主义、解构主义、新理性主义、新颖空间倾向、奇异建筑倾向等。虽然新流派名目繁多，但区分并不甚严格，他们常以各种手法使人感到眼花缭乱，表示惊奇。有些建筑师朝三暮四，标新立异，本身就摇摆不定，很难以人划线，有些建筑作品也往往兼受几种影响，这里只能具体分析了。

28.1　粗野主义（Brutalism）

　　粗野主义是 20 世纪 50 年代较早出现的一种新思潮，它的特点是在建筑材料上保持自然本色，砖墙、木梁架都以其本身质地显露出朴素美感。混凝土梁柱墙面亦任其存在模板痕迹，不加粉刷，具有粗犷性格。这种艺术作风一反过去现代建筑造型的常态，使人在看厌了机器美学之后能够换以原始清新的印象。具有粗野主义风格的建筑以勒·柯布西耶设计的法国马赛公寓大楼（Unitéd'Habitation at Marseille,

(a)

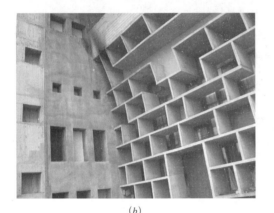

(b)

图 28-1　昌迪加尔高等法院
(a) 主立面外观；(b) 立面细部

图 28-2　美国驻印度大使馆

图 28-3　纽约林肯文化中心

1947 ~ 1952 年，参见图 22-3）和印度昌迪加尔高等法院（The Superme Court，Chandigarh，1956 年，图 28-1a，b）为代表。这两座建筑完全摒弃了勒·柯布西耶本人在战前的功能主义倾向，以大刀阔斧的手法，把建筑外形造成粗野面貌，轮廓凹凸强烈，屋顶、墙面、柱墩沉重肥大，并在表面保存粗糙水泥本色，表现了混凝土塑性造型的任意摆布，马赛公寓的窗洞侧墙上还涂有各种鲜明色彩，以取得新颖感。

粗野主义在战后的日本颇受赏识，不少建筑师自觉或不自觉地受到影响，这可能是因为日本建筑界元老前川国男过去曾在巴黎勒·柯布西耶事务所学习过，战后勒·柯布西耶又在东京上野公园建有西洋美术馆（1953 ~ 1959 年）之故。1961 年前川国男建造的京都文化会馆与东京文化纪念会馆即采用这种粗野主义的造型。

28.2　典雅主义（Formalism）

典雅主义也称之为新古典主义（Neo-classiclsm），是第二次世界大战后美国官方建筑的主要思潮。它以吸取古典建筑传统构图为其特点，比例工整严谨，造型简洁轻快，偶有花饰，但不用柱式，以传神代替形似，是战后新古典区别于 20 世纪 30 年代新古典的标志。由于这种风格在一定程度上能反映庄重精神，因此颇受官方赏识。新古典建筑思潮在 20 世纪 50 年代和 60 年代流传颇广，代表人物为斯东、雅马萨奇（山崎实）、密斯等人。典型实例如斯东设计的美国驻印度大使馆（1955 ~ 1958 年，图 28-2），平面吸取古希腊周围柱廊式庙宇的布局手法，内部还有绿化庭院，立面为水平造型，但材料新颖，构图简洁，重点部位进行装饰，颇能获取古典印象。其他如格罗皮乌斯设计的美国驻希腊大使馆（1956 ~ 1961 年）、菲利浦·约翰逊等人设计的纽约林肯文化中心一组建筑（1957 ~ 1966 年，图 28-3）均是此类思潮的反映。

28.3　隐喻主义（Allusionism）

　　隐喻主义又称象征主义，有暗示联想之意，使某些特殊性建筑所要表现的个性反映强烈，它在满足功能的基础上，艺术造型的重要性往往居于首位。隐喻或象征有多种手法，具体象征易于从造型上为人们所了解，抽象象征则寓意于方案的联想了。埃罗·萨里宁设计的纽约环球航空公司候机楼（1956～1960年，图28-4）和伍重设计的悉尼歌剧院（1957～1973年，图28-5）都是具体象征的例子。

　　纽约环球航空公司候机楼将建筑外形做成飞鸟状，给民航飞机以显著标记，钢筋混凝土的多瓣形壳体屋盖在机场亦有新颖效果。伍重的悉尼歌剧院设计在1956年方案竞赛中获奖，主要取其造型富于诗情画意，远看犹如群帆归港，又似百合花怒放，在风光旖旎的海滨，怎么不使人浮想联翩，心旷神怡。然而，悉尼歌剧院的建造是经过一番风波的，原方案设计的九只悬臂壳体，虽外观不凡，但结构与施工却绝非易事。为此，伍重曾多方奔走以求实现，结果还是在现实条件下，不得不将壳体

(a)　　　　　　　　　　　　　　　　　　(b)

图28-4　纽约环球航空公司候机楼
(a) 外观；(b) 室内

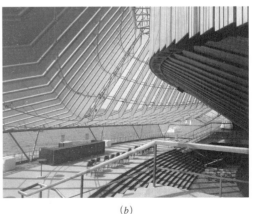

(a)　　　　　　　　　　　　　　　　　　(b)

图28-5　悉尼歌剧院
(a) 歌剧院外观；(b) 歌剧院向海一侧平台

结构改为分段预制肋架做成，显得较为厚重，造型近似原来面貌，却不如原来轻盈潇洒。悉尼歌剧院共有建筑面积 88000 平方米，内部主要包括有 2700 座的音乐厅、1550 座的歌剧场和一个 420 座的小剧场，以及其他大小房间 900 多个。悉尼歌剧院从 1957 年开始技术设计到 1973 年 10 月落成，前后历时 17 年。

　　德国建筑师夏隆为柏林设计的爱乐音乐厅（1956～1963 年，图 28-6），则是用抽象手法表现象征的一例。夏隆把它设计成象征乐器的内部，观众厅的空间酷似一个乐器的大共鸣箱，外墙蜿蜒曲折，高低起伏，使人处处获得与音乐节奏的联想，同时空间的灵活自由布置，亦使功能、音响、灯光以及造型艺术取得成功效果，为现代建筑设计开辟了新的领域。

图 28-6　柏林爱乐音乐厅
(*a*) 音乐厅外观；
(*b*) 音乐厅室内和平面

(*a*)

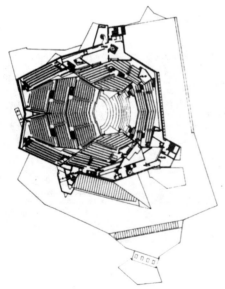

(*b*)

28.4 新乡土派（Neo-Vernacular）

新乡土派是注重建筑构思结合地方特色与适应各地区人民生活习惯的一种倾向。它继承了芬兰建筑师阿尔托的主张并加以发展。这种思潮不仅在芬兰继续传播，而且在 20 世纪 70 年代以后广泛影响到英、美、日等国以及第三世界国家。新乡土派思潮曾在英国的居住建筑中风靡一时，那些清水砖墙、券门、坡屋顶、老虎窗与自由空间的组合，成了传统砖石建筑造型与现代派建筑构思相结合的产物。这种风格既有别于历史式样，又为群众所熟悉，能获得艺术上的亲切感。

这种思潮的代表性作品是 1965 ~ 1967 年由芬兰第三代建筑师仁玛·皮蒂拉在赫尔辛基的奥坦尼米所设计的芬兰学生联合会"第波利"大厦（图 28-7）。建筑结合自然环境，把平面做成自由舒展的布局，造型利用砖木材料本色，并在建筑四周垒叠自然岩石，衬托于茂密的树林之中，反映了强烈的地方风格，因为在森林之国的芬兰，人们向往的是木材之家。此外如美国纽约州阿尔蒙克城的韦斯切斯特别墅（图 28-8）也是典型一例。

新乡土思潮在日本早已流行，它是在发扬民族传统的思想基础上应运而生的。1962 年在罗马建造的日本学院由吉田五十八设计，外貌富有日本传统茶室造型效果，并有和式庭园衬托。这种建筑风格在日本新市政厅大厦中亦广为应用，可能是对民族传统与现代化建筑手段相结合的探讨。

28.5 光亮式（Slick-Style）

光亮式是当前欧美流行较广的一种建筑思潮。这种建筑风格以大片玻璃幕墙为其特征，著名实例如 1952 年建的纽约

图 28-7 赫尔辛基奥坦尼米的芬兰学生联合会

图 28-8 纽约州温切斯特住宅

图 28-9　纽约西格拉姆大厦

图 28-10　波士顿汉考克大厦

利华大厦（参见图 26-4），1956～1958 年建的纽约西格拉姆大厦（图 28-9），1973 年建的波士顿汉考克大厦（图 28-10），1976 年由波特曼设计的亚特兰大市桃树中心广场上的 70 层旅馆，1977～1978 年建的底特律广场旅馆 73 层的主楼。但自波士顿汉考克大厦采用镜面玻璃之后，在阳光照耀下闪烁发光，效果轻盈空透，故又称之为银色派。由于这种建筑便于工业化生产与装配，并能显示结构逻辑，加上轻快、闪光、透明的新貌，于是逐渐风行世界。

　　光亮式的玻璃摩天楼首先出现于美国，然后在欧洲、南美等地不断得到传播。由于玻璃大楼墙面的透明、反射与镜面影像往往给街道上的汽车驾驶带来困难，加上风格的程式化，缺乏地方特色，近年来也遭到不少非议。然而，因这种形式能反映工业化时代的特点，体现新的艺术观，并能有隐身、影像变化等效果，在世界各地仍有不少追随者。

28.6　高技派（High-Tech）

　　高技派是在建筑造型风格上注重表现高科技的一种倾向。这种倾向起源很早，1851 年建造的伦敦水晶宫、1889 年建造的巴黎埃菲尔铁塔和机械馆都是在建筑上表现新技术的先驱。20 世纪上半叶逐渐销声匿迹，60 年代这股思潮重新活跃，并在理论上极力宣扬机器美学和鼓吹新技术的美感，于是各种钢架、混凝土梁柱、玻璃隔断以及五颜六色的管道都不加修饰地暴露出来。其目的不外乎是说明新材料、新结构、新设备与新技术比传统的优越，新建筑设计应该考虑技术的决定因素，其次是说明新时代的审美观应以新技术因素作为装饰题材，再次是认为功能可变，结构不变，一幢建筑可以存在百年以上，而使用功能在漫长的岁月中必然会有所发展，因此表现技术的合理性和空间的灵活性，既能适应多功能的需要，又能达到机器美学的效果。建筑电讯派是这一思潮的激进派，他们甚至认为只要能解决建筑的使用功能，在造型艺术上表现设备与结构应该超过表现房屋本身。这些新结构、新材料、新设备就是高技派所要表现的技术美。

● 巴黎　蓬皮杜艺术与文化中心（Le Centre Nationale d'art et de Culture Pompidou，1976～1977年，图28-11a，b，c）

这是最能代表这一思潮的例子，建于1976～1977年间，设计人为意大利建筑师伦佐·皮亚诺和英国建筑师理查德·罗杰斯。艺术与文化中心位于巴黎市中心偏北，建筑平面为一长方形，48米×166米，6层，高42米。建筑总面积为103305平方米。其内部包括美术展览馆，各种美术、音乐、戏剧活动室以及研究室、商店等，功能甚为复杂，而整座建筑四周全由玻璃幕墙围护。为了保持室内空间的完整性，钢结构构架与各种设备、管道全暴露在建筑外部，加上透明塑料覆盖的自动扶梯从底到顶曲折上升，形成化工厂外貌。室内隔墙不到顶，随使用功能的变化而灵活隔断。楼层天花钢架亦不加遮蔽，使内外呈现同一风格。

自蓬皮杜艺术与文化中心问世以来，在各国建筑界引起了强烈反响，议论纷纷。有的喝彩，欢呼这是建筑艺术的重大革新；也有不少建筑师却斥之为是对建筑艺术的破坏，是与巴黎市容不相称的。

● 香港　汇丰银行新楼（New Headquarters for the Hong Kong and Shanghai Bank, Hong Kong，1979～1986年，参见图28-20）

这是高技派建筑的另一代表作，位于港岛市中心区，成为该区最引人注目的建筑。建造时间是1979～1985年，设计人为英国建筑师诺曼·福斯特。新楼共41层，总高180米。建筑占地面积5000平方米，建筑平面近于矩形。全部楼层结构悬挂在两排东西向间距38.4米的8组组合钢柱上。电梯间、工作间、厕所等服务用房都布置在两排组合钢柱的外侧。中央部分有很大的使用灵活性，因此可以把底部架空，占三个结构层高度，高约12米，形成开敞的入口门厅，从南北两面街道均可进入，在某种程度上也成为一个室内广场。两部自动扶梯从敞厅直接与上层营业大厅相连，具有与众不同的迎客方式。大楼有33个使用层，分成5组从组合钢柱上悬挂下来。8组组合钢柱把楼层平面由南北向分成三个开间，每开间宽16.2米。整座建筑外观由垂直钢架与横向钢梁构成明显特征，犹如钢铁巨人，气势磅礴。

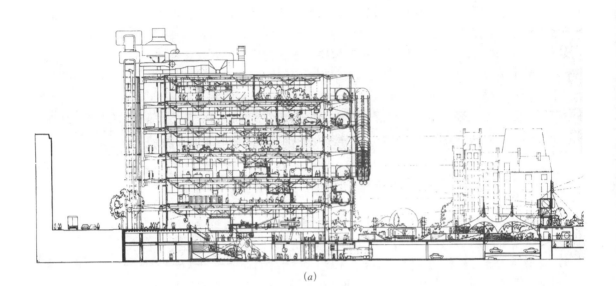

(a)

(b)

(c)

图 28-11
巴黎蓬皮杜艺术与文化中心
(a) 剖面；
(b) 外观；
(c) 室内

28.7 探求共享空间与新颖空间的倾向（Shared Space and New Space）

在公共建筑内部创造共享空间是一种新的倾向。公共活动部分空间往往相互穿插交错，而且分散流通，尤其倾向于把室外空间引入内部，使室内大厅呈现四季花木繁茂的景象。美国建筑师波特曼是这一手法的卓越创造者，按照他的观点，创造新颖空间效果需要考虑 7 点手法：① 既有规律，又有变化；② 动态；③ 水；④ 人看人；⑤ 共享的空间；⑥ 自然；⑦ 照明、色彩与材料。体现他这些论点的例子如 1974 年在旧金山建造的摄政海亚特旅馆（图 28-12），1977 年建造的洛杉矶好运旅馆，1977 ～ 1978 年建造的底特律广场旅馆等。这几座旅馆内部都有带玻璃顶篷的庭院，四周空间变化复杂，设施多样，景物宜人。那里有五颜六色的商店橱窗、回廊阳台，有树木、花草、雕刻、喷泉和潺潺流水，还有装饰特别的电梯，露明在外，运动于光怪陆离的空间之中，令人感到仿佛置身于童话世界。

贝聿铭是创造新颖空间较有成就的另一位建筑师，他在华盛顿国家美术馆东馆（图28-13a，b，c）的设计中表现了高度的技巧。东馆自1969年接受任务书到1978年6月1日建成开幕，前后共10年时间。馆址是选择在国会前林荫广场的一侧，用地呈梯形，面积3.64公顷，西边紧邻1941年建造的旧馆。为了使新馆适应地形，又要与旧馆的新古典建筑形式相协调，贝聿铭大胆地将东馆平面分成两个三角形，一个直角的，一个等腰的，二者再由一个有玻璃顶的公共大厅组合起来成为整体，达到与周围环境吻合的地步。他按功能的要求，把

图28-12 旧金山摄政海亚特旅馆中庭

(a)

(b)

(c)

图28-13 华盛顿国家美术馆东馆
(a) 鸟瞰；(b) 入口外观；(c) 室内公共大厅

269

等腰三角形的部分设计为展览馆，直角三角形的部分用作研究部。建筑物总高 7 层，另有两层地下室，所有房间或公共空间的平面全呈三角形或菱形构图，空间序列穿插交错，造成复杂含混的视觉效果。在大厅和某些公共空间还种植树木，引进室外自然气氛。东馆的外观也不落俗套，既有庄重的古典风格，又有新颖的构图变化，19° 的研究部尖角锋利逼人。起伏强烈的外形，深凹的入口，则使人肃然起敬。这些艺术手法的渲染力确实达到了美术馆设计的预期效果。

28.8 后现代主义（Post-Modernism）

后现代主义是反现代主义的一种思潮，最先兴起于 20 世纪 60～70 年代的美国。它主张建筑要吸取传统特色，用新技术来表达变形装饰，并要把历史装饰题材符号化，表达一种隐喻或象征的精神，以丰富建筑的意义，这样便能使专家与群众都感兴趣，它是一种新时期的激进折中主义。

后现代主义建筑思潮的代表人物是美国建筑师罗伯特·文丘里、查尔斯·穆尔和迈克尔·格雷夫斯等人。文丘里作为后现代主义的理论家，曾在 1966 年写过一本书，名叫《建筑的复杂性与矛盾性》；1972 年他又和后两个人合写了一本书，叫《向拉斯维加斯学习》。这两本著作是后现代主义建筑的宣言书，主要指导思想是赞成兼容而不排斥，重视建筑的复杂性；提倡向传统学习，从历史遗产中挑选；提倡建筑形式与内容分离，用装饰符号来丰富形式语言。

后现代主义建筑的作品很多，比较著名的有文丘里所作的美国费城栗子山住宅（1962 年，图 28-14），穆尔所作的美国新奥尔良的意大利广场（1978 年，图 28-15），约翰逊所作纽约的美国电报电话公司（AT&T）大楼（1978～1984 年，图 28-16）；格雷夫斯所作的美国路易斯维尔市的休曼那大厦（1982～1985 年）等。

● 路易斯维尔 休曼那大厦（The Humana Building, Louisville, Kentucky, 1985 年，图 28-17）

这是具有文化性的高层建筑代表作之一，设计人为格雷夫斯，建造时间为 1985 年。大厦位于美国路易斯维尔市，是一座 27 层的办公楼，另有两层地下停车场。建筑正面朝着俄亥俄河，造型试图与周围原有的低层住宅和高层办公楼协调。大厦是休曼那专用医护器材公司总部的办公楼，第 25 层为会议中心，下部 6 层是公用面积和公司主要办公室。第 25 层还有一个大的露天平台，从这里可以俯瞰全城景色。建筑的造型是后现代主义的，它既表达了古典艺术的抽象精神，又体现了现代技术的形象，因此它是应用双重译码的典型作品。

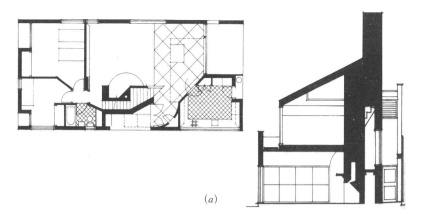

(a)

(b)

图 28-14 费城栗子山住宅
(a) 平立面；
(b) 入口立面外观

图 28-15
新奥尔良意大利广场
(a) 广场平面；
(b) 广场局部

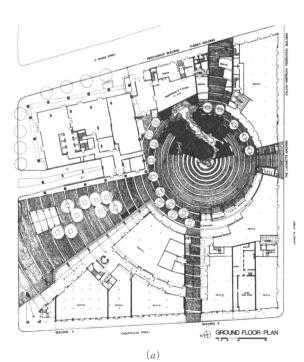

(a)

(b)

图 28-16　美国电报电话大楼

图 28-17　休曼那大厦

28.9　晚期现代主义（Late-Modernism）

这是在 20 世纪 60 ～ 70 年代与后现代主义同时兴起的另一种建筑思潮。它和后现代主义相反，主张当代建筑要更多地表现时代精神，更多地应用高科技手段和表现形式。晚期现代主义在主张极端科技化与技术统治论的基础上，也有一些不同的表现形式。一是在现代建筑造型基础上的革新，例如美国哈佛大学的建筑学院教学楼（1968 ～ 1970年），在简洁抽象的造型上极力表现屋顶结构的技术特征；二是光技倾向（Slick-Tech），应用闪亮的现代装饰语汇，以丰富空间内涵，例如旧金山海亚特旅馆（1972 ～ 1974 年）、维也纳的蜡烛店（1965 年）等（图28-18）；三是新现代派倾向，主张在现代建筑造型基础上加上技术构件装饰，或者用虚构架组成不同层次，以表达晚期现代空间的穿插概念，例如贝聿铭设计的香港中国银行大厦（1984 ～ 1988 年），又如彼得·埃森曼所作的美国康涅狄克州莱克维尔的米勒住宅（1969 ～ 1970 年，图28-19，又称"住宅 3 号"）；四是高技派的新倾向，在内部和外部都表现高科技特色，例如香港新汇丰银行大厦（1980 ～ 1986 年，图 28-20）和伦敦劳埃德大厦（1978 ～ 1986 年）等。

图 28-18 维也纳蜡烛店

图 28-19 米勒住宅

28.10 解构主义 (Deconstructivism)

解构主义又称之为解体构成派，最初出现在哲学范畴，称为消解主义，1978 年开始引入建筑领域，20 世纪 80 年代后期产生广泛影响。解构主义在建筑艺术上表现出的特点是：

（1）继承了 20 世纪初俄国的构成主义而作了新的发展，主张建筑造型打破传统常规，进行解体重构，以获得新颖形式。

（2）主张共时性，可以不对环境、文脉作出反应。反对顺时性，不受传统文化影响。

（3）重视推理和随机的对立统一，强调疯狂和机会也对设计有重要影响。

（4）对现有规则的约定进行颠倒和反转，主张片断、解散、分离、缺少、不完整、无中心。现在已有一些解构主义的信奉者应用新材料、新技术在设计中使用网格互旋、点阵、构成、衍生、增减等手法进行构图，使造型产生异乎寻常的面貌。

图 28-20 香港新汇丰银行大楼

解构主义在建筑创作中的指导思想是主张"非理性的理性"，或"理性的非理性化"。目前它在建筑创作方面大多仍停留在探讨阶段，建成的作品很少，主要代表性作品有屈米在巴黎所作的拉维莱特公园（1983 年，图 28-21a，b），扎哈·哈迪德设计的香港顶峰俱乐部方案（1983 年，图 28-22），彼得·埃森曼所作的"住宅 10 号"方案（1975～1978 年）等，以及 1997 年弗兰克·盖里在西班牙毕尔巴鄂设计的古根海姆博物馆（参见图 30-6）等。

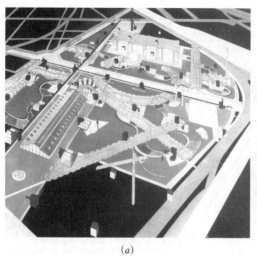

(a)　　　　　　　　　　　　　　　　　　　　(b)

图 28-21　巴黎拉维莱特公园
(a) 公园规划模型图；
(b) 公园内的红色景观小屋

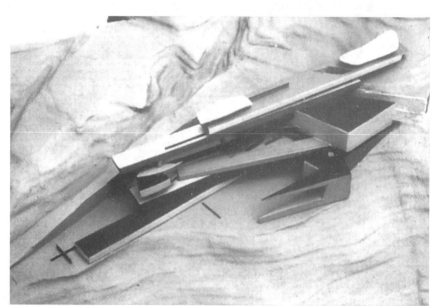

图 28-22
香港顶峰俱乐部概念方案

　　综上所述，我们可以看到，在当前多元化的世界中，建筑艺术创作也在沿着多元化的道路发展，建筑艺术的百花园地正在自然科学、技术科学与人文科学的哺育下，越来越展现其迷人的风姿，使人们在获得物质功能的基础上，进一步获得了艺术上的享受。但是，我们也不能不看到，建筑物总是受到经济、技术、功能与艺术条件的制约，建筑师并不能为所欲为，因此，大量性建筑中的多数还是沿着现代建筑实用的道路发展。然而，任何建筑思潮和流派最终必然都要经受实践的考验。

29

21 世纪的普利茨克奖获奖者
The Pritzker Architecture Prize after 2000

普利茨克建筑奖（The Pritzker Architecture Prize）设立于 1979 年，是由美国海亚特基金会（The Hyatt Foundation）设立的国际型奖项。它在全世界范围内，每年度都会提名并授予一位正在进行建筑行业工作的建筑师，以表彰其在建筑设计中所表现出来的才华和献身精神，以及他（她）通过建筑艺术的行为为人类及创造人工环境方面所做出的持久努力和杰出的贡献。普利茨克奖一向被认为是国际建筑界最具影响力的奖项，并被世人称之为"建筑界的诺贝尔奖"。从普利茨克奖 1979 年开设起，迄今已产生 30 多位获奖者，了解他们的作品、思想和理论可以为我们大致勾勒出当代建筑发展的轨迹以及多元化的面貌。

近十年来普利茨克奖获得者都是以独特的成就受到举世瞩目，他们的作品反映出世界人民日益重视地区建筑文化的创新和进一步发扬现代建筑的科学成就。

29.1　2000 年　雷姆·库哈斯（Rem Koolhaas，1944 ~ ）

库哈斯 1944 年生于鹿特丹，早年当过记者，学过电影剧本撰写，后分别在伦敦建筑联盟学院（AA School，1968 年）和纽约州康奈尔大学（1972 年）学习建筑。1972 ~ 1979 年间，他曾在当时建筑界很知名的昂格尔斯事务所以及彼得·埃森曼的纽约"建筑与都市研究所"工作过。1975 年，库哈斯与其合作者共同创建了"大都会建筑工作室"（OMA 事务所），试图通过理论及实践，探讨当今文化环境下现代建筑发展的新思路。主要著作包括《疯狂的纽约——一部曼哈顿的回溯性宣言》（1978）、《小、中、大、特大》（1995）、《大跃进》（2002）等。他呼吁要包容建筑和都市规划两方面的原则，要注意建筑和都市规划迅速全球化的情况。其都市理论集中概括为一种反历史文脉，倡导巨型建筑和力主开放式规划的思想。

库哈斯的建筑创作首先是现代主义的，然后以此为基础加入了造型上与社会意义中的若干内涵，成为其建筑创作的显著特征。从深层次讲，库哈斯曾受到超现实主义艺术很深的影响，希望通过建筑来传达下意识，传达人类的各种思想动机。建筑具有某些结构主义的特征，同时也具有通俗文化的色彩。他清醒地意识到只有多元、矛盾和冲突的不确定性，才是建筑在每一个时代的永恒主题。在每一个设计当中都有一种对空间和功能自由而流畅的组织，随之产生了一种自然而然的流动，最终形成了一种新的、

图 29-1　波尔多住宅
(*a*) 住宅外观；
(*b*) 室内图书室局部

(*a*)　　　　　　　　　　　　　　　(*b*)

前所未有的建筑形式。他的作品既包括建筑，也包括同样多的理念。其著名的作品包括达尔亚娃别墅（巴黎，1991）、波尔多住宅（1994）、荷兰驻德国大使馆（1997）、西雅图图书馆（1999）、中国中央电视台新楼（2002～2008年）等。在西方建筑界，库哈斯是公认的有思想、具批判性的大师，同时也是争议的代名词。他曾一度被列入解构主义创作的阵营。典型实例有：

● 波尔多住宅（Maison à Bordeaux，法国波尔多，1994年，图29-1*a*，*b*）

库哈斯在这个设计中面对的是一个劫后余生、依靠轮椅的业主，基地是一座可以俯瞰全城的小山。他设计了三套相互叠加的房间，最底下一层为穴状，用于家庭中最为私密的生活。最上层的房子被分为夫妇用房和子女用房。最重要的房间起居室被夹在两层之间，为一个玻璃的架空层。一个长3.5米、宽3米的电梯在3层房子之间穿梭；电梯的移动或悬空，随之空间发生着变化。紧邻电梯，一片贯穿建筑的整墙围合成男主人的真正个人天地。

这座建筑充分运用了电梯的特点。电梯的地板视作可变化的楼板。随着升降机的上下，电梯的楼板在地下层——架空一层——相对封闭的二层之间游动，形成了魔幻神奇的效果。虽然乍一看室内仍然是现代建筑简洁的装饰手法，但底层的混凝土弧形通道、一层透空和二层封闭之间的对比、二层小而多的圆形窗洞、墙上的超现实主义绘画和古典风格的座椅——种种手法，都加强了这种魔幻效果。

29.2　2001年　雅克·赫尔佐格和皮埃尔·德·默隆（Jacques Herzog and Pierre de Meuron，1950～）

雅克·赫尔佐格和皮埃尔·德·默隆具有几乎完全一致的事业轨迹，出生于瑞士，毕业于同样的学校——苏黎世工业大学，并且在1978年建立了一个合作的建筑事务所——赫尔佐格和德·默隆事务所。他们是2001年普利茨克建筑奖的共同得主，近年来又因中国2008奥运主场馆"鸟巢"的设计而为国人所知晓。

他们设计的项目类型广泛，有居住区、图书馆、中学、办公楼和工厂等。赫尔佐格和德·默隆以关注技术而享誉国际，善于利用材料、效果等直接、具感性意义的因素，作品充满了创造性和诗意，具有很高的工艺水平，充分体现德语区讲究技艺、精益求精的设计传统。多年来，他们的建筑作品无论外形还是细节上，都拥有十分精密的结构，即使在一些本来可以弃之不顾的地方也表现了丰富的肌理和美感，这既是建筑师心灵的细腻之处，更是建筑师的过人之处。普利茨克奖评委会主席J.C.布朗（J.Carter Brown）这样评价道："历史上很少有像他们两人一样将建筑物的表皮呈现得如此富有想象力和艺术感。"另外他们的许多作品也被称之为极少主义的代表。典型实例有：

● 巴塞尔沃尔夫信号站（Railway Service Building，瑞士巴塞尔，1994年，图29-2）

巴塞尔沃尔夫信号站作为当地的铁路枢纽，不仅承担了至关重要的交通职能，更是来往当地的必经之地，理所当然需要成为地方的标志性建筑。充分考虑到美观和功能的兼顾，赫尔佐格和德·默隆再一次对材料进行了突破性的发挥，将建筑外墙统一用"表皮"包裹起来，以达到他们所希望的"尺度的模糊化"。因为没有确定的尺度比较，没有强调栏杆、楼梯和门窗，这个建筑就变得失去了尺度感，也就说不清这个建筑物有多大。

在表皮材料的选择上，两人确是煞费苦心，最终他们选择了常见的铜片。钢结构搭建的6层楼建筑外包裹上一层20厘米宽的铜片，每一片铜片都由工人用工具弯曲成逐渐变化的角度，使整个建筑保持了犹如雕塑般的极度统一感，又能产生微妙的立体层次变化。表皮金属吸收了白天的太阳光，很好地达到了静电防护板的功能。铜片其实并不是什么新的材料，但他们却通过这个建筑为之注入了新的表现力。

图29-2
巴塞尔沃尔夫信号站

● 泰特现代美术馆（Tate Gallery of Modern Art，英国伦敦，2000年，图29-3a，b）

他们广为赞誉的工作之一是将伦敦泰晤士河岸一座巨大发电厂改建为一座新的现代艺术画廊的项目，该项目在尺寸和比例上非常巨大而且富有戏剧性。

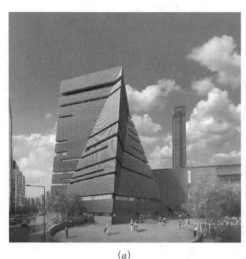

(a)   (b)

图 29-3 伦敦泰特现代美
术馆扩建部分
(a) 外观效果图；
(b) 建成后的室内

该美术馆由班克德发电厂改建而成，其中收藏了泰特艺术馆的部分现代艺术藏品。项目一方面适应了艺术馆的收藏及展览需要，同时也使这座老工业建筑及其周围环境获得了新生。原建筑体量魁伟壮观。设计师对其进行了简单而合理的改造，营造了一系列用于艺术展示的空间。

大楼外观整齐的砖墙大部分未作任何改动。展厅内采用了极端中性的色调，墙面是单纯的白色，地面为木地板或水泥地。主要的设计难题在于如何为这样一座空间较深，又与外界隔绝的建筑物提供采光。设计师沿大楼纵向布置了一个两层楼高的玻璃体块，构成了一个巨大的光柱。它与中心位置的烟囱形成了一种视觉平衡。这个新结构将光线引入画廊，到了夜晚则被灯光照亮，令整个大楼醒目透亮，标志着它的重获新生。

雅克·赫尔佐格和皮埃尔·德·默隆的建筑融合了这个历史悠久的职业的艺术性和新世纪技术条件下的新鲜方法。两位建筑师都扎根于欧洲的传统，但却融合了当今的技术。他们的作品折射出其兴趣和技能的多样性，表现出一种对其设计天赋的稳定的掌握，并最终创造出大量优秀的项目。

29.3 2002 年 格伦·莫库特（Glenn Murcutt，1936～）

莫库特 1936 年出生于伦敦，在新几内亚长大，并在那里开始对简洁、原始的建筑产生了偏爱。密斯·凡德罗的建筑理论以及亨利·大卫·梭罗（Henry David Thoreau）的哲学对他的建筑风格产生了深远的影响。1956～1961 年间，他在澳大利亚新南威尔士大学学习建筑学，并在此期间与众多建筑师协同工作。1970 年，在悉尼创办了自己的事务所。

莫库特只涉及住宅或小型美术馆，他的公司只有他一个人，且只在澳大利亚实践，却具有世界影响。通常他会尽量避开那些要求扩展他实践的大型项目，这样就可以把全部注意力投放到每个项目上去。他始终孜孜不倦地耕耘在澳洲大地上，其建筑秉承了设计者谦虚、踏实、一丝不苟的作风，宛如大自然结出的果实，亲切、舒适、自然。

在莫库特30余年独立的工作生涯中充满了刻苦的努力以及对不妥协的坚持。他是执着的地方性建筑师，作为梭罗的追随者，"轻触大地"（Touch the earth lightly）是莫库特的座右铭。因此他尊重环境，崇尚保护原始地貌，目标是设计具有场所感的建筑，并能呼应场地特有的精美。作品大多使用普通材料如波纹铁、水泥等，有着如弓形屋顶的夸张曲线，分明的棱角，但却能与周围的一切完美融合。他认为，建筑要设计得属于这个国家，其思路必须来自内部，而不是外部，而风格化的浪漫主义（Romanticism）或理性主义（Rationalism）都非常危险。他要做的是通过布局、避寒趋暖、通风挡雨这些具体的问题来体现地域主义（Regionalism）。莫库特认为建筑设计是一个发明创造的过程，而不是艺术的一个形式，建筑设计就是要漂亮地解决问题。典型实例有：

● 马瑞卡·阿德顿住宅（Marika-Alderton House，澳大利亚，亚特里托，1991～1994年，图29-4）

这座建筑完美地体现了莫库特的设计理念和方法，并且结合了他多年来所有实践的经历，表达了他对当地土著文化和生活方式的理解。

住宅的主人是一位土著，这个土著民族并没有建造方面的传统。他们的传统就是居住在一个拉长的、盖着树皮的遮蔽所里面。莫库特在设

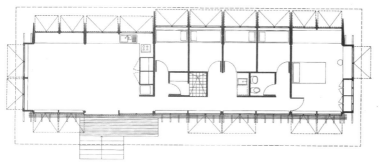

图 29-4
马瑞卡·阿德顿住宅

计中借鉴了一种类似的形式——目的是为了遮挡阳光、昆虫和不定期的潮汐。就像土著的树棚一样，这座住宅的每一端都是开敞的，朝向主要的冬夏季风，而长长的立面则是南北向的，以便使阳光的入射减小到最少。

29.4　2003 年　约翰·伍重（Jorn Utzon，1918 ~ 2008 年）

伍重出生于 1918 年，曾是一名优秀的水手。1942 年，他毕业于丹麦高等艺术学院，二次世界大战期间逃往瑞典，之后又去芬兰与阿尔瓦·阿尔托一起工作。之后的 10 年里，他陆续游历了摩洛哥、墨西哥、美国、中国、日本、印度和澳大利亚，这些成为影响他一生的重要因素。他能够把那些古代的传统和自己和谐的修养相结合，形成了一种艺术化的建筑感觉，以及和场所状况相联系的有机建筑的自然本能。名不见经传的伍重直到 38 岁仍少有实践。1957 年，他加入了一场匿名的竞赛，结果方案在超过 30 个国家的 230 位参赛者中脱颖而出，这项设计成为了 20 世纪的杰作——悉尼歌剧院。弗兰克·盖里如此评价："选择伍重作为普利茨克奖得主是非常重要的。伍重的悉尼歌剧院走在了时代的前端，超越了当时技术的局限。这是我们时代里第一件带来如此广泛影响的建筑作品。"

在悉尼歌剧院后，伍重已成为现代建筑天才的形式创造者之一。但此后他并没有特别依赖这个形式，相反他显示出对建筑基本问题和基本理念的关注，并注意不同文化主题不同的表现手法。既反映在伍重对光、对物、对自然、对外部世界、对宗教信仰的理解中，也表现在对院 / 廊 / 建筑的基本关系、建构、装配式预制构件、建筑 / 室内 / 家具的总体艺术等一些建筑的基本理念中。典型实例有：

● 巴格斯韦德教堂（Bagsvard Church, Copenhagen, 丹麦哥本哈根北郊，1976 年，图 29–5a, b, c）

尽管伍重以悉尼歌剧院闻名于世，然而其职业生涯的另外一件重要作品当属位于哥本哈根北郊的巴格斯韦德教堂。教堂平面由回廊环绕着多进院落在纵向轴线上组织而成，一定程度上显示出中国寺院格局的影响。此建筑的光线处理极为出色，伍重为适应北欧地区气候环境而创造出一套获得柔和平静漫射天光的系统，回廊通过天窗采集天光，而主要空间——圣殿上空薄壳结构的多重拱壳不仅模拟了云层，而且也像云层一样反射光线。这座建筑中多处可以找到伍重跨文化形式与建构的痕迹，如建筑阶梯形外立面的屋檐轮廓；横向轻质围合元素和直棂的密度；木头与玻璃面积的比例、横栏的位置等细节看上去都颇具中国建筑的意味。

伍重曾说，"我喜欢在可能性的边缘游走"。他的作品向世界说明了他已经达到并且超越那个境界，他证明了建筑中那些令人惊异的和看上去不可能做到的事是可以被实现的。他总是领先于他的时代，当之无愧地成为那些将过去的这个世纪和永恒不朽的建筑物塑造在一起的少数几个现代主义者之一。

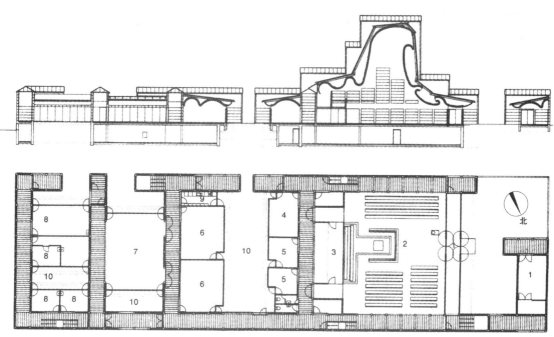

1- 小教堂；2- 教堂圣殿；3- 圣器室；4- 等候室；5- 办公室；6- 准教徒坚信礼室；7- 教区接待厅；8- 会议室；9- 厨房；10- 院

(a)

(b)

(c)

图 29-5
哥本哈根巴格斯韦德教堂
(a) 一层平面和剖面；
(b) 教堂鸟瞰；
(c) 教堂主殿室内

29.5　2004 年　扎哈·哈迪德（Zaha Hadid，1950 ~ 2016 年）

扎哈·哈迪德 1950 年出生在伊拉克的巴格达，1972 年开始在伦敦建筑联盟学院（AA School）学习建筑学，1977 年毕业后成为"大都会建筑工作室"（OMA）的一名合作者，并与雷姆·库哈斯一同在 AA 任教。不久之后，她创办了自己的工作室。哈迪德曾在哥伦比亚大学和哈佛大学任访问教授，并在世界各地讲学，还曾在哈佛大学设计研究学院执掌丹下健三教席。

哈迪德被公认是一名不断拓展建筑和城市设计边界的建筑师。她试图通过对传统观念的批判，进而对建筑的本质进行重新定义，从而发展出适合新时代的建筑。其设计大胆运用多重视点和片段几何形构成的流动型空间，来反映出都市生活的繁复多变。她的作品在尝试着用新的空间概念来强化现存城市景观的同时，也追求着一种梦幻般的美学效果，其实践涵盖了众多领域——从城市规划直到产品、室内设计甚至家具、绘画。此外她还致力于使实践、教学和研究这三者取得同步协调，这也反映在她那些著名的原创建筑作品中。代表作品包括香港顶峰俱乐部方案（1983年）、维拉特消防站（1993年）、斯特拉斯堡多用途交通终点站（2001年）、奥地利因斯布鲁克的伯金斯滑雪跳台（2002年）、辛辛那提的罗森塔尔现代艺术中心（2003年）、莱比锡宝马中心大楼（2005年）等。2004年，54岁的哈迪德获得了普利茨克奖，成为首位获得此殊荣的女建筑师。以"打破建筑传统"为目标的哈迪德，一直在实践着让"建筑更加建筑"的思想，于是才会有超出现实思维模式的、突破性的新颖作品。她也曾被视作解构主义的代表人物之一。典型作品有：

● 维特拉消防站（Vitra Fire Station，德国莱茵河畔魏尔城，1993年，图 29-6）

1993年，哈迪德推出成名作——德国莱茵河畔魏尔镇的一座消防站。在这座建筑方案出台、尚未实施之际，就因其充满幻想和超现实主义风格而名噪一时。哈迪德通过对这片完全工业化的场地进行研究来启动她的设计，通过营造建筑舒展的外表和保持建筑物与地面若即若离的状态，获得了理想的效果。她用一种独特的方式来设置这项委托任务的各个元素，她同时也用这些元素来构建整个场地，使这座建筑沿着主要街道的一面既有特征又富有韵律。消防站所在的位置被设想成为一条线性的景观区域，站房被设计为这块景观区域的外边界，通过这座狭长的沿街建筑既标识出工厂区的边界，又能成为周围建筑的一座隔离屏障。

●罗森塔尔当代艺术中心（Center for Contemporary Art，美国辛辛那提，2003年，图 29-7a，b，c）

图 29-6　维特拉消防站

俄亥俄州辛辛那提的罗森塔尔当代艺术中心使她有机会大规模试验自己的理念并构思和尝试焕然一新的博物馆展览管理和体验方式，哈迪德称其为"一整套部件"（a kit of parts）。根据这一构思，展览管理和组织者可以量身订制每一场展出。展馆设在浮于玻璃之上的横向矩形立体空间内，两者之间是"之"字形坡道，弯弯曲曲一直向上延伸。"它像城市的延伸，是都市景观"，确实如此，它就像"一条城市地毯"，一端跨过辛辛那提最繁华路口旁的人行道，吸引着来来往往漫不经心的路人。通过入口处走进去，是弧形的墙壁，就像地毯卷了起来，通向后面的墙壁。墙上装饰着明亮的带子，指明方向，如同机场内指示人行通道的标识一样。沿路走过去，参观者就像小孩子一样不断向上攀爬，欣赏一幅又一幅艺术品，目不暇接。空间似是被建筑师

(a)

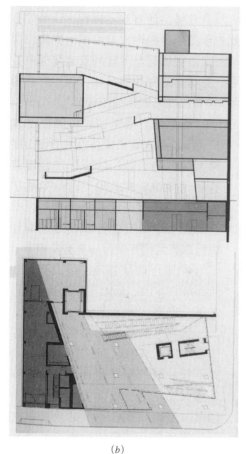

(b)

(c)

图 29-7　辛辛那提罗森塔尔当代艺术中心
(a) 建筑转角外观；(b) 建筑首层平面和纵剖面；(c) 大堂室内的斜坡

堆积起来的装点着花饰的高塔。由身边的空间看去，目光所到之处，不是令人眼花缭乱的错视画，就是位置别具匠心的窗户。哈迪德说："眼睛可以逗留，可以仰望，可以远眺，可以近视，犹如闲庭信步一般。"她的印象主义新空间在这里从梦想成为现实。

29.6　2005年　汤姆·梅恩（Thom Mayne，1943～）

汤姆·梅恩是美国当代著名建筑师。他1943年出生于美国康涅狄格州的沃特伯里市，早年就读于南加州大学建筑系。1972年，汤姆·梅恩与麦克·罗通迪一起创立了摩福西斯（Morphosis）建筑事务所，意为"结构形态派"。同年，他参与成立南加州大学建筑学院（SCI-ARC），并担任教授。摩福西斯建筑事务所自20世纪80年代声名鹊起。他们早期的试验作品多采用的轻骨架构造和低造价材料，以及形式上拼贴与片段破碎的构图，都是直接借自盖里的手法，有非常激烈动荡不安的情绪。摩福西斯认为这种破碎、分离的存在才是本质，由此他们的作品往往呈现一种未完成状态。1991年梅恩成为事务所的总负责人，他仍然坚持进行另类的尝试，不要固定的风格，也没有束缚，他喜欢多样性，认为没有关于美的单一认知。梅恩的创作致力于超越传统形式与材质的界限，并不断进行着超越现代主义和后现代主义边界的理念。普利茨克奖评审委员会对其大胆的建筑风格表示认可，并认为这种建筑风格"通过有棱角的线条和一种未完成的、开放的特质孕育出独特的南加州特色"。

图29-8　加州戴蒙镇高中

近年来，梅恩的设计频频出现在美国的各大城市中，他为旧金山联邦大厦做的设计，以穿孔的金属架构替代传统窗户。最近，他完成了华盛顿的美国国家海洋大气所、辛辛那提大学研究中心和奥地利海勃银行总部大楼等设计。典型实例有：

● 加州戴蒙镇高中（Diamond Ranch High School，美国洛杉矶，2000年，图29-8）

该中学位于美国洛杉矶，建成于2000年。建筑位于山坡上，由2列平行的散碎形体组成，这些建筑体量大小不一，墙体按不同的角度倾斜，屋顶同样按不同的角度向四面八方倾斜，这样的形象与其说是为了对应基地周围的山体，不如说是出于梅恩自身的喜好。这座高中由多个小体量建筑组成，梅恩的设计把不同的教学功能分散布置，每个年级的教室成为一组，中间有露天教学场地作为联系体，并把周围的景色引入建筑群中。

29.7 2006 年 保罗·门德斯·达·洛查（Paulo Mendes da Rocha，1928 ~ ）

这位巴西建筑师素以对清水混凝土的娴熟运用为建筑界所认可，他的设计以清教徒的手法将"明晰而诚实地表现结构和材料"的现代主义原则推向极致，并善于大胆运用简单的材料和大胆的结构营造出诗意的空间，其建筑充满粗犷野性的气质。普利兹克建筑奖评委会也将"未加工的材质"视为达·罗查设计的重要特征。

达·罗查追求的是"可塑"的混凝土，在足够钢筋的加固下，利用混凝土的表面形成相当丰富的纹理，反映清水混凝土的美感。这样的建筑语言与有"清水混凝土诗人"之称的日本著名建筑师安藤忠雄有着些许相似之处。主要作品有巴西雕塑博物馆、圣保罗酋长广场、蓬皮杜艺术中心 Forma 家具展厅、1970 年大阪世博会巴西馆等。典型实例有：

● 巴西雕塑博物馆（Brazilian Museum of Sculpture，巴西圣保罗，1986 年，图 29-9）

巴西雕塑博物馆的设计涵盖了两种传统博物馆的类型：一是以高贵的艺术圣地自居的博物馆，另一种则是展览主题多样的仓库式博物馆。同时又以文化中心为主导，二者兼而有之且着重景观设计。达·罗查十分擅长将建筑本身融入背景当中，并保持建筑的力度。他使用巨大的混凝土厚板创造出部分处于地下的空间，并采用整个面积达 460 平方米的

图 29-9 巴西雕塑博物馆

篷布结构覆盖其上。该建筑本身就融入周围景色之中。当游人沿着斜坡进入建筑时，空间便在其下面徐徐展开。

博物馆的入口处基本处于地下状态，这就使地上部分变成一块可以大有作为的空地。而建筑本身每个立面的高低又有所不同，参差不齐的高度使得这块空地有升有降，于是无形中扩张了空地本身的用途，比如低地可以用作演出场地，而民众可以坐在高处观看。

"建筑是对空间的一种转换，"达·罗查称，"当你在建造时，你需要去想象世界是一种全新的从未存在过的产物。"对于他最好的赞美是当人们看到他的作品时说，"这就是我们想要的，这就是我们所缺的。"

29.8 2007 年　理查德·罗杰斯（Richard Rogers，1933～）

罗杰斯于 1933 年生于意大利佛罗伦萨，他的家庭中有多位成员受过专业的建筑学教育，从小受熏陶的罗杰斯于 1953～1959 年在伦敦的建筑联盟学院（AA School）学习。

1970 年，罗杰斯与伦佐·皮亚诺合作，创作了举世闻名的蓬皮杜艺术中心。1977 年，他成立了理查德·罗杰斯合伙人事务所。1986 年，罗杰斯的事务所在伦敦劳埃德大厦竞标中获胜，展现了类似"内外翻转"的形象并结合了罗杰斯标志性的表现主义风格的建筑手法。此后，理查德·罗杰斯作为"高技派"代表人物之一，在全球建筑界产生广泛的影响。

20 世纪 90 年代开始，罗杰斯将城市设计也纳入到工作中来，并展示了作为一个城市规划、可持续发展和有利环境保护的"绿色"技术倡导者的巨大作用。其建筑创作也日臻成熟。在理念上，他提出了建筑的可持续发展和复兴城市文化等观点，并提醒专业人士要密切关注建筑节能、公众参与、技术适宜等问题。在实践中，他不仅科学地利用现有的技术，还大胆地探索和开发新的材料技术和建造技术，游刃有余地通过技术手段实现对于建筑创作的独到理解。近年来，罗杰斯对技术的运用越来越娴熟，人文关怀也越来越多，体现了"科技以人为本"的设计思路。其代表作包括欧洲人权法庭（1995 年）、伦敦第四频道电视台新办公楼（1994 年）、柏林奔驰公司办公和住宅楼（1998 年）、伦敦千年穹顶（2000 年）、马德里 Brajas 机场（2005 年）等。典型实例有：

● 欧洲人权法庭（European Court of Human Rights，Strasbourg，法国斯特拉斯堡，1993～1995 年，图 29-10）

设计没有采用这类建筑常见的纪念形式，而是由功能所需分解成合理的形式，并产生特殊的体型赋予建筑强烈的个性和象征意义。建筑体型设计出自三方面考虑：法庭的功能需要、建筑与弯曲河道的联系以及建筑在绿带中的位置。这幢建筑鲜明地体现了罗杰斯面对环境文化问题时表现出的适应性态度，即创造"灵活、持久、节能"的建筑。所采用

图 29-10 欧洲人权法庭
(a) 沿河外观；
(b) 建筑主入口

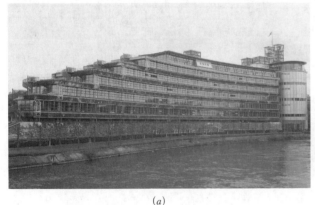

(a)　　　　　　　　　　　　　　　　(b)

的材料和设备充分满足其使用要求和耐久性，同时也兼顾到节能和环保。部分办公空间为考虑自然采光通风，在立面上设计了遮阳板和混凝土花池，形成近 2000 米长的绿色立面。建筑屋顶也进行了绿化，每个主要空间均有独立的空调系统以便更有效地利用能源，冷热交换是通过 10 米深的地下水完成。

29.9　2008 年　让·努维尔（Jean Nouvel，1945 ~ ）

让·努维尔 1945 年出生在法国的西南部，1966 年，他以第一名成绩考入巴黎国立美术学院，1972 年获得建筑师职业资格。在 1982 年进行的巴黎阿拉伯世界研究中心设计竞赛中努维尔一举成名，脱颖而出。他对建筑设计有着自己独到的理解并且努力在实践中实施。今天，他已经成为一位世界知名的建筑大师。

努维尔善于采用最先进的建造技术，如综合采用钢和玻璃，熟练的运用光作为造型要素，使作品充满了魅力。他还从其他艺术——广告、电影、连环画等中吸取营养，启发想象力，由此设计了能利用建筑立面传送信息，营造气氛的"屏幕建筑"。他注重设计师所构成的建筑实体与使用者所获得感受的相互关系，并且认为建筑设计更多的是适应外部自然、城市、社会条件的过程。其作品常常被划入高科技风格，而实际上他的设计风格要比英国同行们更细腻，更富有诗意。代表作品包括巴黎阿拉伯世界文化中心（1987 年）、法国里昂歌剧院整修（1993 年）、法国卡蒂亚现代艺术基金会总部（1994 年）、瑞士卢塞恩文化会议中心（2001 年）、美国明尼阿波利斯市古瑟里剧院（2006 年）等。典型实例有：

● 阿拉伯世界文化中心（Arab World Institute Centre，法国巴黎，1987 年，图 29-11a，b，c）

图 29-11
阿拉伯世界文化中心
（a）平面

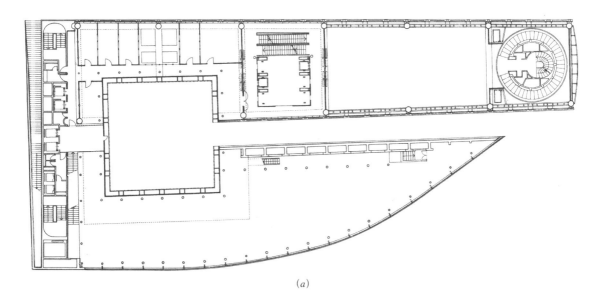

(a)

(b)

(c)

图 29-11
阿拉伯世界文化中心（续）
(b) 建筑外观的幕墙；
(c) 室内窗格细部

塞纳河畔的阿拉伯世界研究中心好像一个精密的科学产品一般：巨大的长方形金属盒子，立面像打磨锻造的金属板，刻满了整齐的细密的小方格子，闪着灰蓝色的玻璃光泽。其南立面窗重复采用了阿拉伯风格的几何装饰母题，并安装了可调节光亮的机械装置，用高科技手段刻画出现代感的阿拉伯图案，从而使传统的伊斯兰文化与现代西方文化有机地组合在一起。

● 法国卡蒂亚现代艺术基金会总部（Foundation Cartier，法国巴黎，1994 年，图 29-12）

努维尔通过精巧的结构以及大量运用透明玻璃和金属材料，获得了

图 29-12 法国卡蒂亚现代
艺术基金会总部

非物质化的极端效果。这种"虚无"美学通过巨型玻璃框格的反射与折射而形成令人注目的、辉煌的景观。模糊的边界使建筑能够将整个环境吸收，并呈现为万花筒式的景象，随着昼夜时光不同而变化，建筑在此就像一种可触摸的幻象。

29.10　2009 年　彼得·卒姆托（Peter Zumthor，1943 ~ ）

瑞士建筑师彼得·卒姆托 1943 年出生于巴塞尔，曾受过细木工和设计师的训练。从 1979 年开始在瑞士山区格劳宾登（Graubunden）州开办事务所。在他的带领下该地区涌现了一大批高品质的建筑和年轻有为的建筑师。他的一些作品曾被视作极简主义的代表。这个孤僻的艺术大师有"空间修道士"的绰号，2009 年的普利茨克奖正式颁发给了这位建筑界传奇人物，可算是一个迟到的肯定，因为他的作品在国际建筑界早已脍炙人口。

卒姆托的作品不多，但都经过长时间的精心设计，虽然大部分都位于偏远的山区，但都起世界性的回响。他的建筑有一种类似东方文化中的禅意，宁静、含蓄而隽永。他像一位炼金士，设计的过程是关于存在、感知和沉思的探索，是现实中感受到的魅力的提炼，超越了日常生活的庸俗。他的作品擅长运用基本形体，关注对空间的感知、材料的特性及材料间和谐的配置，关注光线照耀在物体上的魅力。典型实例有：

● 瓦尔斯温泉浴场（Thermal Bath at Vals，瑞士格劳宾登州瓦尔斯，1996 年，图 29-13*a*，*b*，*c*）

卒姆托最为人们所津津乐道的作品非瑞士瓦尔斯温泉浴场莫属。从外观看，这个浴场建筑已经成为周围景观的一部分，就像一块覆盖绿草

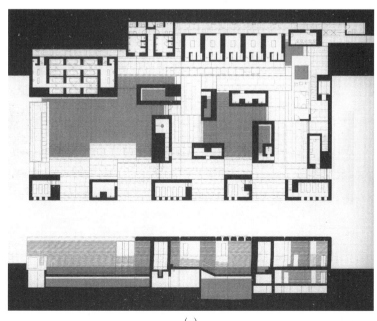

(*a*)

图 29-13
瑞士瓦尔斯温泉浴场
（*a*）主浴室平面、剖面

(b)   (c)

图 29-13　瑞士瓦尔斯温泉浴场（续）
(b) 外观；(c) 内景

图 29-14　2000 年世博会瑞士馆

的巨石，自然地质的有机延伸。而其独特的空间序列和优雅的建筑细节基本上可以视作是卒姆托"思考建筑"宣言的一次实战演练，目的就是要让建筑成为感官感受的窗口。他利用石头、铬、黄铜、皮革和天鹅绒等等不同的材质来增强前来沐浴的人们在其中的感受，希望人们能去触摸、嗅闻、品尝和体悟他静心挑选和设计的温泉环境。

● 2000 年世博会瑞士馆（Swiss Pavilion, Expo 2000，德国汉诺威，2000 年，图 29-14）

这座被称为"共鸣箱"的建筑全由截面为 20cm×10cm 的木头建造而成，所消耗的材料均开采自瑞士的森林，总长 144 米，体积 2800 立方米。整座建筑由木头交错叠砌的形式搭建，形成 9 米高的墙，用钢缆绳捆绑加固，没有用到任何胶水、螺栓和钉子。世博会结束后，整座建筑被拆解并作为风干木材出售。

29.11 2010 年 妹岛和世（Kazuyo Sejima，1956～）和西泽立卫（Ryue Nishizawa，1966～）

这是普利茨克奖历史上第三次同时授予两位建筑师。妹岛和世 (Kazuyo Sejima) 是日本知名女建筑师，出生于日本茨城县，现任 SANAA 建筑设计事务所主持人和庆应义塾大学理工学部教授。1981 年毕业于日本女子大学以后，妹岛和世进入日本建筑大师伊东丰雄事务所工作，后独立开设了自己的工作室。1991 年设计了早期的代表作"熊本市再春馆制药厂女子宿舍"。1995 年，她与西泽立卫（Ryue Nishizawa）在东京成立了 SANAA 建筑设计事务所，并在世界各地设计建造了一批风格独特、具有创新精神并赢得国际赞誉的建筑，如日本长野的 O-Museum 博物馆(1999)，东京迪奥旗舰店(2003)，金泽 21 世纪当代美术馆(2004)，美国俄亥俄州托莱多艺术博物馆的玻璃展厅（2006），德国埃森的矿业同盟管理学院（2006），纽约新当代艺术博物馆（2007），伦敦蛇形画廊的"夏亭"（2009）等。西泽立卫现年 44 岁，是迄今为止最年轻的普利茨克奖获得者。而妹岛是继扎哈·哈迪德后第二个获得普利茨克奖的女建筑师。

SANAA 的作品外观单纯，强调内部空间的物质反映，并以凝练的形式表达出丰富、细腻的情感。其简单的体量、均质的空间、单薄的材质，创造出新时代的建筑风格——一种轻量化的建筑意象与"穿透和流动"的空间展现。日本传统美学观点和文化触发了妹岛与西泽作品中轻盈、飘逸的建筑语言，并逐步形成一种"极少主义"风格，其消解建筑体量、强调通透感的设计充满了东方的趣味和特色。他们以脱俗的眼光探索连续空间、光线、透明度以及各种材料的本质，从而在这些元素间创造出一种微妙的和谐感。普利兹克奖评审团的评语中这样写道："妹岛和世和西泽立卫的建筑截然不同于那些视觉爆炸式的，或过于修饰的作品。相反，他们始终追寻建筑的本质，这种追求赋予他们的作品以率直、经济和内敛的特征。"妹岛和西泽的作品向来不寻求什么"特殊理论"的支持，他们从不预先设想好一些理念再去推衍作品。妹岛和世有近似艺术家特质的创造力，更特别的是她的直觉，是建构在理性分析和锲而不舍的尝试之上，相较而言西泽立卫的逻辑性则更突出一些。典型案例如下。

● 金泽 21 世纪当代美术馆（21st Century Museum of Contemporary Art，日本金泽市，2004 年，图 29-15a，b，c）

美术馆位于金泽市中心，既拥有美术馆的展示功能又是市民交流的场所。SANAA 把它设计成像一个公园那样可以自由通过的建筑。外观呈圆形，形状的向心性使人们可以围绕其外围开展各种创作活动，从而形成一个市民的交流场所，并在心理和视觉上达到自由亲近之感。外壁是连续的玻璃幕墙，这种极限的表皮和取消正面的手法使建筑呈现一种全新的样式。建筑的东西南北方向设计了四个出入口。进入馆内，360 度透明开放的玻璃幕墙的设置，令室外风景自然融入室内，建筑体的存在

(a)

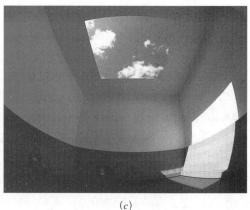

(c)

(b)

图 29-15
金泽 21 世纪当代美术馆
(a) 建筑外观；
(b) 外表连续的玻璃幕墙；
(c) 室内"光庭"

感在不知不觉中消失，从而让人们更多地感受艺术和城市的关系。为了强调超级扁平和超薄的视觉效果，建筑师将在功能上承重、而在视觉上成为障碍的柱子打散，将柱子变成细密的森林。展示空间都是由大小正方形构成，所以参观者在美术馆中移动时，感受不到圆形空间的实态，好像在方庭中漫步。这座白色扁圆形、透明玻璃围绕的美术馆，除去了传统美术馆建筑的沉重感，建造出与城市融为一体的生活交流空间，明亮的光线透过"光庭"流动在各个角落，让每个人能心情愉悦且轻松地与馆内艺术产生共鸣①。该美术馆方案在 2004 年第 9 届威尼斯建筑双年展上摘取了最杰出方案金狮奖，使妹岛和世与西泽立卫开始为国际建筑界所瞩目。

---

① 参见 http://www.buyi1118.blog.sohu.com/29709105.html

● 纽约新当代艺术博物馆（New Museum of Contemporary Art，纽约，2007 年，图 29-16）

建筑坐落在一片 21.7 米宽，34.2 米长的临街基地上，为避免建造出一座单调、黑暗、密不透风的建筑，SANAA 巧妙地将建筑物竖向分解为六个"盒子"，像孩子堆积木那样向上叠加，不仅创造了一个前所未有的建筑外形，还利用没有重叠的部分开天窗，让展览空间有了良好的自然光源。六个"盒子"大小不等，高度也不尽相同，其摆放看似随意，其实是经过无数次的推敲才定位。"盒子"不用柱子支撑，方便展览空间灵活运用。新馆实际总楼层数是地上 8 层和地下 1 层。一楼临街面是 4.6 米高完全透明的玻璃幕墙，内外皆没有柱子，因此上面的"盒子"看起来是悬空的。为了不让窗孔破坏了盒子的整体感，以及让盒子有更轻盈的外观，建筑师在盒子外覆盖一层薄纱般的铝网，它会随着阳光照射强度、时间和天气的不同，而呈现银、灰、白多种颜色变化，最终呈现在世人眼前的，也是周遭环境所欠缺的，一种若有似无，说不出的精致美感[1]。

图 29-16
纽约新当代艺术博物馆

---

[1] 参见台湾建筑博览电子杂志 http://www.archinfo.com.tw/member/09/090426.aspx

29.12 2011 年 艾德瓦尔多·索托·德·莫拉（Eduardo Souto de Moura，1952 ~ ）

艾德瓦尔多·索托·德·莫拉出生于葡萄牙波尔图。1980 年毕业于波尔图大学艺术学院雕塑专业。1975~1979 年他曾在阿尔瓦罗·西扎的事务所实习 4 年，兴趣也从雕塑转向了建筑设计。1980 年成立了自己的事务所。德·莫拉的作品大多建在葡萄牙，少量建于西班牙、意大利、德国、英国和瑞士等地。他立足现代主义运动，又结合葡萄牙传统建筑文化，成为继费尔南多·达沃拉和阿尔瓦罗·西扎之后波尔图学派的主要人物。普利兹克建筑奖评审委员会认为："在过去三十年里，艾德瓦尔多·索托·德·莫拉创造出一系列属于我们这个时代的作品，但同时它们又荡漾着历史的痕迹，他的建筑有一种独特的能力，可以同时展示出相互矛盾的特质——力量与谦逊，张扬与细腻，大胆的公共威慑力与温柔的亲密感。"

德·莫拉的作品有着简单的材质、外形以及精心营造的细节，尤其注重与环境的关系，善于在自然中创造，通过巧妙改造基地环境使建筑与场地融为一体。受密斯的影响，德·莫拉充分发掘现代建筑的潜力，通过对传统进行抽象，使建筑表达出古典的秩序。他的作品简约宁静，而独特的建筑语言为诗意的空间赋予了哲学意义。其主要作品有：塞拉·达阿拉比达的住宅、玛雅住宅、布拉加体育场、布尔戈大厦、保拉·雷戈博物馆、葡萄牙酒店及餐饮学校。典型实例是：

● 保拉·雷戈博物馆（Casa das Histórias Paula Rego，葡萄牙卡斯卡伊斯，2008 年，图 29-17a,b）

保拉·雷戈博物馆是德·莫拉将历史建筑元素进行现代化诠释的典型实例。两个金字塔结构的屋顶与红色混凝土材料体现了浓郁的地域色彩。场地原有的树林被保留，且引入新的设计中，建筑师依据树木顶端高度设计了一组高度不同的体量与项目的多重性相呼应。两座巨大的金

图 29-17
葡萄牙保拉·雷戈博物馆
（a）图书馆室内；（b）外观

(a)　　　　　　　　　　　　(b)

字塔体量采用天窗采光，它们分别是图书馆和咖啡厅。建筑外立面红色混凝土材料与周围绿色树木相对比，人工环境与自然环境宛若天成。抽象的体量与天然树木相结合，用以对抗我们日复一日的粗糙现实。

29.13　2012 年　王澍（1963 ~ ）

　　王澍是第一个获得普利兹克奖项的中国建筑师。王澍的获奖也标志着中国在当代世界建筑发展中所发挥的作用得到认可，也为中国设计师如何在快速城市化发展的同时能兼顾历史与传统文化做出了示范。

　　1963 年王澍出生于乌鲁木齐市。受父母熏陶，幼年的王澍对绘画、文学、材料和工艺产生浓厚兴趣。1985 年他进入南京工学院（现东南大学）学习建筑设计。1990 年建成个人第一个建筑设计项目之后，直至 1998 年，王澍都没有承接任何项目，而与工匠一起在工地上研习中国传统营造技艺，在真实建造的实验活动中获取经验。在此期间，王澍还花费较多时间对相关学科以及其他国家、地区的建筑展开研究，并最终回归中国传统与现代建筑的相融方式上，这个阶段对王澍日后建筑思想有深远的影响。1997 年他与妻子陆文宇创办"业余建筑工作室"，名字意味着其研究包含着比"专业建筑学"更为宽广的领域，如绘画、书法、文学、园林、哲学等。其主要著作有《设计的开始》《造房子》等。

　　王澍通过极富个人特色的表达方式和建造逻辑对中国文化进行着现代诠释和理解。他长期坚持中国传统的营造观念，致力在建筑与自然，建筑与人的关系中创造出具有文人气质的建筑作品。而文人气质是在中华民族悠久文化熏陶下的独特气质，其涵盖领域远大于建筑学。为此他常在建筑中引入园林与绘画的手法，如因循自然，多层透视，高低错落之间的视角转换等，用传统文人的营造方式，扎根场地历史背景，创造出具有世界性影响的建筑。同时又不局限于建筑学领域，在创作中紧扣日常生活，致力建造在地的"朴素"的建筑。其材料处理颇具特色，既守旧又创新，充分发挥乡土材料如砖瓦和竹木等的可利用性与经济价值，同时赋予新的建造逻辑和符号化运用，从而焕发出时代活力。其代表作品包括：苏州大学文正学院图书馆、中国美术学院象山校区、宁波历史博物馆、南京四方当代艺术湖区三合宅、杭州南宋御街、五散房、垂直院宅 – 钱江时代高层住宅群等。典型案例是：

　　● 宁波历史博物馆（浙江宁波，2005 年，图 29-18a,b）

　　宁波历史博物馆坐落于一个美丽的海港城市，处于城市与田野的交接地带。这是一片有远山围绕的空旷场地，不久前是一片麦田，周围原分布有三十多个传统村落，但随着城市化进程而逐步被拆除，场地随处可见残砖碎瓦，传统文化就这样被遗弃在一片废墟之中。为了唤醒人们的记忆，王澍将这些旧建筑材料收集起来，再次利用，运用于建筑的外立面上，旧物拼贴的立面诉说着曾经的人们的生活。建筑外观整体呈方形，而在上部被切割成类似山体的形状，与远方的山脉相呼应。在南立面的断口中设计出一片尺度超宽的阶梯通向二层的"山体"，并于其间隐藏了一片开阔的平台，在此可通过形状不一的裂口眺望周围的城市与稻田。内部设有两个大中庭，与建筑四个庭院一起引发人们对于宁波传统村镇空间的想象。在流线上，陈列区与公共服务部分区分开来，以保证闭馆之后公共服务部分能对市民持续开放。

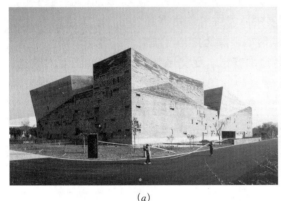

(a)　　　　　　　　　　　(b)

图 29-18　宁波历史博物馆
(a) 外观；
(b) 墙面的旧砖瓦处理

● 中国美术学院象山校区（浙江杭州，2005 年，图 29-19）

中国美术学院象山校区是王澍的另一代表作，整座校园呈现出人文主义理想的气息，宛若一座散落在山脚的园林城市。在设计中，王澍注重营造中国传统的空间概念，阐释出类似乡村的宁静而诗意的田野精神。在总体规划中，各单体建筑随地形散点分布，产生了丰富而宛转的空间效果。而建筑的造型也与自然配合，尤其是屋顶优美的曲线与远处绵延的群山相呼应，仿佛一幅层次分明的山水画卷。建筑立面上凸出的回廊与楼梯像蛇一样游走在建筑内外，增强了整座建筑的动感，也联系了内外空间。在材料的选择方面，王澍有意识的大量回收当地废弃的旧瓦，这些旧瓦大多为 1970 年代江南初步富裕时期大量建造的产物，通过对旧材料的循环利用，既是对逝去传统的追忆，也是对当今建筑现实的反思。

图 29-19　中国美术学院象山校区教学楼外观

29.14 2013 年 伊东丰雄 (Toyo Ito, 1941~)

日本建筑师伊东丰雄 1941 年出生于韩国汉城（今首尔）。1943 年，他随家人迁回日本，后本科就读于东京大学建筑系，毕业设计作品是一份上野公园的重建方案，并以此赢得了东京大学最高奖。1965 年任职于菊竹清训联合建筑师事务所。1971 年，在东京开办自己的工作室，并命名为都市机器人（Urbot），1979 年改名为伊东丰雄建筑师事务所。

伊东丰雄早期受现代主义思潮的影响，追寻纯净的造型美感，其作品常使用轻质材料，如钢管、金属网、穿孔铝箔片及透气织物等。他后期的作品则大多使用钢筋混凝土，流动的造型。在其职业生涯中，他创造了一系列概念上创新同时建造精美的建筑。他的建筑追求轻盈流动，涵盖图书馆、住宅、公园、剧院、商场、写字楼及展览馆等诸多类型，遍及亚洲、欧洲、北美和南美等地区，每次设计都重新思考这一建筑类型，逐步发展并完善了一套属于自己的建筑语汇。伊东丰雄的建筑显现出大都会中的人文关怀，回应了人们在追求私密的同时渴望公共交往之间的平衡需求。他希望建筑不应是一部与环境脱离的机器，而需要与自然和社会环境构筑协调关系。伊东丰雄经历了日本多次巨大的时代变化，会根据迅猛发展的时代要求与所处的环境，发现当下的建筑问题，将其转变自己的设计理念。他还是日本重要的建筑教育者，于 2011 年设立了一个以自己名字命名的建筑博物馆，展览其过去设计的项目，以培养和熏陶年轻建筑师。普利茨克奖评委会称赞伊东丰雄"将精神内涵融入设计，其作品中散发出诗意之美。"代表作品有：仙台媒体中心、东京 TOD'S 旗舰店、多摩美术大学图书馆（八王子校区）、今治市伊东丰雄建筑博物馆、岐阜媒体中心、台中歌剧院等。典型实例是：

● 仙台媒体中心（Sendai Mediatheque, 日本仙台市，2001 年，图 29-20a,b）

2001 年在日本宫城县仙台市完成的仙台媒体中心是伊东丰雄建筑职业生涯的高峰之一。他称："媒体中心在许多方面有别于一般的公共建筑。虽然这座建筑主要功能为图书馆和艺术画廊，但管理方一直积极致力于模糊不同使用之间的界限，除去各种媒体之间的固定障碍，逐步唤起文化设施今后所应该具备的形象。"这个作品中，建筑的概念建立在三个基本构成元素之上：六组线性平面，十三束网状柱形物（管状的钢制结构）和一个外壳。以最简单的"板—管—皮"的系统，体现了一种新的设计理念，回应了多样的城市空间和弹性的使用要求。整个建筑外形像个巨型玻璃水草盒，十三束水草般的螺旋形管状钢制结构支撑起了楼板与屋面，轻盈的钢管结构不仅包括了所有垂直交通系统和设备管道，还可以为楼层中部提供自然采光，建筑内部不仅非常自由，呈现出崭新的空间品质，同时拉近了建筑同所处环境之间的关系。仙台媒体中心展现了伊东丰雄对日本社会的细致观察及对社会背景、时代特点的深入调查，同时也表达了伊东丰雄对机器时代的追忆和对日本传统文化精神的诠释。

(a)

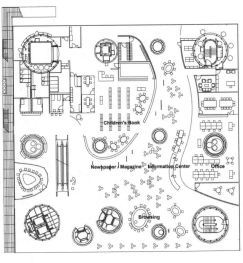

(b)

图 29-20　仙台媒体中心
(a) 建筑室内；
(b) 一层平面

29.15　2014 年　坂茂（Shigeru Ban，1957～）

　　2014 年普利兹克奖颁给了有着极强社会责任感，并提供高质量设计的模范建筑大师——日本建筑师坂茂。坂茂 1957 年出生于日本东京。曾先后在美国南加州建筑学院（1977~1980）与库柏联盟建筑学院（1980~1982）学习建筑，期间到建筑师矶崎新的东京工作室工作一年。1985 年，坂茂在东京创办了自己的公司，随后便开展了一系列纸管结构研究，并付诸实践，因其结构造简单，造价低廉与可回收利用引起了世界的关注。热心慈善的坂茂将自己的专业应用于受灾地区人民的人道主义帮助，造价低廉且环保的纸质建筑极大改善了避难所和社区场所的生活质量与居住环境。

　　坂茂以富有创造性的思维模式以及创新理念，开辟了他对建筑材料与建筑结构的新理解。他创造性地使用了织物、竹子、纸板以及再生纸纤维和塑料等复合材料，并善于发现标准部件及普通材料如纸筒、包装材料以及集装箱等的新用途。他的设计不追求造型和内部的豪华复杂，通常是外形简单，但施工工艺精湛，内部空间开敞而富于变化，整体风格纯净、典雅，通过简练的建筑艺术处理，表达更丰富的内涵。作为一名人道主义者，他积极扩展建筑师的职业责任，推动建筑师与受灾群体、政府以及公共机构开展对话，为受自然与人为灾害影响的民众提供援助。同时，坂茂的建筑体现了他对各地人们生活方式的尊重，无论使用者地位高低，他都用心去为之工作，合理地布置，创造出丰富得体的使用空间。普利茨克奖的评语赞扬道："坂茂在救灾工作中表现出对人道主义事业的执着，他是我们所有人的榜样。创新不以建筑类型为界，爱心不以预算多寡为限：坂茂让我们的世界变得更加美好。"其代表作品有：幕墙宅、纸教堂、裸宅、蓬皮杜梅斯中心等。典型实例是：

● 纸教堂（Paper Church，日本神户，1995 年，图 29-21*a,b*）

1995 年神户大地震之后，坂茂投身于救援工作，为无法入住政府提供临时住房的越南难民设计建造了高鸟"纸教堂"，这一事件促使了国际非政府组织——建筑志愿者师网络 (VAN) 的筹建以及此后一系列救灾活动的实施。

纸教堂的空间构想源自 17 世纪意大利巴洛克建筑大师伯尼尼的罗马教堂，内部由 58 根纸管围合成椭圆形空间，每根纸管直径 33 厘米，厚 1.5 厘米，强度巨大。内部空间屋顶棚幕射入天光，给人一种向上的奇妙力量。而纸管外部则与外墙形成一个回廊，入口部分纸管间距较大以方便进出。该教堂后来成为该地的集会中心与教会周末的弥撒场地。2005 年该教堂拆解并将材料运往台湾，在南投县埔里镇的某社区重新建造，成为当地活动中心与观光场地。

(*a*)　　　　　　　　　　　　　　　　　　　(*b*)

图 29-21　神户纸教堂
(*a*) 外观；(*b*) 室内

29.16　2015 年　弗雷·奥托（Frei Otto，1925～2015）

弗雷·奥托是国际建筑界著名的建筑与结构大师，并以技术进步和可持续使用轻量级、灵活的结构，取得了非凡的工程壮举。他 1925 年出生于德国，二战期间曾应征入伍，并在战俘营担任建筑师，学会了较少材料建造多种结构。战争结束后，他进入柏林技术大学（1948 年）攻读建筑学，后赴美游学，同时在弗吉尼亚大学（1950 年）完成社会学和城市发展的学习。1954 年，他获得柏林技术大学土木工程博士学位，同年开始与帐篷营造商彼得·斯特罗梅耶尔（Peter Stromeyer）展开合作。1958 年，奥托创办了"斯图加特大学轻型结构研究所"，1961 年他又在柏林技术大学成立"生物学与建筑研究小组"，标志着他与建筑师、工程师和生物学家协作的开始。他著有《张力结构：缆线、网格和薄膜结构建造的设计、结构与计算》《生物学和建筑学》《古建筑》等书。

弗雷·奥托的研究涉及很多学科，对自然地领悟也到了极致。基于经济与生态价值的考虑，奥托长期致力于研究轻型结构，并采用多学科协作的方式来推进对建筑材料、技术与结构的探索。作为建筑学和工程学领域的创新者，他率先采用现代张力结构织物屋顶，用最少的材料进行高效的施工和结构的建造，以及采用自然构造（如鸟类头骨，蜘蛛网）解决建筑的形式问题。随后他还在利用空气作为结构材料、可变屋顶开发和气动理论等方面取得巨大突破，他的设计创新且呈现了现代建筑的本质。2015年3月9日，弗雷·奥托去世，促使普利兹克奖委员会打破惯例提前宣布弗雷·奥托获得2015年普利茨克奖。普利茨克评委会主席赞扬他是"现代建筑的巨人"。代表作品有：1972年慕尼黑夏季奥运会奥林匹克公园主体育场、1967年蒙特利尔世博会德国馆、德国汉堡国际花园展览大厅、沙特阿拉伯社交俱乐部帐篷等。典型实例是：

● 1972 年 慕 尼 黑 奥 运 会 奥 林 匹 克 体 育 场（Munich Olympic Stadium，德国慕尼黑，1972年，图29-22）

慕尼黑奥林匹克公园位于慕尼黑市中心西北部，场地大片绿地与奥林匹克湖形成了绝佳的周边环境。由奥托负责设计的体育场、体育馆、游泳馆等主要体育设施的屋面采用了半透明的圆锥帐篷形式，连绵起伏，效仿了阿尔卑斯山脉形态，使建筑和自然风景融为一体。顶棚由网索钢缆组成，覆盖面积达85000平方米，可以使数万名观众避免日晒雨淋。每一网格为75厘米×75厘米，镶嵌有浅灰棕色丙烯塑料玻璃，用氟丁橡胶卡将玻璃卡在铝框中，使室内光线柔和且充足。这是奥托的成名作，该体育场开拓性的使用了大规模连续的轻型张拉结构，打破了传统体育场封闭式的严苛单一形象，象征着二战后德国新兴、民主和乐观的国家形象，如今它也是慕尼黑市民日常运动与聚会的最佳去处。

图 29-22　1972 年慕尼黑奥运会奥林匹克体育场

29.17 2016 年 亚历杭德罗·阿拉维纳（Alejandro Aravena，1967 ~ ）

亚历杭德罗·阿拉维纳 1967 年出生于智利首都圣地亚哥。1992 年，毕业于智利天主教大学，成为一名职业建筑师。1994 年，他成立了自己的公司"亚历杭德罗·阿拉维纳建筑师事务所"。自 2001 年以来除原事务所外，他还同时领导着 ELEMENTAL 公司，这是一个关注公共利益和社会影响的事务所，涉及住房、公共空间、基础设施和交通运输等领域。

从亚力杭德罗·阿拉维纳这些年的作品来看，私人住宅、博物馆、学校建筑是他最主要的几个方向，阿拉维纳曾为其母校智利天主教大学设计了一系列优秀的建筑，包括数学学院、医学院、建筑学院改造、计算机中心等。材料和施工细致而精心，积极开展创新的建筑外墙设计，节能并适应当地气候，擅长营造积极的公共活动空间。当然，使阿拉维纳真正脱颖而出的是他对于社会住宅的实践。他在智利设计建造了大量穷人住宅，并提出"协作式设计"方法，即建筑师为低收入者建造出半成品，剩下的由使用者自己参与完成，这样的做法既可以降低房屋的价格，同时也激发了人们为自身建造的能力，适应不同人的需求。他的思路对智利及拉美地区经济适用房的发展产生一定影响。普利茨克评委认为："亚历杭德罗·阿拉维纳首倡的协作方式设计创造了具有强大影响力的建筑作品，同时也回应了 21 世纪的重要挑战。他的建造工程让弱势阶层获得了经济机会，缓和了自然灾害的恶劣影响，降低了能源消耗，并提供了令人舒适的公共空间。富于创新和感召力的他为我们示范了最好的建筑能够怎样改善人们的生活。"亚历杭德罗·阿拉维纳代表了社会参与型建筑师的复兴，特别是从他应对全球住房危机的长期计划和为人类争取更好城市环境的实践中可以看出这种特征。他著有《建筑事实》《建筑的地位》和《建筑物料》等书籍。代表作品有：金塔蒙罗伊住宅项目、孔斯蒂图西翁市重建计划、智利天主教大学 UC 创新中心等。典型实例是：

● 金塔蒙罗伊住宅项目（Quinta Monroy，智利伊基克市，2003 年，图 29-23a,b）

图 29-23
金塔蒙罗伊住宅项目
(a) 建筑师设计的半成品住宅；(b) 居民添建后的住宅

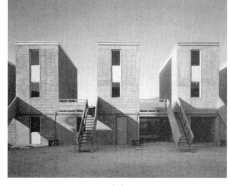

(a)　　　　　　　　　　　　　　　　　(b)

2003 年，阿拉维纳因为智利伊基克市政府修建经济适用房而一举成名。他为没有足够钱买一整套房子的低收入者设计了"半成品房子"（half-homes），即建筑中框架、厨房、浴室、屋顶等较为复杂的部分由建筑师完成，而另一半可由居住者根据自身需求在未来进行自我扩建。这样不仅降低了建筑成本，同时培养了居住者的成就感和个人投资意识。这种方式成功地将违法占用 30 余年的贫民窟变成了环境良好的小区，大大改善了城市中低收入者的居住条件。

29.18 2017 年 西班牙 RCR 建筑事务所（RCR Arquitectes）

2017 年普利茨克奖被授予了西班牙该事务所由三位合伙人：拉斐尔·阿兰达（Rafael Aranda, 1961~）、卡莫·皮格姆（Carme Pigem, 1962~）和拉蒙·比拉尔塔（Ramón Vilalta, 1960~）组成，他们于 1987 年毕业于加泰罗尼亚理工大学巴莱建筑学院，并于次年在家乡西班牙赫罗纳省奥洛特镇，成立了"RCR 建筑事务所"。事务所成立之初即参加了 1988 年西班牙公共工程和城市规划部主办的一场设计竞赛，借助对建筑类型学本质的深入思考，他们在蓬塔阿尔迪设计的一座灯塔最终取胜。此后，这种基本思考模式始终贯彻职业生涯，并赢得了更多设计项目，其中大多数来自加泰罗尼亚地区。拉斐尔·阿兰达、卡莫·皮格姆和拉蒙·比拉尔塔三位建筑师自事务所成立以来一直默契合作，近年来，在国际竞赛中屡获佳绩，项目规模不断扩大，也不再局限于西班牙，使得他们关于建筑与自然的思考得到了进一步的发展和体现。

RCR 建筑事务所的作品植根本土并具有国际特色，充满对地域及文化尊重，同时又与时代紧密联结，体现出时代精神和场所精神。他们积极建立建筑与环境的对话，因地制宜，使景观与建筑有机融合，并将自然环境引入建筑内部。其作品对光线、阴影、色彩进行了细致的观察体验，精心选择材料和建筑工艺，充分调动人们的感官体验。他们的主要作品包括西班牙赫罗纳的拉利拉广场、巴尔韦里实验空间、Les Cols 餐厅帐亭、岩石公园、贝尔略克酿酒厂、巴塞罗那的圣安东尼·琼奥利弗图书馆、法国罗德兹的苏拉吉博物馆等。典型案例是：

● 巴尔韦里实验空间（Barberí Space，西班牙赫罗纳奥洛特，2005，图 29-24a,b）

始建于 20 世纪初位于加泰罗尼亚地区奥洛特的一所老旧的、废弃已久的铸造厂于 2004 年被 RCR 建筑事务所买下，并改造为他们的工作室，被称之为 Barberí 实验空间。铸造厂里有着之前因为火灾留下的被熏黑的墙壁、天花板和地面，建筑师没有把火灾留下的痕迹作为项目的缺陷，反而同旧熔炉和烟囱等旧遗构的材质、呈现的颜色、散发的味道一起，为这个新项目提供了创作素材。办公室划分为三个主要区域，占据建筑一侧的是双层高空间的图书馆，建筑的第二个入口延伸至庭院，院中设有工作位，以及一个由铁管柱子支撑的全新玻璃大厅。建筑中将原始的材料：木头、石头和陶瓷与新的材料：钢和玻璃混合使用，形成鲜明对比和互动对话，新材料为原始建筑增添了新的功能和视觉观感。内部庭院的树丛和植物既成为建筑与自然的分界，也是两者之间的桥梁纽带。RCR 事务所的设计不仅满足了对建筑传统的需求，也出色地协调了自然与空间之美，并兼顾功能与工艺。

图 29-24　巴尔韦里实验空间
(a) 玻璃大厅；
(b) 办公室内

(a)　　　　　　　　　　　　　　　　(b)

附：2000 年以前的普利茨克建筑奖获奖者名单

1979 年　菲利普·约翰逊（Philip Johnson，美国）

1980 年　刘易斯·巴拉甘（Luis Barragán，墨西哥）

1981 年　詹姆士·斯特林（James Sterling，英国）

1982 年　凯文·罗奇（Kevin Roche，美国）

1983 年　贝聿铭（I.M.Pei，美国）

1984 年　理查德·迈耶（Richard Meier，美国）

1985 年　汉斯·霍莱因（Hans Hollein，奥地利）

1986 年　戈特弗里德·博姆（Gottfried Böhm，德国）

1987 年　丹下健三（KenzoTange，日本）

1988 年　戈登·邦沙夫特（Gordon Bunshaft，美国）和奥斯卡·尼迈耶
　　　　（Oscar Niemeyer，巴西）

1989 年　弗兰克·盖里（Frank Gehry，美国）

1990 年　阿尔多·罗西（Aldo Rossi，意大利）

1991 年　罗伯特·文丘里（Robert Venturi，美国）

1992 年　阿尔瓦罗·西扎（Álvaro Siza，葡萄牙）

1993 年　槙文彦（Fumihiko Maki，日本）

1994 年　克里斯蒂安·德·鲍赞巴克（Christian de Portzamparc，法国）

1995 年　安藤忠雄（Tadao Ando，日本）

1996 年　何塞·拉菲尔·莫尼欧（Jose Rafael Moneo，西班牙）

1997 年　斯韦勒·费恩（Sverre Fehn，挪威）

1998 年　伦佐·皮亚诺（Renzo Piano，意大利）

1999 年　诺曼·福斯特（Norman Foster，英国）

30　当代建筑文化的发展趋向
The Tendency of World Architecture Development

社会经济的繁荣，科技的突飞猛进，加上文化思想的活跃。促使了当代建筑功能不断复杂，建筑形式日益丰富，这往往使人们眼花缭乱，不知所措。因此人们不禁要问，城市与建筑的未来将会呈现怎样的局面？于是，哲学家、史学家、艺术家、科学家、工程师、建筑师、规划师、建筑理论家都走到一起来了，他们共同探讨着人类所关心的人居环境问题，因为地球的土地是有限的，谁也不能不关心自己的生存环境，谁也不能不关心属于自己的家园。

经过多年的辩论与探讨，人们逐步取得了共识，那就是：人类不应该再把自己看成是地球的主宰，而应该是地球大家庭中的一员；残酷征服地球的一切，也就等于毁灭了人类自己；人、建筑、自然环境必须有机共生，这才是人类唯一明智的选择。建筑师与理论家们纷纷从不同的角度探讨许多新的建筑课题，在建筑创作实践方面、在建筑思想理论方面、在建筑创作方法方面都取得了一系列的成果，使当代的建筑文化呈现出了历史上从未有过的错综复杂的壮丽画面。这壮丽的画面里编织着科技的成就、高度人情化的思想、生态环境意识以及传统文化与创新思潮等。概括起来，可以看出技术、理论、场所、生态四方面因素对建筑创作所起的重要作用。

30.1　先进技术的全球化倾向

建筑的发展永远离不开物质技术的作用，当代新材料、新结构、新工艺、新设备、新设计方法、新施工方法都为建筑的创新提供了无限的可能性。在这种条件下，建筑表现的形式层出不穷，使人耳目一新，尤其是具有时代特色的技术美学继续得到了充分的发挥，美国建筑评论家 C·詹克斯鼓吹的"现代建筑死亡论"的神话已在事实面前土崩瓦解。实践证明，现代建筑正在高新技术的支撑下不断得到新的发展。尽管有些理论家为各种建筑风格贴上不同的标签，但是绝大多数的当代建筑师们并不为这些标签所左右，他们的作品主要是为了反映时代的特点与社会的要求，多数建筑物的造型不可能受到某种风格的限制。先进技术的全球化倾向，就像计算机技术一样，不受国界的阻挡。尤其是在 20 世纪 90 年代，我们可以从高层建筑、大跨度建筑、智能建筑、生态建筑、仿生建筑等类型中看到新的科学技术所创造的建筑奇迹，更可看到新的技术美学观正在新时代中逐渐成长。

1988～1994年在日本建造的关西国际机场候机楼（Kansai International Airport，Japan）是新技术应用的典型实例之一（图30-1*a*，*b*）。机场建造在大阪海湾泉州海面上一个距陆地5千米、由4千米×1.25千米组成的矩形人工岛上，是日本第一个24小时运营、年吞吐量约2500万旅客的海上机场，总共投资约1万亿日元，由于工程浩大、选址特殊而举世瞩目。该项任务于1988年征集方案，在有福斯特、佩里、屈米、波菲尔及贝聿铭等著名建筑师参加的共52个方案的竞赛中，意大利建筑师伦佐·皮亚诺一举获得头奖。皮亚诺方案的特点是将建筑、技术、空气动力学和自然结合到一起，创造出一个生态平衡的整体。候机楼的外部造型像是一架停放在绿地边缘的"巨型飞机"。并有两条绿带从建筑内部穿过，具有浓厚的表现主义特征。皮亚诺解释说，这是他出于对无形因素的考虑，即注重的是光、空气和声音的效果。在关西机场候机楼的设计中，其屋顶形式是由"空气"这种无形因素决定的，因为它遵循了风在建筑中循环的自然路径，如同在软管中的水流，而结构正是因循这条曲线而构成的。从有轨电车站上面的玻璃顶到候机楼入口的雨篷，然后到楼内的大跨度屋顶，呈波浪状有韵律地多次起伏，最后与延伸到两翼的1.5千米长的登机廊的屋顶曲线自然地连成一体。候机楼屋

图30-1 日本关西国际机场
（*a*）机场剖面；
（*b*）机场外观

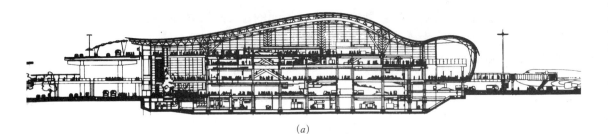

（*a*）

（*b*）

顶跨度为 80 米，轻质的钢管空间桁架由双杆支撑，并共同构成一个拱形作用的角度，从而获得了结构上的效率及侧向的抗震力（图 30-1）。整座建筑的底层面积达 90000 平方米，共有 41 个进出口，并有 33 个登机门。皮亚诺设计的这座大跨度建筑力图让人们同他一样地相信："这座建筑或许会成为 20 世纪末最杰出的成就。"

　　1992 年在挪威哈默尔建成的冬奥会滑冰馆（Olympic Indoor Ice-Skating Hall，Hamar，Norway，图 30-2a,b）可以说是一首木结构的诗篇。设计单位是挪威两家建筑设计事务所（Blong&Biong A／S+Niel Torp）。滑冰馆总建筑面积达 22000 平方米，平面为适应比赛需要而设计成椭圆

(a)

(b)

图 30-2　挪威利勒哈默尔
冬奥会滑冰馆
(a) 建筑外观；
(b) 滑冰馆室内

图 30-3
马赛地区住房部智能大厦

形。建筑师为了使这座庞大的建筑物获得轻快的感觉，采用轻型木结构网架体系。由于其构件细巧，在室内光带的衬托下能产生"飘浮在空中"的效果。从空中俯瞰，屋顶形式就像挪威古代海盗船的底部外壳。三层叠落的屋面和中央屋脊不仅丰富了建筑的外观，而且可以构成一条条弧形的采光带，有效地解决了大空间内部的通风和采光问题。屋顶结构由19 榀木拱架构成，共有 10 种跨度，最大跨度超过 100 米，每榀拱底距地面高度亦不一样。每榀木拱架都经过特殊化学处理，其表面涂有防火和耐蚀性涂料，以提高结构的持久性。建筑体形新颖，富有动感，屋面还在合金板上涂有一层微妙的蓝色乙烯基涂料，与天空、湖水相映，显得格外和谐秀美。

1994 年在法国马赛市落成的地区政府中心大厦（Hotel Du Department, Marseilles）是阿尔索普和斯托莫尔建筑事务所的新作，整座建筑完全根据智能要求进行设计，达到了办公自动化、通信自动化与设备自动化的要求（图 30-3）。建筑造型就像一座钢结构的抽象雕塑，它并没有刻意去表现某种建筑风格，而其新颖的形式已反映了高度智能化的内涵，成了高技术极具表现力的标志，也再度为建筑创作开辟了新路。

1989～1996 年建成的东京国际文化信息中心（Tokyo International Forum，图 30-4a，b）是 20 世纪 90 年代的一件国际名作，它的技术美学效果更是震撼人心。美籍阿根廷建筑师维尼奥里将整个建筑群用一排四幢会议楼和一座高大的梭形玻璃大厅组成，在两栋建筑之间是狭窄的露天广场。广场里面种有高大的榉树，这样便大大缓和了尺度超人的结构和自然界的矛盾，同时也说明了人类对技术与自然的钟爱是永恒的。

1994 年在法国里昂落成的机场铁路车站（TGV Station, Lyon-

Satolas，France，图 30-5）则可谓是仿生结构的
杰作，它是西班牙年轻建筑师卡拉特拉瓦的作品。
由于他在瑞士苏黎世工业大学曾接受过结构和建筑
两方面的专业训练，因此，他不仅是建筑学的博士，
而且也具有最新的结构知识。他近期设计的一些建
筑大部分都借鉴了结构仿生原理，取得了异乎寻常
的效果。这座建筑仿照飞鸟展翅的结构形体，不仅
具有轻盈的美感，而且也展示了新技术的有机性与
全球性。

30.2 建筑理论的多元化倾向

当代错综复杂的建筑文化必然导致建筑理论多
元化倾向。"一言堂"的权威已成历史，群星灿烂
正是当代建筑师队伍的真实写照。为了在激烈的世
界建筑市场中争得自己的位置，他们不得不标新立
异，表现自己的新理论和独特的建筑风格。于是古
典复兴派、新现代派、简洁派、前卫派、新表现派、
解构派，高技派、生态派、仿生派，以及建筑类型
学、建筑现象学、行为建筑学等学派与理论不断出
现。在这些流派中，比较著名的人物大致如下：

弗兰克·盖里（Frank O. Gehry，1929 年生，
美国）是解构建筑师中最有成就的代表人物之一，
他的杰作是于 1997 年在西班牙毕尔巴鄂新建成的
古根海姆博物馆（图 30-6a，b，c），不仅造型如
同抽象雕塑，而且功能与空间也适应需要，成了建
筑艺术史上的一座里程碑。

阿尔多·罗西（Aldo Rossi，1931 ~ 1997 年，
意大利）是新理性主义的代表人物，建筑类型学的
倡导者，他主张从原型中吸取建筑创作灵感，并应
用构件元素进行设计，因此创造了一批富有严谨性
格的新理性建筑，比较有代表性的例子如 1979 年
在威尼斯建造的水上剧场、1989 年在意大利热那
亚所作的卡洛·菲利斯剧院（图 30-7）等。

罗伯特·文丘里（Robert Venturi，1925 年生，
美国）是后现代主义的代表人物，他在 1983 年所作
的普林斯顿大学的胡应湘堂（图 30-8）、1991 年在
西雅图建造的艺术博物馆都是后现代建筑的名作。

阿尔瓦罗·西扎(Alvaro Siza，1933 年生，葡萄牙)

(a)

(b)

图 30-4 东京国际文化信息中心
(a) 鸟瞰；(b) 室内中庭

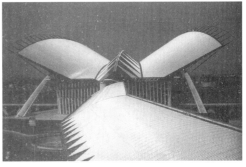

图 30-5 法国里昂机场铁路车站

(a)

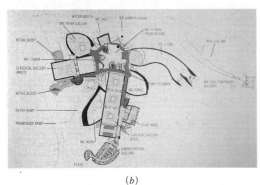

(b)

(c)

图 30-6　毕尔巴鄂古根海姆博物馆
(a) 建筑外观；(b) 博物馆平面图；(c) 室内场景

图 30-7　热拉亚卡洛·菲利斯剧院

图 30-8　普林斯顿大学胡应湘堂

是新现代建筑的杰出人物，1994 年在西班牙圣地亚哥建造的艺术博物馆是其著名的作品之一（图 30-9）。

　　槙文彦（Fumihiko Maki，1928 年生，日本）是新现代派的杰出人物之一，他的作品遍及海内外，而且设计竞赛频频得奖。他的作品如 1993 ~ 1995 年在德国慕尼黑建造的伊萨·比罗智能型办公楼、1993 ~ 1994 年在日本鹿儿岛建造的音乐厅（图 30-10）都享有盛名。

图 30-9　西班牙圣地亚哥当代艺术博物馆　　　　图 30-10　鹿儿岛国际音乐厅

鲍赞巴克（Christian de Portzamparc，1944 年生，法国）也是新现代派的重要人物，他的著名作品如 1988 ~ 1990 年建造的巴黎音乐学校、1990 ~ 1995 年建造的巴黎音乐城（图 30-11a，b）都颇具特色。

安藤忠雄（Tadao Ando，1941 年生，日本）也是新现代派的代表人物之一。他的近期名作如 1992 年在西班牙塞维利亚博览会上的日本馆、1990 年建造的日本兵库县水下佛寺（图 30-12）都为世人所熟知。

何塞·R·莫尼欧（Jose Rafael Moneo，1937 年生，西班牙）是新理性主义的重要人物之一。他的名作如 1980 ~ 1985 年在西班牙梅里达建造的罗马艺术博物馆（图 30-13a，b）、1989 ~ 1993 年在美国马萨诸塞州韦尔斯利建造的戴维斯博物馆均具有相当影响。

斯韦勒·费恩（Sverre Fehn，1924 ~ 2009 年，挪威）是北欧当代乡土派的重要人物，他的名作如 1991 年建造的挪威格拉西尔博物馆（冰川博物馆，图 30-14）、1992 年在瑞典建造的假日别墅都很受公众关注。费恩曾得益于柯布西耶、密斯和赖特的经验，他说："我们要用材料作为创作的词汇，正是应用这些木头、混凝土、砖头，我们可以写成不同于结构的建筑历史，并且把结构赋予诗意。"

伦佐·皮亚诺（Renzo Piano，1937 年生，意大利）是高技派最有代表性的人物之一，他的近作如 1988 ~ 1995 年在日本大阪建成的关西国际机场、1998 年在瑞士巴塞尔建成的比耶勒博物馆都是既强调技术性能，又发挥了生态美学效果的作品。

诺曼·福斯特（Norman Foster，1935 年生，英国）也是高技派最有代表性的人物之一，他的代表作品是香港新汇丰银行大厦，其近期的著名作品有德国法兰克福的商业银行大厦（1997 年建成），香港新机场（1998 年建成）等。这些作品都把高技术的特色表达得淋漓尽致。

理查德·迈耶（Richard Meier，1934 年生，美国）于 1997 年在洛杉矶建造的盖蒂艺术中心（图 30-15a，b，c）、于 1996 年建造的巴塞罗那艺术博物馆都是新现代派的代表作品。

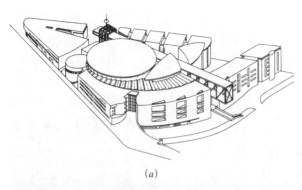

(a)

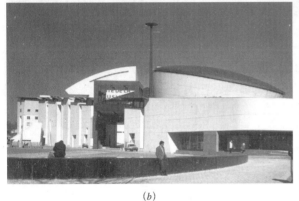

(b)

图 30-11　巴黎音乐城
(a) 鸟瞰图；(b) 音乐城外观

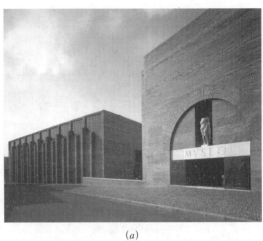

(a)

(b)

图 30-13　西班牙梅里达罗马艺术博物馆
(a) 建筑外观；(b) 室内展览大厅

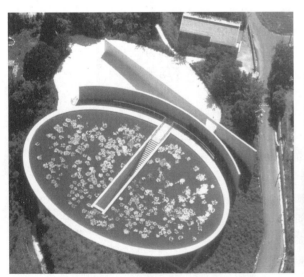

图 30-12　日本兵库县水下佛寺

图 30-14　挪威格拉西尔冰川博物馆

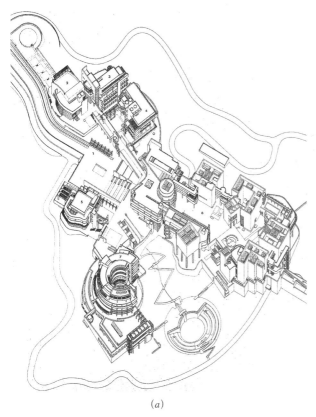

(a)

(b)

(c)

图 30-15　洛杉矶盖蒂中心
(a) 轴测图；
(b) 建筑外观；
(c) 室内

30.3　场所精神的地域化倾向

　　现代派建筑在经过 20 世纪 30 年代国际式的潮流以后，广大建筑师普遍感到建筑个性与意义正在丧失，因此不少有识之士早就开始寻找新的出路，赖特的"有机建筑"、阿尔托的"人情化建筑"就是早期探讨建筑环境特色与建筑个性的典范，这为后来建筑的发展做出了启示。20 世纪 60 年代以后，新乡土派、后现代派与新理性主义分别从各自的角度出发，提出了重返乡土与场所复兴的理论，使当代建筑师们，尤其是发展中国家的建筑师们摆脱了千篇一律的国际化模式，可以有机会在应用现代技术的基础上发挥地区文化的特色与建筑师的创造才能。这种场所精神已越来越为世界人民所共识，它能体现建筑环境的意义、地区文化的传统，以及物质文明的个性化特征。

　　意大利的阿尔多·罗西、德国的昂格尔斯（Oswald Mathias Ungers）、卢森堡的克里尔兄弟（L.&R. Krier）、瑞士的博塔（Mario Botta）、西班牙的何塞·莫尼欧、挪威的斯韦勒·费恩、埃及的哈桑·法赛（Hassan Fathy）、印度的柯里亚（Charles Correa）、丹麦的伍重（Jorn Utzon）、希腊的波费里奥斯（Demetri Porphyrios）、墨西哥的巴拉甘（Luis Barragan），以及美国的文丘里、穆尔、斯蒂文·霍尔（Steven Holl）等人都在创造新场所精神方面作出了杰出的贡献。其中比较著名的例子有博塔于 1995 年在法国创作的伊夫里教堂（Ivry Cathedral，图 30-16）、1977 年在瑞士所建的提契诺中学，昂格尔斯于 1995 年在华盛顿所作的德国驻美国大使馆（图 30-17），柯里亚于 1992 年在印度新德里建造的英国文化协会与在印度浦那市所建的天文研究中心（图 30-18），巴拉甘于 1968 年在墨西哥城所建的伊格尔斯托姆住宅，冈萨雷斯于 1992 年在墨西哥城建造的高等法院大厦（图 30-19），波费里奥斯于 1996 年在希腊斯皮特塞斯所建的居住新村，霍尔于 1997 年所作的美国西雅图大学教堂（图 30-20）、1992 年在得克萨斯州达拉斯市所建的斯特雷托住宅等，它们都是具有场所精神和地域特色的佳作。同时，他们还在创造建筑的地域性过程中努力做到具有时代感和与生态环境的有机结合，使这种场所精神更加具有新的含意，基本上做到了乡土建筑的现代化，而又不失传统建筑文化精神。为此，斯蒂文·霍尔曾极力主张应用现象学理论指导建筑创作。而在建筑现象学与场所精神方面的理论家则首推挪威的诺伯格·舒尔茨，他的名著《场所精神——迈向建筑现象学》（Genius Loci）

图 30-16　法国伊夫里教堂

图 30-17　华盛顿德国驻美国大使馆

图 30-18　印度天文研究中心

图 30-19 墨西哥高等法院

图 30-20 西雅图大学教堂

一书更是在提倡场所精神与建筑现象学方面起到了重要的作用。按照他的解释，场所精神就是有文化内涵的空间环境，并具有一定的地域特点，正是这种场所精神才可以区别于千篇一律的国际式风格。

30.4 建筑环境的生态化倾向

随着全球环境的日益恶化，人类不仅已开始自觉地提出了要保护环境，更提出了要在建设中重视生态环境的平衡。为了达到这一目的，就必须在城市与区域规划建设中做到整体有序、协调共生，否则，盲目建设必然带来不堪设想的后果，前车之鉴已无需赘述。因此，重返自然、建筑与自然环境的协调发展已逐渐摆上议事日程。早在 20 世纪 60 年

图 30-21 保罗·索勒里的阿克桑底生态城

代，美籍意大利建筑师索勒里（Paolo Soleri）就提出了生态建筑学的新概念，接着他在亚利桑那州进行了小规模的生态建筑试验（图 30-21），并于 1968 年提出了巴贝尔 2 号规划方案（Babel II Project），设想规划一座 600 万人口的生态城市，采用能容纳 15000 人的生态居住单元进行组合，以保持城市内有足够的自然景观和活动空间。20 世纪 70 年代以后，生态环境概念在景观规划领域得到了较大的发展。而直到 20 世纪 90 年代，建筑的生态设计意识与城市生态学才真正为广大建筑师与规划师所重视，绿色建筑的创作和有效利用自然资源（如太阳能、自然通风、节能技术、材料循环利用等）的设计技术已陆续

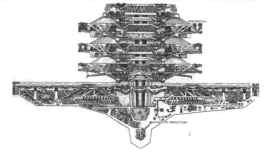

推开，仿生建筑的设计技术也得到了社会的关注。这些新的观念不仅改变了一成不变的建筑创作思想，而且为建筑与环境共生及可持续发展创造了条件。现在人们已越来越盼望着回归自然，努力探讨着符合自然生态的城市与建筑环境，为人居环境学的新观念与一切"新城"的规划建设奠定了理论基础、现在提倡的花园城市、山水城市、生态城市已成为人们追求的目标。

目前，在建筑生态设计与城市生态规划方面的研究课题已日益取得成效，比较有代表性的例子如德国法兰克福的商业银行大厦（图30-22a，b），它利用中部三角形的露天中庭与每边间隔的空中花园，不仅有效地解决了通风与节能问题，而且也为工作人员提供了方便的休息场所，使绿色的自然环境渗透到生硬的建筑之中，形成有机的融合，为高层建筑的生态设计作出了榜样。由建筑师杨经文于1994年在马来西亚槟榔屿设计建造的 MBF 生态住宅楼、于1992年在马来西亚雪兰莪州建造的梅纳拉商厦（图30-23），则考虑到热带气候所需的通风条件，将建筑物上部挖成几处空间，既有利于季风畅通，又可兼作空中花园，供居民休息，

图30-22
法兰克福商业银行大厦

（a）银行外观；
（b）剖面图

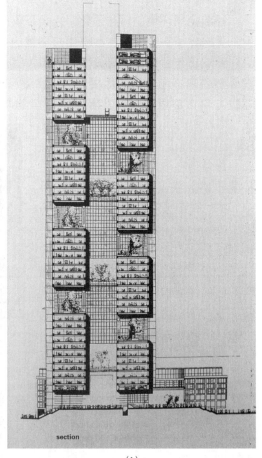

（a）

（b）

图 30-23 马来西亚梅纳拉商厦

(a)

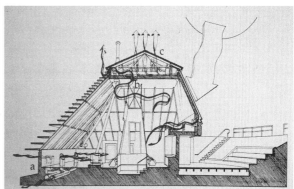

(b)

图 30-24
美国加州圣罗莎旅游中心
(a) 建筑外观；
(b) 剖面通风示意图

而且也使建筑造型产生了新颖的效果。此外，1988 年在美国加州建造的圣罗莎旅游中心则将建筑与自然环境融为一体，并且对建筑物内部的通风系统进行了科学的设计，因而取得了使用功能与生态环境的有机结合，同时也呈现出生态美学的效果（图 30-24a，b）。

　　建筑环境不仅要依赖单体建筑的生态设计来进行改善，更重要的是还要在城市总体规划与群体设计中奠定生态观念，这不仅能改善城市物理环境，而且可以在景观与美化方面取得宜人的效果。目前在许多城市已有不少成功的经验，例如美国德克萨斯州欧文市由 SWA 事务所所作的威廉广场景观设计，不仅构思巧妙，而且群马雕像栩栩如生，使人过目难忘。又如美国德克萨斯州圣安东尼奥市国家银行前的商务广场，绿化、城市水面与道路广场的有机结合，构成了一片迷人的景观，使城市居民在活动行为与审美情趣两方面都能获得舒适感。

　　从上述的分析中，我们可以看出，当代世界的建筑文化就像一株茁壮成长的大树，它分出两支主干：一支是在科学技术的基础上沿着全球化的方向发展；另一支则是在传统文化与场所精神的基础上沿着地域化的方向进行变革。这两支文化主干是共生和互补的，同时也在不断交融中继续得到发展和创新，这就是当代世界建筑文化发展的总趋势。

主要参考文献

1 Banister Fletcher，Knf. A History of Architecture on the comparative Method, 15th edition. London: B.T.Barsford Ltd, 1950.

2 Sigfried Giedion. Space, Time and Architecture. 5th ed. Cambridge: Harvard University Press, 1980.

3 Charles Jencks. Architecture Today. New York: Harry N Abrams, 1988.

4 Charles Jencks&William Chaitkin. Current Architecture. London: Academy Edition, 1982.

5 Geoffrey Broadbent. Deconstruction. a student guide. London: Academy Edition, 1996.

6 Andreas C Papadakis. The New Modern Aesthetic. New York: Matin's Press, 1990.

7 Charles Jencks. New Moderns. London: Academy Editions, 1990.

8 Peter Gössel. Gabriele Leuthäuser. Architecture in the Twentieth Century. Köln: Benedikt Taschen, 1991.

9 Dan Cruickshank. Sir Banister Fletcher's A History of Architecture. 20th ed. Oxford: Architectural Press, 1996.

10 Diane Ghirardo. Architecture after Modernism. London: Thames &Hudson, 1996.

11 James Steele. Architecture Today. London: Phaidon Press Limited, 1997.

12 Jonathan Glancey. The Story of Architecture. London: Dorling Kindersley Limited, 2000.

13 Katsuiro Kobayashi. Contemporary European Architects. Taschen, 1994.

14 Katsuiro Kobayashi. Contemporary Japanese Architects. Taschen, 1994.

15 Katsuiro Kobayashi. Contemporary American Architects. Taschen, 1994.

16 Philip Jodidio. New Forms. Köln: Taschen, 1997.

17 Spiro Kostof. A History of Architecture: Settings and Rituals, Oxford University Press, 1995.

18 The Pepin Press Visual Encyclopedia. Architecture Volume . Singapore: Pepin Press, 2005.

19 同济大学，南京工学院. 外国建筑史图集（古代部分）. 上海：同济大学出版社，1978.

20 刘先觉著. 建筑艺术世界. 南京：江苏科学技术出版社，2000.

21 陈志华著. 外国建筑史（十九世纪末叶以前）. 第三版. 北京：中国建筑工业出版社，2004.

22　罗小未主编.外国近现代建筑史（第二版）.北京：中国建筑工业出版社，2004.

23　刘先觉编著.密斯·凡·德·罗.北京：中国建筑工业出版社，1992.

24　刘先觉编著.阿尔瓦·阿尔托.北京：中国建筑工业出版社，1998.

25　中国大百科全书·建筑 园林 城市规划.北京：中国大百科全书出版社，1988.

26　刘先觉，武云霞.历史·建筑·历史——外国古代建筑史简编.徐州：中国矿业大学出版社，1994.

27　刘先觉著.建筑艺术的语言.南京：江苏教育出版社，1996.

28　吴焕加著.20世纪西方建筑史.郑州：河南科学技术出版社，1998.

29　Patrick Nuttgens著.建筑的故事.杨惠君等译.台湾木马文化事业有限公司，2001.

30　宗国栋，陆涛编.世界建筑艺术图集.北京：中国建筑工业出版社，1992.

31　卡罗尔·斯特理克兰著，王毅译.拱的艺术——西方建筑简史.上海：上海人民美术出版社，2005.

32　（英）比尔·里斯贝罗著.现代建筑与设计——简明现代建筑发展史.北京：中国建筑工业出版社，1999.

33　约翰·派尔著.刘先觉等译.世界室内设计史.北京：中国建筑工业出版社，2003.

34　傅朝卿著.西洋建筑发展史话.北京：中国建筑工业出版社，2005.

35　罗兰·马丁著.世界建筑史丛书·希腊卷.张似赞译.北京：中国建筑工业出版社，1999.

36　曼弗雷多·塔夫里，弗朗切斯科·达尔科著.世界建筑史丛书·现代建筑卷.刘先觉等译.北京：中国建筑工业出版社，2000.

37　彼得默里著.世界建筑史丛书·文艺复兴建筑.王贵祥译.北京：中国建筑工业出版社，1999.

38　刘育东著.建筑的涵意.天津：天津大学出版社，1999.

39　弗兰克·惠特福德著.包豪斯.林鹤译.北京：三联书店，2002.

40　田学哲主编.建筑初步.北京：中国建筑工业出版社，1988.

41　时代–生活图书公司编著.尼罗河两岸——古埃及.聂仁海，郭晖译.济南：山东画报出版社，2001.

42　时代–生活图书公司编著.先知的土地——伊斯兰的世界.周尚意等译.济南：山东画报出版社，2001.

43　罗小未，蔡琬英编.外国建筑历史图说.上海：同济大学出版社，1986.

44　世界建筑、建筑学报、世界建筑导报等期刊.

插图目录及资料来源

上篇　古代建筑

图 1-1　法国拉斯科洞穴（约公元前 1.5 万年）

（a）剖面和平面（图片来源：Spiro Kostof. A History of Architecture: Settings and Rituals. Oxford University
Press，1995：P25）

（b）洞穴中的原始壁画（图片来源：美国国家地理，2007）

图 1-2　马来西亚半岛的巢居（图片来源：同济大学、南京工学院合编，外国建筑史图集，1979：P2）

图 1-3　法国阿尔萨斯的竖穴居（图片来源：外国建筑历史图集．P1）

图 1-4　原始的树枝棚（图片来源：约翰·派尔著．世界室内设计史．刘先觉等译．北京：中国建筑工业出版社，
2003：P15）

图 1-5　苏格兰的原始蜂巢屋（图片来源：外国建筑历史图集：P1）

图 1-6　印第安人的帐篷（图片来源：The Pepin Press Visual Encyclopedia，Architecture Volume，
Singapore，2005：P378）

图 1-7　基辅特里波里一新石器时代环形村落复原图（图片来源：外国建筑历史图集：P2）

图 1-8　瑞士的原始湖居复原图（图片来源：外国建筑历史图集：P2）

图 1-9　法国布列塔尼的原始石柱（图片来源：外国建筑历史图集：P2）

图 1-10　英国索尔兹伯里的石环

（a）外观（图片来源：美国国家地理，2007）

（b）平面（图片来源：世界室内设计史：P16）

图 1-11　原始石台（图片来源：A History of Architecture: Settings and Rituals，P17）

图 1-12　马耳他岛原始庙宇遗迹（图片来源：世界室内设计史：P16）

图 2-1　尼罗河及其两岸土地国土空间影像图（图片来源：http://www.sohu.com/a/248620552_308511）

图 2-2　萨卡拉的昭赛尔金字塔复原图（图片来源：作者绘制）

图 2-3　金字塔形制的演变（图片来源：作者绘制）

图 2-4　吉萨大金字塔群鸟瞰：自左向右为胡夫金字塔、哈夫拉金字塔和孟卡拉金字塔（图片来源：A History
of Architecture: Settings and Rituals：P75）

图 2-5　金字塔前的狮身人面像（图片来源：作者自摄）

图 2-6　埃及方尖碑（图片来源：作者自摄）

图 2-7　爱德府的霍鲁神庙

（a）牌楼门（图片来源：外国建筑史图集：P7）

（b）神庙多柱厅外观（图片来源：作者自摄）

图 2-8　埃及的各种柱子形式（图片来源：卡罗尔·斯特理克兰著．拱的艺术——西方建筑简史．王毅译．
上海：上海人民美术出版社，2005：P11）

图 2-9　卡纳克孔斯神庙（图片来源：（英）克鲁克香克主编．弗莱彻建筑史．第 20 版．北京：知识产权出版社，
水利水电出版社，2001：P55）

（a）平面和剖面

（b）剖透视图

图 2-10　阿布辛贝勒拉美西斯二世石窟庙（图片来源：美国国家地理，2007）

图 2-11　卡宏城平面（图片来源：A History of Architecture: Settings and Rituals：P69）

图 2-12　胡夫金字塔

（a）胡夫金字塔外观（图片来源：时代 – 生活图书公司编著．尼罗河两岸——古埃及．聂仁海 / 郭晖译．济南：
山东画报出版社，2001：P147）

（b）吉萨金字塔群总平面（图片来源：A History of Architecture: Settings and Rituals P76）

（c）胡夫金字塔剖面（图片来源：时代 – 生活图书公司编著．尼罗河两岸——古埃及．聂仁海 / 郭晖译．济南：
山东画报出版社，2001：P147）

图 2-13　卡纳克阿蒙神庙

（a）鸟瞰（图片来源：弗莱彻建筑史）

（b）主体平面和剖面（图片来源：弗莱彻建筑史）

（c）多柱大厅室内（图片来源：作者自摄）

图 2-14　曼特赫特普庙和哈特什普苏庙

（a）总平面（图片来源：外国古代建筑史图集．P7）

（b）哈特什普苏庙现状（图片来源：作者自摄）

（c）曼特赫特普庙复原图（图片来源：弗莱彻建筑史）

图 3-1　现今两河流域局部环境（图片来源：http://wapbaike.baidu.com / tashuo / browse / content？id
=dfe1324090635968bfb97f33）

图 3-2　乌尔城观象台

（a）遗址平面图（图片来源：弗莱彻建筑史）

（b）遗址复原图（图片来源：弗莱彻建筑史）

图 3-3　萨尔贡王宫（图片来源：弗莱彻建筑史）

（a）宫门

（b）平面

（c）复原鸟瞰图

图 3-4　新巴比伦城

（a）平面（图片来源：外国建筑历史图集）

（b）城市入口（图片来源：外国建筑历史图集）

（c）空中花园复原想象图（图片来源：Jonathan Glancey，The Story of Architecture，Dorling Kindersley
Limited，London，2000：P16）

图 3-5　波斯波里斯宫

（a）入口平台处的大台阶（图片来源：The Story of Architecture：P17）

（b）总平面（图片来源：弗莱彻世界建筑史：P94）

（c）华丽的波斯石柱（图片来源：弗莱彻建筑史）

（d）百柱厅室内透视（图片来源：弗莱彻建筑史）

图 3-6　大流士崖墓外观（图片来源：The Story of Architecture：P17）

图 4-1 米诺斯王宫

（*a*）平面（图片来源：弗莱彻建筑史）

（*b*）复原鸟瞰图（图片来源：傅朝卿著.西洋建筑发展史话，北京：中国建筑工业出版社，2005：P36）

（*c*）遗址局部现状（图片来源：作者自摄）

（*d*）国王居室"双斧殿"室内（图片来源：The Story of Architecture：P24）

图 4-2 迈西尼卫城

（*a*）卫城遗址鸟瞰（图片来源：A History of Architecture: Settings and Rituals：P101）

（*b*）卫城狮子门（图片来源：The Pepin Press Visual Encyclopedia：P11）

图 4-3 亚特鲁斯宝库

（*a*）平面和剖面（图片来源：弗莱彻建筑史）

（*b*）入口现状（图片来源：宗国栋，陆涛编.世界建筑艺术图集.北京：中国建筑工业出版社，1992：P26）

图 4-4 梯林斯卫城平面（图片来源：弗莱彻建筑史）

图 4-5 梯林斯卫城正厅外观（图片来源：外国建筑历史图集：P18）

图 5-1 古代希腊时期兴建的圣地建筑群（图片来源：作者提供）

图 5-2 米利都城平面图（图片来源：外国建筑历史图集：P29）

图 5-3 阿索斯城广场（图片来源：罗兰·马丁著.世界建筑史丛书·希腊卷.张似赞译.北京：中国建筑工业出版社，1999：P146）

（*a*）平面

（*b*）鸟瞰

图 5-4 古希腊庙宇平面形式（图片来源：弗莱彻建筑史）

图 5-5 六柱围廊式神庙外观（图片来源：作者自摄）

图 5-6 希腊三柱式（图片来源：拱的艺术——西方建筑简史：P12）

图 5-7 男像柱和女像柱（图片来源：世界建筑史丛书·希腊卷：P158）

图 5-8 古希腊建筑的视差校正分析图（图片来源：弗莱彻建筑史）

图 5-9 古希腊建筑中的雕刻装饰（图片来源：建筑初步：P75）

图 5-10 雅典卫城

（*a*）雅典卫城复原远眺图（图片来源：The Pepin Press Visual Encyclopedia：P14）

（*b*）雅典卫城平面和剖面图（图片来源：弗莱彻建筑史：P124）

图 5-11 卫城山门

（*a*）平立剖面图（图片来源：弗莱彻建筑史）

（*b*）外观现状（图片来源：Patrick Nuttgens 著.建筑的故事.杨惠君等译.台湾木马文化事业有限公司，2001：P89）

图 5-12 胜利神庙

（*a*）立面和剖面图（图片来源：The Pepin Press Visual Encyclopedia：P12）

（*b*）外观现状（图片来源：世界建筑艺术图集：P30）

图 5-13 帕提农神庙

（*a*）平立剖面图（图片来源：弗莱彻建筑史）

（*b*）东立面外观（图片来源：The Story of Architecture：P26）

（*c*）外观复原图（图片来源：The Pepin Press Visual Encyclopedia：P14）

（*d*）神庙正殿内部复原想象图（图片来源：西洋建筑发展史话：P68）

（*e*）施彩的帕提农神庙局部复原图

图 5-14 伊瑞克先神庙

(a) 平立剖及复原外观图 (图片来源 : 弗莱彻建筑史)

(b) 外观现状 (图片来源 : 作者自摄)

(c) 女像柱廊 (图片来源 : 作者自摄)

图 5-15 埃比道拉斯剧场 (图片来源 : 西洋建筑发展史话 : P91)

(a) 平面

(b) 剧场现貌

图 5-16 雅典风塔

(a) 平面 (图片来源 : 弗莱彻建筑史)

(b) 立面和剖面图 (图片来源 : 弗莱彻建筑史)

(c) 外观 (图片来源 : 许明哲提供)

图 5-17 列雪格拉德音乐纪念亭

(a) 外观现状 (图片来源 : httP://fr.acaclemic.ru/pictures/frwiki/67/choragic_Monument-of -Lysicrates.jpg)

(b) 平面和立面图 (图片来源 : 外国建筑历史图集 : P28)

图 6-1 罗马城中心的古代建筑遗址 (图片来源 : 作者提供)

图 6-2 古罗马城市平面

(a) 罗马城中心区平面 (图片来源 : 外国建筑历史图集 : P33)

(b) 提姆加德城平面 (图片来源 : http://www.upf.edu)

图 6-3 尼姆城的加特输水道 (图片来源 : 作者自摄)

图 6-4 罗马拱顶 (图片来源 : 弗莱彻建筑史)

图 6-5 罗马五柱式与希腊柱式比较 (图片来源 : 外国建筑历史图集 : P44)

图 6-6 罗马券柱式 (图片来源 : The Pepin Press Visual Encyclopedia : P32)

图 6-7 哈德良离宫内的连续券做法 (图片来源 : 作者自摄)

图 6-8 图拉真广场

(a) 平面 (图片来源 : 拱的艺术——西方建筑简史 : P19)

(b) 复原外观

(c) 图拉真纪功柱 (图片来源 : 作者自摄)

图 6-9 罗马大斗兽场

(a) 现状鸟瞰 (图片来源 : 美国国家地理 . 2007)

(b) 平面图 (图片来源 : 弗莱彻建筑史)

(c) 立面复原图 (图片来源 : The Pepin Press Visual Encyclopedia : P33)

(d) 剖面局部图 (图片来源 : The Pepin Press Visual Encyclopedia : P33)

图 6-10 卡瑞卡拉浴场

(a) 浴场平面 (图片来源 : 弗莱彻建筑史)

(b) 室内复原图 (图片来源 : The Pepin Press Visual Encyclopedia : P36)

(c) 浴场主体剖面 (图片来源 : 弗莱彻建筑史)

图 6-11 罗马万神庙

(a) 外观 (图片来源 : 作者自摄)

(b) 平面 (图片来源 : 弗莱彻建筑史)

(c) 主立面和剖面 (图片来源 : The Pepin Press Visual Encyclopedia : P36)

(d) 西方画家笔下的万神庙内部 (图片来源 : The Story of Architecture : P110)

图 6-12　泰塔斯凯旋门（图片来源：弗莱彻建筑史）

图 6-13　庞贝潘萨府邸

(a) 平面和剖面（图片来源：弗莱彻建筑史）

(b) 室内复原图（图片来源：The Pepin Press Visual Encyclopedia：P40）

图 6-14　图拉真巴西利卡

(a) 平面（图片来源：弗莱彻建筑史）

(b) 室内复原图（图片来源：The Pepin Press Visual Encyclopedia：P36）

图 7-1　古代印度城市遗址：谟亨约·达罗城（图片来源：http://www.fieldstudyoftheworld.com/ 4500-year-old-urban-planning-at-Mohenjo-daro/）

图 7-2　谟亨约·达罗城

(a) 平面（图片来源：外国建筑历史图集：P16）

(b) 大厅和浴池建筑复原图（图片来源：弗莱彻建筑史）

图 7-3　桑契的大窣堵坡（图片来源：世界建筑 . 99（8）：P21 ~ P22）

(a) 鸟瞰

(b) 石门

图 7-4　支提窟（图片来源：The Story of Architecture：P49）

图 7-5　印度佛陀塔（世称菩提伽耶塔）（图片来源：The Story of Architecture：P49）

图 8-1　公元 4-9 世纪的古代美洲文明遗址（图片来源：弗莱彻建筑史：P674）

图 8-2　特奥帝瓦坎

(a) 宗教中心总平面

(b) 太阳金字塔（图片来源：美国国家地理 . 2007）

图 8-3　奇钦·伊查的卡斯蒂略金字塔庙（图片来源：美国国家地理 . 2007）

图 8-4　马楚皮克楚城堡（图片来源：美国国家地理 . 2007）

中篇　中古时期建筑

图 9-1　拜占庭首都君士坦丁堡有优越的地理位置（图片来源：拜占庭帝国通史：P67）

图 9-2　帆拱示意图（图片来源：外国建筑历史图集：P50）

图 9-3　君士坦丁堡圣索菲亚教堂

(a) 平面（图片来源：弗莱彻建筑史）

(b) 立面和剖面（图片来源：弗莱彻建筑史）

(c) 外观（图片来源：作者自摄）

(d) 室内（图片来源：作者自摄）

图 9-4　威尼斯圣马可教堂

(a) 平面（图片来源：弗莱彻建筑史）

(b) 剖面（图片来源：弗莱彻建筑史）

(c) 穹顶外观（图片来源：美国国家地理：2007）

(d) 室内（图片来源：美国国家地理：2007）

(e) 入口外观（图片来源：作者自摄）

图 10-1　圣彼得老教堂

（a）平面（图片来源：弗莱彻建筑史）

（b）室内复原图（图片来源：弗莱彻建筑史）

图 10-2　罗马风教堂内的肋骨拱顶（图片来源：弗莱彻建筑史）

图 10-3　罗马风建筑的透视门（图片来源：The Pepin Press Visual Encyclopedia：P91）

图 10-4　比萨大教堂

（a）教堂群总平面（图片来源：弗莱彻建筑史）

（b）外观现状（图片来源：作者自摄）

（c）比萨斜塔（图片来源：作者自摄）

图 10-5　卡昂的圣埃提安教堂

（a）外观（图片来源：作者自摄）

（b）中厅剖面（图片来源：弗莱彻建筑史）

图 10-6　哥特时期的市民住宅外观（图片来源：作者自摄）

图 10-7　哥特时期的市场和行会（图片来源：The Pepin Press Visual Encyclopedia）

图 10-8　哥特教堂中厅的剖面结构（图片来源：拱的艺术——西方建筑简史：P49）

图 10-9　飞扶壁外观（图片来源：A History of Architecture: Settings and Rituals：P322）

图 10-10　哥特教堂拱顶形式（图片来源：外国建筑历史图说：P115）

（a）四分尖券肋骨拱顶

（b）六分尖券肋骨拱顶

图 10-11　教堂中厅两侧开间立面（图片来源：弗莱彻建筑史）

图 10-12　巴黎圣母院

（a）城之岛鸟瞰（图片来源：

　　　http://www.ublib.buffalo.edu/libraries/asl/maps/cat/images/map-portion-images.html）

（b）平面、剖面和中厅立面（图片来源：弗莱彻建筑史）

（c）入口外观正立面（图片来源：作者自摄）

（d）巴黎圣母院侧面和背面（图片来源：作者自摄）

图 10-13　法国兰斯主教堂（图片来源：弗莱彻建筑史）

图 10-14　法国夏尔特尔主教堂（图片来源：作者自摄）

图 10-15　卡尔卡松城

（a）城市平面（图片来源：外国建筑历史图集：P76）

（b）城市鸟瞰

图 10-16　法国圣米歇尔城（图片来源：美国国家地理．2007）

图 10-17　德国科隆主教堂

（a）外观（图片来源：美国国家地理．2007）

（b）室内中厅（图片来源：作者自摄）

图 10-18　乌尔姆主教堂（图片来源：作者自摄）

图 10-19　英国哥特教堂的华丽拱顶（图片来源：The Pepin Press Visual Encyclopedia：P92）

图 10-20　锤式屋架（图片来源：The Pepin Press Visual Encyclopedia：P107）

图 10-21　英国索尔兹伯里主教堂（图片来源：作者自摄）

图 10-22　伦敦韦斯敏斯特修道院

（a）平面（图片来源：弗莱彻建筑史）

（b）西立面外观（图片来源：作者自摄）

图 10-23　米兰大教堂

（a）外观（图片来源：作者自摄）

（b）平面和剖面（图片来源：弗莱彻建筑史）

图 10-24　佛罗伦萨市政厅（图片来源：作者自摄）

图 10-25　兰兹敞廊（图片来源：作者自摄）

图 10-26　西诺拉广场平面（图片来源：外国建筑历史图集：P82）

图 10-27　威尼斯公爵府

（a）平面（图片来源：弗莱彻建筑史）

（b）面向大运河的侧立面（图片来源：作者自摄）

图 11-1　佛罗伦萨鲁切拉府邸（图片来源：The Pepin Press Visual Encyclopedia：P47）

图 11-2　坦比哀多小教堂（图片来源：作者自摄）

图 11-3　维晋察巴西利卡的帕拉第奥母题（图片来源：建筑的涵意：P20）

图 11-4　维晋察圆厅别墅

（a）外观现状（图片来源：The Story of Architecture：P76）

（b）平面和立面、剖面图（图片来源：The Pepin Press Visual Encyclopedia：P48）

图 11-5　帕尔马诺瓦城（图片来源：建筑的涵意：P10）

（a）平面

（b）十二边形理想城

图 11-6　佛罗伦萨育婴院广场

（a）平面（图片来源：外国建筑历史图集：P84）

（b）广场外观（图片来源：作者自摄）

图 11-7　提沃利爱斯特庄园

（a）庄园内水景一（图片来源：作者自摄）

（b）庄园内水景二（图片来源：作者自摄）

图 11-8　佛罗伦萨圣玛利亚大教堂

（a）穹顶外观（图片来源：西洋古典建筑史话）

（b）穹顶结构图（图片来源：The Pepin Press Visual Encyclopedia：P57）

（c）教堂远眺（图片来源：The Pepin Press Visual Encyclopedia：P57）

图 11-9　佛罗伦萨吕卡第府邸

（a）平面（图片来源：弗莱彻建筑史）

（b）屏风式外立面（图片来源：弗莱彻建筑史）

（c）内院（图片来源：作者自摄）

图 11-10　圣彼得大教堂

（a）总平面（图片来源：弗莱彻建筑史）

（b）主立面（图片来源：弗莱彻建筑史）

（c）空中俯瞰（图片来源：美国国家地理：2007）

（d）室内中央穹窿下（图片来源：作者自摄）

图 11-11　威尼斯圣马可广场

（a）平面（图片来源：外国建筑历史图集：P88）

（b）圣马可教堂前的大广场（图片来源：作者自摄）

（c）沿海一侧的建筑外观（图片来源：作者自摄）

（*d*）西面入口券门望向广场（图片来源：作者自摄）

（*e*）圣马可图书馆（图片来源：作者自摄）

图 11-12　罗马卡比多广场

（*a*）平面（图片来源：弗莱彻建筑史）

（*b*）外观（图片来源：弗莱彻建筑史）

图 11-13　罗马波波罗广场

（*a*）平面（图片来源：外国建筑历史图集：P94）

（*b*）广场现状（图片来源：作者自摄）

图 12-1　法国尚堡府邸

（*a*）平面（图片来源：弗莱彻建筑史）

（*b*）外观（图片来源：

　　http://z2.math.us.edu.pl/maturafr/francuski/vocabulaire/podrozowanie_i_turystyka/lecha teauweb.html）

图 12-2　卢佛尔宫

（*a*）总平面和西部花园（图片来源：外国建筑历史图集：P98）

（*b*）内院（图片来源：作者自摄）

（*c*）东廊外观（图片来源：作者自摄）

图 12-3　凡尔赛宫

（*a*）总平面（图片来源：http://www.conception-nouvelle.com/historique.ahd?menu=9）

（*b*）凡尔赛鸟瞰（图片来源：http://www.maquettes-historiques.net/P51.html）

（*c*）镜厅内景（图片来源：作者自摄）

（*d*）靠花园一侧宫殿外观（图片来源：作者自摄）

（*e*）花园中轴线（图片来源：作者自摄）

（*f*）小特里阿农宫（图片来源：作者自摄）

图 12-4　维康府邸

（*a*）平面（图片来源：外国建筑历史图集：P95）

（*b*）外观（图片来源：http://commons.wikimedia.org/wiki/File:Vaux-le-Vicomte_03.jpg）

图 12-5　巴黎荣军教堂

（*a*）平面（图片来源：弗莱彻建筑史）

（*b*）剖面（图片来源：弗莱彻建筑史）

（*c*）外观（图片来源：作者自摄）

图 12-6　法国南锡广场

（*a*）平面（图片来源：外国建筑历史图集：P102）

（*b*）鸟瞰（图片来源：外国建筑历史图集：P102）

（*c*）广场一角（图片来源：弗莱彻建筑史）

图 12-7　巴黎和谐广场

（*a*）平面（图片来源：外国建筑历史图集：P101）

（*b*）鸟瞰（图片来源：http://pro.corbis.com/Enlargement/Enlargement.aspx?id=RT005051&ext=1）

（*c*）广场上的方尖碑（图片来源：作者自摄）

图 13-1　英国罕帕敦宫

（*a*）平面（图片来源：http://www.shafe.co.uk/art/Tudor_Hampton_Court.asp）

（b）南部立面（图片来源：作者自摄）

图 13-2　白厅及宴会厅

（a）复原鸟瞰（图片来源：弗莱彻建筑史）

（b）宴会厅立面和剖面（图片来源：弗莱彻建筑史）

图 13-3　伦敦圣保罗大教堂

（a）平面（图片来源：弗莱彻建筑史）

（b）外观（图片来源：The Story of Architecture：P84）

（c）立面（图片来源：弗莱彻建筑史）

（d）剖面（图片来源：弗莱彻建筑史）

图 13-4　牛津郡勃仑罕姆府邸

（a）平面（图片来源：弗莱彻建筑史）

（b）立面（图片来源：http://commons.wikimedia.org/wiki/File:Blenheim_Entrance_facade_edited.jpg）

（c）外观现状（图片来源：作者自摄）

图 13-5　霍华德府邸

（a）平面与鸟瞰（图片来源：弗莱彻建筑史）

（b）立面（图片来源：作者自摄）

图 13-6　坎德莱斯顿府邸

（a）入口外观（图片来源：作者自摄）

（b）平面（图片来源：弗莱彻建筑史）

图 14-1　罗马耶稣会教堂

（a）平面（图片来源：外国建筑历史图集：P93）

（b）入口外观（图片来源：作者自摄）

图 14-2　罗马圣卡罗教堂

（a）平面（图片来源：The Story of Architecture：P78）

（b）外观（图片来源：The Story of Architecture：P78）

（c）室内天花（图片来源：The Story of Architecture：P78）

图 14-3　威尼斯圣玛利亚·塞卢特教堂（图片来源：作者自摄）

图 14-4　德国十四圣徒朝圣教堂

（a）教堂平面（图片来源：外国建筑历史图集：P103）

（b）西面入口外观（图片来源：作者自摄）

（c）室内场景（图片来源：作者自摄）

图 14-5　奥地利梅尔克修道院

（a）修道院外观（图片来源：作者自摄）

（b）修道院教堂室内（图片来源：作者自摄）

图 14-6　西班牙圣地亚哥大教堂

（a）平面（图片来源：弗莱彻建筑史）

（b）外观（图片来源：作者自摄）

图 14-7　巴黎苏俾士府邸的公主沙龙（图片来源：作者自摄）

图 15-1　奈良法隆寺

（a）法隆寺总平面（图片来源：外国建筑历史图集：P69）

（b）法隆寺金堂（图片来源：作者自摄）

（c）法隆寺五重塔（图片来源：作者自摄）

图15-2　奈良唐招提寺（图片来源：http://matiasstella.com/2009/10/07/toshodai-ji.html）

图15-3　京都桂离宫

（a）总平面示意图（图片来源：作者自摄）

（b）京都桂离宫庭园全景（图片来源：作者自摄）

（c）京都桂离宫松琴亭（图片来源：作者自摄）

图16-1　礼拜寺是伊斯兰世界的标志性建筑类型（图片来源：A History of World Architecture：P134）

图16-2　伊斯兰建筑的各种券饰（图片来源：作者绘制）

图16-3　伊斯兰建筑的钟乳拱（图片来源：作者自摄）

图16-4　阿拉伯图案（图片来源：先知的土地——伊斯兰的世界：P129）

图16-5　阿拉伯住宅

（a）开罗街道上的住宅（图片来源：先知的土地——伊斯兰的世界：P98）

（b）阿拉伯住宅室内（图片来源：The Pepin Press Visual Encyclopedia P500）

图16-6　麦加克尔白（图片来源：http://www.islamcn.net/?action-viewthread-tid-41772）

图16-7　开罗伊本·土伦礼拜寺

（a）平面（图片来源：The Story of Architecture：P48）

（b）内院（图片来源：The Story of Architecture：P48）

图16-8　格拉纳达阿尔汗布拉宫

（a）局部平面（图片来源：弗莱彻建筑史）

（b）剖面（图片来源：弗莱彻建筑史）

（c）宫殿远眺（图片来源：The Story of Architecture：P49）

（d）番石榴院（图片来源：先知的土地——伊斯兰的世界：P82）

（e）狮子院（图片来源：先知的土地——伊斯兰的世界：P82）

（f）宫殿室内（图片来源：先知的土地——伊斯兰的世界：P82）

图16-9　印度泰姬陵

（a）总平面（图片来源：弗莱彻建筑史）

（b）主体平面和剖面（图片来源：弗莱彻建筑史）

（c）鸟瞰（图片来源：美国国家地理.2007）

（d）主体立面（图片来源：作者自摄）

（e）陵墓室内（图片来源：作者自摄）

图17-1　诺夫哥罗德的圣索菲亚教堂（图片来源：弗莱彻建筑史）

图17-2　基辅的索菲亚教堂

（a）平面（图片来源：外国建筑历史图集：P52）

（b）教堂外观（图片来源：作者自摄）

图17-3　伏兹尼谢尼亚教堂

（a）平面（图片来源：外国建筑史图集：P53）

（b）外观（图片来源：http://labirint.su/files/AscensionChurchInKolomenskoye.jpg）

图17-4　莫斯科华西里·柏拉仁诺教堂

（a）平面（图片来源：外国建筑史图集：P53）

（*b*）外观（图片来源：作者自摄）

图 17-5　彼得保罗教堂（图片来源：作者自摄）

图 17-6　叶卡捷琳娜宫（图片来源：The Story of Architecture：P132）

图 17-7　冬宫

（*a*）冬宫前的广场（图片来源：作者自摄）

（*b*）宫殿一角（图片来源：作者自摄）

图 17-8　圣彼得堡海军部

（*a*）广场平面和海军部平、立面（图片来源：外国建筑历史图集：P106）

（*b*）海军部中央塔楼（图片来源：作者自摄）

下篇　近现代建筑

图 18-1　英国皇家布莱顿别墅（图片来源：作者自摄）

图 18-2　巴黎植物园温室（图片来源：作者自摄）

图 18-3　芝加哥家庭保险公司大厦（图片来源：http://commons.wikimedia.org）

图 18-4　伦敦水晶宫

（*a*）复原鸟瞰图（图片来源：http://www.life.com）

（*b*）立面外观（图片来源：http://www.life.com）

（*c*）室内场景（图片来源：世界室内设计史：P187）

图 18-5　1889 年巴黎博览会埃菲尔铁塔（图片来源：作者自摄）

图 18-6　1889 年巴黎博览会机械馆

（*a*）机械馆室内场景（图片来源：http://www.flickr.com/photos/39735679@N00/2085928920/）

（*b*）机械馆三铰拱结构（图片来源：http://www.flickr.com/photos/39735679@N00/2085928920/）

图 18-7　巴黎蒙玛尔特教堂（图片来源：http://www.greatbuildings.com）

图 18-8　奥利飞机库（图片来源：A History of Architecture: Settings and Rituals: P697）

图 18-9　瑞士横跨 Salgina 峡谷的公路桥（图片来源：
http://www.graubuenden.ch/en/winter-holiday/relaxing-holidays/kultur-kunst/culture-of-construction-
architecture/salginatobel-bridge-schiers.html）

图 19-1　法国第一座古典复兴建筑：巴黎万神庙（图片来源：作者自摄）

图 19-2　巴黎凯旋门（图片来源：作者自摄）

图 19-3　美国国会大厦（图片来源：作者自摄）

图 19-4　英国威尔特郡封蒂尔修道院（图片来源：
http://commons.wikimedia.org/wiki/File:Fonthill_West_and_North_Fronts_edited.jpg）

图 19-5　英国国会大厦

（*a*）平面（图片来源：弗莱彻建筑史：P1098）

（*b*）国会大厦外观（图片来源：作者自摄）

图 19-6　巴黎歌剧院

（*a*）立面外观（图片来源：作者自摄）

（*b*）室内大厅（图片来源：东南大学藏加利埃"巴黎歌剧院"画册）

图 20-1　肯特郡红屋

（*a*）外观（图片来源：The Story of Architecture：P155）

（*b*）平面（图片来源：弗莱彻建筑史）

图 20-2　布鲁塞尔都灵路 12 号住宅

（*a*）住宅外观（图片来源：作者自摄）

（*b*）室内楼梯间（图片来源：建筑的故事：P166）

图 20-3　巴塞罗那米拉公寓

（*a*）一层平面和剖面图（图片来源：世界建筑史丛书·现代建筑卷：P79）

（*b*）外观（图片来源：作者自摄）

（*c*）屋顶现状（图片来源：作者自摄）

图 20-4　维也纳邮政储蓄银行大厅（图片来源：作者自摄）

图 20-5　分离派展览馆（图片来源：作者自摄）

图 20-6　斯坦纳住宅（图片来源：http://cv.uoc.edu/～04_999_01_u07/percepcions/loos.jpg）

图 20-7　德国通用电气公司透平机车间（图片来源：The Story of Architecture：P174）

图 20-8　法古斯鞋楦厂（图片来源：The Story of Architecture：P175）

图 20-9　1914 年德意志制造联盟科隆展览会办公楼

（图片来源：A History of Architecture: Settings and Rituals：P691）

图 20-10　芝加哥百货公司（图片来源：弗莱彻建筑史）

图 20-11　格罗皮乌斯（图片来源：http://www.lif.com）

图 20-12　包豪斯的部分产品设计（图片来源：包豪斯）

图 20-13　德绍包豪斯校舍

（*a*）平面（图片来源：世界建筑史丛书·现代建筑卷：P131）

（*b*）鸟瞰（图片来源：世界建筑史丛书·现代建筑卷：P131）

（*c*）学校入口（图片来源：

　　http://www.greatbuildings.com/cgi-bin/gbi.cgi/Bauhaus.html/cid_1136145462_3_22.html）

（*d*）工艺车间外观（图片来源：http://www.natureparktravel.com/dessau/bauhaus1.jpg）

（*e*）学生宿舍（图片来源：http://www.panoramio.com/photo/19219034）

图 21-1　密斯·凡·德·罗像（图片来源：国外著名建筑师系列：密斯·凡·德·罗）

图 21-2　密斯 1921 年设计的塔楼方案

（*a*）平面（图片来源：世界建筑史丛书·现代建筑卷：P135）

（*b*）外观效果图（图片来源：

　　https://kepler.njit.edu/ARCH155-000-F07/Arch%20Drawings/Forms/DispForm.aspx?ID=12）

图 21-3　密斯 1922 年设计的玻璃摩天楼方案

（*a*）外观效果图（图片来源：http://www.eikongraphia.com/?p=111）

（*b*）平面（图片来源：密斯·凡·德·罗专集）

图 21-4　芝加哥湖滨公寓

（*a*）平面（图片来源：http://housingprototypes.org/images/mies%20860.jpg）

（*b*）公寓外观（图片来源：http://en.wikipedia.org/wiki/860-880_Lake_ Shore_Drive_
　　Apartments）

图 21-5　巴塞罗那国际博览会德国馆

（*a*）平面和立面图（图片来源：

　　http://blogs.lavozdegalicia.es/javierarmesto/files/2009/02/mies_plan_pavillon.jpg）

（b）正面外观（图片来源：作者自摄）

（c）入口平台（图片来源：作者自摄）

（d）室内（图片来源：作者自摄）

（e）院中的水池和雕塑（图片来源：作者自摄）

图21-6　伊利诺伊理工学院克朗楼

（a）主立面外观（图片来源：作者自摄）

（b）平面和立面图（图片来源：

　　http://www.greatbuildings.com/buildings/ Crown_Hall.html）

（c）室内场景（图片来源：http://www.greatbuildings.com/buildings/Crown_Hall.html）

图21-7　范斯沃斯住宅

（a）住宅立面（图片来源：

　　http://www.greatbuildings.com/buildings/Farnsworth_House.html）

（b）住宅平面（图片来源：弗莱彻建筑史）

（c）入口外观（图片来源：

　　http://www.greatbuildings.com/cgi-bin/gbi.cgi/Farnsworth_House.html/cid_1143232880_IMG_1680_

　　crop.html）

图22-1　勒·柯布西耶像（图片来源：http://www.life.com/image/50712271）

图22-2　萨伏伊别墅

（a）内部轴测图（资料来源：弗莱彻建筑史）

（b）平面和剖面图（资料来源：弗莱彻建筑史）

（c）外观（图片来源：作者自摄）

（d）别墅天台（图片来源：作者自摄）

（e）楼梯间（图片来源：作者自摄）

图22-3　马赛公寓

（a）公寓外观（图片来源：The Story of Architecture：P183）

（b）架空的底层（图片来源：作者自摄）

（c）典型的跃层户型剖面（图片来源：弗莱彻建筑史）

（d）公寓内走道（图片来源：http://www.greatbuildings.com/cgi-bin/gbi.cgi/Unite_d_Habitation.html/cid_

　　1168818945_Ecole-elementaire.html）

（e）屋顶（图片来源：作者自摄）

图22-4　朗香教堂

（a）平面和立面图（图片来源：http://www.greatbuildings.com/buildings/Notre_Dame_du_Haut.html）

（b）建筑外观1（图片来源：作者自摄）

（c）建筑外观2（图片来源：作者自摄）

（d）教堂室内（图片来源：http://www.greatbuildings.com/buildings/Notre_Dame_du_Haut.html）

图23-1　弗兰克·劳·赖特像（图片来源：http://www.life.com/image/72432494）

图23-2　芝加哥郊区威利茨住宅

（a）平面（图片来源：现代建筑与设计：P141）

（b）外观（图片来源：http://www.greatbuildings.com）

图23-3　罗比住宅

（a）平面（图片来源：弗莱彻建筑史）

（*b*）外观（图片来源：作者自摄）

（*c*）室内（图片来源：作者自摄）

图 23-4　流水别墅

（*a*）入口层平面（图片来源：http://www.g3homes.com/html/fallingwater.html）

（*b*）南立面（图片来源：http://www.g3homes.com/html/fallingwater.html）

（*c*）外观（图片来源：http://www.greatbuildings.com/buildings/Fallingwater.html）

图 23-5　西塔里埃森工作营地（图片来源：作者自摄）

图 23-6　纽约古根海姆美术馆

（*a*）外观（图片来源：作者自摄）

（*b*）室内中庭（图片来源：The Story of Architecture：P163）

（*c*）平面（图片来源：外国近现代建筑史：P91）

图 24-1　阿尔瓦·阿尔托像（图片来源：
　　http://www.naba-design.net/master/wp-content/uploads/2008/03/alvar.jpg）

图 24-2　帕米欧结核病疗养院

（*a*）疗养院总平面（图片来源：阿尔瓦·阿尔托：P51）

（*b*）建筑群外观（图片来源：http://www.mimoa.eu/images/2872_l.jpg）

（*c*）主楼入口（图片来源：http://www.panoramio.com/photo/2680545）

图 24-3　玛利亚别墅

（*a*）别墅平面（图片来源：阿尔瓦·阿尔托：P32）

（*b*）入口外观（图片来源：
　　http://baike.dichan.com/word-%E7%8E%9B%E4%B8%BD%E4%BA%9A%E5%88%AB%E5%A2%85.html）

（*c*）室内（图片来源：http://www.flickr.com/photos/andrewpaulcarr/270629212/in/photostream/）

图 24-4　MIT 贝克大楼（图片来源：
　　http://commons.wikimedia.org/wiki/File:Baker_House,_MIT,_Cambridge,_Massachusetts.JPG）

图 24-5　伏克塞涅斯卡教堂

（*a*）剖面（图片来源：世界室内设计史：P289）

（*b*）教堂平面（图片来源：阿尔瓦·阿尔托专集：P115）

（*c*）教堂外观（图片来源：http://farm3.static.flickr.com/2337/2169983926_af77771ee6.jpg）

图 26-1　纽约渥尔华斯大厦（图片来源：作者自摄）

图 26-2　纽约帝国大厦（图片来源：The Story of Architecture：P161）

图 26-3　联合国秘书处大厦（图片来源：作者自摄）

图 26-4　纽约利华大厦（图片来源：作者自摄）

图 26-5　纽约世界贸易中心（图片来源：
　　http://www.greatbuildings.com/buildings/World_Trade_Center_Images.html）

（*a*）远眺

（*b*）世贸中心塔楼

（*c*）标准层平面示意图

图 26-6　芝加哥西尔斯大厦（图片来源：
　　http://www.greatbuildings.com/cgi-bin/gbi.cgi/Sears_Tower.html/cid_sears_001.html）

图 26-7　阿联酋哈里发塔（图片来源：http://news.ifeng.com/photo/s/200911/1127_4728_1453998_18.shtml）

图 26-8　东京都厅舍（图片来源：作者自摄）

图 26-9　香港奔达中心（图片来源：作者自摄）

图 26-10　吉隆坡双塔大厦（图片来源：建筑艺术世界：P1）

图 26-11　伦敦劳埃德大厦（图片来源：http://www.100gczg.com/detail.aspx?id=259088&ExamId=6126）

图 26-12　大阪新梅田空中大厦（图片来源：作者自摄）

图 26-13　多伦多电视塔（图片来源：http://travel.webshots.com/photo/1353259418060458633LAZDwU）

图 27-1　意大利都灵展览会薄壳屋顶

(a)顶棚设计大样（图片来源：http://www.greatbuildings.com/buildings/Exhibition_Buil ding-Turin.html）

(b)室内顶棚（图片来源：http://www.greatbuildings.com/buildings/Exhibition_Buil ding-Turin.html）

图 27-2　罗马小体育宫

(a)外观（图片来源：作者自摄）

(b)剖面示意图（图片来源：现代建筑与设计：P225）

图 27-3　蒙特利尔博览会美国馆（图片来源：

　　http://www.greatbuildings.com/cgi-bin/gbi.cgi/US_Pavilion_at_Expo_67.html/cid_2892999.html）

图 27-4　东京代代木体育馆

(a)建筑外观（图片来源：作者自摄）

(b)体育馆室内（图片来源：作者自摄）

图 27-5　慕尼黑奥运会主会场（图片来源：作者自摄）

图 27-6　莫斯科奥运会主场馆（图片来源：

　　http://travel.webshots.com/photo/1113864494014 099350VVkoLU）

图 27-7　福冈体育馆鸟瞰（图片来源：Contemporary Japanese Architects）

图 27-8　东京充气圆顶竞技馆

(a)鸟瞰（图片来源：http://commons.wikimedia.org/wiki/File:Tokyo_dome.JPG）

(b)室内（图片来源：http://commons.wikimedia.org/wiki/File:Tokyo_Dome_2007-2.jpg）

图 27-9　伦敦滑铁卢国际铁路车站

(a)外观（图片来源：世界建筑.99（7）：P64）

(b)剖面图（图片来源：世界建筑.99（7）：P64）

图 28-1　昌迪加尔高等法院

(a)主立面外观（图片来源：

　　http://www.styleture.com/2009/10/29/le-corbusier-pioneer-of-modern-architecture/）

(b)立面细部（图片来源：http://www.flickr.com/photos/transphormetic/2677625658/）

图 28-2　美国驻印度大使馆（图片来源：http://www.greatbuildings.com）

图 28-3　纽约林肯文化中心（图片来源：作者自摄）

图 28-4　纽约环球航空公司候机楼

(a)外观（图片来源：作者自摄）

(b)室内（图片来源：作者自摄）

图 28-5　悉尼歌剧院

(a)歌剧院外观（图片来源：作者自摄）

(b)歌剧院向海一侧平台（图片来源：作者自摄）

图 28-6　柏林爱乐音乐厅

（a）音乐厅外观（图片来源：作者自摄）

（b）音乐厅室内和平面（图片来源：建筑的故事：P391）

图 28-7　赫尔辛基的奥坦尼米芬兰学生联合会（图片来源：作者自摄）

图 28-8　纽约州温切斯特住宅（图片来源：http://www.greatbuildings.com）

图 28-9　纽约西格拉姆大厦（图片来源：弗莱彻建筑史）

图 28-10　波士顿汉考克大厦（图片来源：作者自摄）

图 28-11　巴黎蓬皮杜艺术与文化中心

（a）剖面（图片来源：弗莱彻建筑史）

（b）外观（图片来源：作者自摄）

（c）室内（图片来源：作者自摄）

图 28-12　旧金山摄政海亚特旅馆中庭（图片来源：
　　Charles Jencks&William Chaitkin，Current Architecture，Academy Edition，1982：P62）

图 28-13　华盛顿国家美术馆东馆

（a）鸟瞰（图片来源：弗莱彻建筑史）

（b）入口外观（图片来源：作者自摄）

（c）室内公共大厅（图片来源：作者自摄）

图 28-14　费城栗子山住宅

（a）平立面（图片来源：弗莱彻建筑史）

（b）入口立面外观（图片来源：作者自摄）

图 28-15　新奥尔良意大利广场

（a）广场平面（图片来源：Current Architecture：P118）

（b）广场局部（图片来源：Current Architecture：P120）

图 28-16　美国电报电话大楼（图片来源：The Story of Architecture：P201）

图 28-17　休曼那大厦（图片来源：http://farm4.static.flickr.com/3123/2551212013_945fb48971.jpg）

图 28-18　维也纳蜡烛店（图片来源：作者自摄）

图 28-19　米勒住宅（图片来源：Architecture Today：P84）

图 28-20　香港新汇丰银行大楼（图片来源：The Story of Architecture：P205）

图 28-21　巴黎拉维莱特公园

（a）公园规划模型图（图片来源：Architecture Today: P258）

（b）公园内的红色景观小屋（图片来源：作者自摄）

图 28-22 香港顶峰俱乐部概念方案（图片来源：Architecture Today：P257）

图 29-1　波尔多住宅

（a）住宅外观（图片来源：作者自摄）

（b）室内图书室局部（图片来源：作者自摄）

图 29-2　巴塞尔沃尔夫信号站（图片来源：
　　http://www.skyscrapercity.com/showthread.php?t=527080&page=4）

图 29-3　伦敦泰特现代美术馆扩建部分

（a）外观效果图（图片来源：
　　http://www.architectsjournal.co.uk/news/daily-news/herzog-and-de-meuron-wins-thumbs-up-for-
　　tate-extension/1996384.article）

（b）建成后的室内（图片来源：

http://www.architecture.com/Images/RIBATrust/Awards/RoyalGoldMedal/2007/Tate-Modern-interior_530x722.gif）

图 29-4　马瑞卡·阿德顿住宅（图片来源：Glenn Murcutt Buildings Projects, 1962—2003：P219）

图 29-5　哥本哈根巴格斯韦德教堂

（a）一层平面和剖面（图片来源：建筑学报.2008（5）：P62）

（b）教堂鸟瞰（图片来源：建筑学报.2008（5）：P63）

（c）教堂主殿室内（图片来源：作者自摄）

图 29-6　维特拉消防站（图片来源：作者自摄）

图 29-7　辛辛那提罗森塔尔当代艺术中心

（a）建筑转角外观（图片来源：http://www.flickr.com/photos/ocad123/429922911/sizes/l/）

（b）建筑首层平面和纵剖面（图片来源：世界建筑.2006/067：P49）

（c）大堂室内的斜坡（图片来源 http://www.flickr.com/photos/plemeljr/42886526/sizes/l/）

图 29-8　加州戴蒙镇高中（图片来源：

http://en.wikipedia.org/wiki/File:DiamondRanchHS_-_CarolHighsmith_-_4.jpg）

图 29-9　巴西雕塑博物馆（图片来源：

http://architecture.about.com/od/greatbuildings/ig/Paulo-Mendes-da-Rocha-/MuBE_6.htm）

图 29-10　欧洲人权法庭（图片来源：世界建筑导报.1997（5），（6）：P80 ~ 83）

（a）沿河外观

（b）建筑主入口

图 29-11　阿拉伯世界文化中心（图片来源：世界建筑导报.1999（1），（2）：P136 ~ 141）

（a）平面

（b）建筑外观的幕墙

（c）室内窗格细部

图 29-12　法国卡蒂亚现代艺术基金会总部（图片来源：世界建筑导报.1999（1），（2）：P126）

图 29-13　瑞士瓦尔斯温泉浴场

（a）主浴室平面（图片来源：世界建筑.2005（1）：P62-71）

（b）外观（图片来源：http://forgemind.net/images/z/Zumthor-Thermal_Baths_Vals_orig_01.jpg）

（c）内景（图片来源：http://www.checkonsite.com/browse/location/switzerland/）

图 29-14　2000 年世博会瑞士馆（图片来源：世界建筑.2005（1）：P81）

图 29-15　金泽 21 世纪当代美术馆

（a）建筑外观（图片来源：

http://www.archigraphie.eu/wp-content/uploads/2010/02/Sanaa-Kanazawa.jpg）

（b）外表连续的玻璃幕墙

（图片来源：http://www.flickr.com/photos/sinn/sets/72157622313529535/?page=2）

（c）室内"光庭"（图片来源：http://www.flickr.com/photos/sinn/3946729899/sizes/l/）

图 29-16　纽约新当代艺术博物馆

（图片来源：http://www.99265.com/Article/UploadFiles/200802/20080219150927599.jpg）

图 29-17　葡萄牙保拉·雷戈博物馆（图片来源：El Croquis 146-SOUTO DE MOURA 2005-2009：P144）

（a）图书馆室内

（b）外观

图 29-18　宁波历史博物馆（图片来源：作者自摄）

（a）外观

（b）墙面的旧砖瓦处理

图 29-19　中国美术学院象山校区教学楼外观（图片来源：王澍建筑地图：P68）

图 29-20　仙台媒体中心

（a）建筑室内（图片来源：El Croquis 123-TOYO ITO 2001-2005：P77）

（b）一层平面（图片来源：El Croquis 123-TOYO ITO 2001-2005：P54）

图 29-21　神户纸教堂

（图片来源：http://www.shigerubanarchitects.com/works/1995_paper-church/index.html）

（a）外观

（b）室内

图 29-22　1972 年慕尼黑奥运会奥林匹克体育场（图片来源：轻型建筑与自然设计——弗雷·奥托作品全集：P258-260）

图 29-23　金塔蒙罗伊住宅项目（图片来源：http://www.toodaylab.com/70964）

（a）建筑师设计的半成品住宅

（b）居民添建后的住宅

图 29-24　巴尔韦里实验空间（图片来源：http://www.sohu.com/a/133321619_656460）

（a）玻璃大厅

（b）办公室内

图 30-1　日本关西国际机场

（a）机场剖面（图片来源：弗莱彻建筑史）

（b）机场外观（图片来源：The Story of Architecture：P224）

图 30-2　挪威利勒哈默尔冬奥会滑冰馆

（a）建筑外观（图片来源：世界建筑 . 99（1）：P73）

（b）滑冰馆室内（图片来源：世界建筑 . 99（1）：P73）

图 30-3　马赛地区住房部智能大厦（图片来源：世界建筑 . 99（1）：P73）

图 30-4　东京国际文化信息中心

（a）鸟瞰（图片来源：作者自摄）

（b）室内中庭（图片来源：作者自摄）

图 30-5　法国里昂机场铁路车站（图片来源：世界建筑 . 99（1）：P73）

图 30-6　毕尔巴鄂古根海姆博物馆

（a）建筑外观（图片来源：作者自摄）

（b）博物馆平面图（图片来源：
　　http://www.arch.school.nz/bbsc303/2003/students/pickertoby/Images/Gugg%20-%20actual/roof%20plan.jpg）

（c）室内场景（图片来源：作者自摄）

图 30-7　热拉亚卡洛·菲利斯剧院（图片来源：作者自摄）

图 30-8　普林斯顿大学胡应湘堂（图片来源：作者自摄）

图 30-9　西班牙圣地亚哥当代艺术博物馆（图片来源：
　　http://commons.wikimedia.org/wiki/File:Siza_Konpostelan.JPG）

图 30-10　鹿儿岛国际音乐厅（图片来源：Contemporary Japanese Architects：P138）

图 30-11　巴黎音乐城

（a）鸟瞰图（图片来源：世界建筑导报 . 1999（1），（2）：P102）

（b）音乐城外观（图片来源：世界建筑导报 . 1999（1），（2）：P103）

图 30-12　日本兵库县水下佛寺（图片来源：世界建筑．1999（1）：P74）

图 30-13　西班牙梅里达罗马艺术博物馆

（a）建筑外观（图片来源：作者自摄）

（b）室内展览大厅（图片来源：作者自摄）

图 30-14　挪威格拉西尔冰川博物馆（图片来源：

http://polarmet.osu.edu/jbox/photos/2004_Norway/IMG_0430_glacier_center_sm.jpg）

图 30-15　洛杉矶盖蒂中心

（a）轴测图（图片来源：http://commons.wikimedia.org/wiki/File:Getty_USGS.jpg）

（b）建筑外观（图片来源：作者自摄）

（c）室内（图片来源：作者自摄）

图 30-16　法国伊夫里教堂（图片来源：世界建筑．1999（1）：P75）

图 30-17　华盛顿德国驻美国大使馆（图片来源：世界建筑．1999（1）：P75）

图 30-18　印度天文研究中心（图片来源：Contemporary Asian Architects：P92）

图 30-19　墨西哥高等法院（图片来源：Architecture Today）

图 30-20　西雅图大学教堂（图片来源：世界建筑．1999（1）：P75）

图 30-21　保罗·索勒里的阿克桑底生态城（图片来源：www.arcosanti.com）

图 30-22　法兰克福商业银行大厦

（a）银行外观（图片来源：Contemporary European Architects，Volume 6：P110）

（b）剖面图（图片来源：Contemporary European Architects，Volume 6：P110）

图 30-23　马来西亚梅纳拉商厦（图片来源：Contemporary Asian Architects：P111）

图 30-24　美国加州圣罗莎旅游中心

（a）建筑外观（图片来源：世界建筑．1999（1）：P76）

（b）剖面通风示意图（图片来源：世界建筑．1999（1）：P76）

后 记

　　这本《外国建筑简史》是在本人过去编写的讲义、教材以及一些参考书的基础上，经过整理、修改和补充而完成的。这些材料包括 1977 年本人在南京工学院期间编写的《外国建筑史》讲义，1978 年我和同济大学合编的《外国建筑史图集（古代部分）》，1994 年在中国矿业大学出版社出版的《历史·建筑·历史》（我和武云霞合编），1996 年我在江苏教育出版社出版的《建筑艺术的语言》，2000 年在江苏科学技术出版社出版的《建筑艺术世界》，以及一些已发表的文章，并参考了一些中外已有的建筑史教材和参考书。

　　建筑历史是一个丰富的大宝库，而且是在不断发展的，我们只能努力删繁就简地精炼成这本简史，目的是为了适应学生及有关读者在最短的时间内能抓住外国建筑史的内核，从而为复习与借鉴作参考。因而在选择材料时，也许会有些偏颇，还希望读者能提出宝贵意见，以便以后改进。

　　全书 300 余页，共有 50 余万字，约 525 幅插图。书中的文字内容基本反映了作者的见解，插图大多选用已出版的著作插图，一般都标明了资料来源，有部分照片是作者自拍的，也有少数插图是作者自绘的。由于在编著过程中得到汪晓茜老师的密切配合，以致本书能够顺利地得以完成。同时部分章节也得到了葛明老师的校正。此外，编著这本简史除了作者要认真思考，选编与写作之外，还有许多事务工作要做，因此这里还要感谢俞琳等研究生给予的协助，为打印、扫描、排版做了许多工作。特此说明。

刘先觉　于东南大学